音声言語処理と自然言語処理（増補）

中川　聖一　編著

小林　　聡　　峯松　信明
宇津呂武仁　　秋葉　友良
北岡　教英　　山本　幹雄
甲斐　充彦　　山本　一公
土屋　雅稔

共著

コ　ロ　ナ　社

まえがき

本書では音声言語と文字言語を対象とし，工学的応用 (音声認識，音声合成，機械翻訳，検索など) を目的とした基礎技術について解説している。なお，一般には文字言語は自然言語と呼ばれており，本書もこれにならった。

音声とは，送信者から受信者へ意味のある意思伝達を声を媒介として行うときの声そのものである。これから，動物の発声する声はわれわれ人間にとっては単なる音，声にすぎないが，動物にとっては立派な音声であるといえる。また，言語とは何かを媒介として意味のある意思伝達を行う行為，行うための規則である。なお，辞書的な意味では，「音」→耳で聞くもの，「声」→発声器官を使って口から出る「音」,「言 (こと，ことば)」→「声，文字」などを使って意図を伝えるものと定義される。音声を媒介とするものを音声言語，文字を媒介とするものを文字言語という。また，定義から視覚による言語も考えられる (身振りによる意思伝達，画像による意思伝達。例えば読唇，手話，象形文字)。さらには，プログラミング言語をはじめとする人工言語もある。

人間の歴史過程からいえば，音声言語は 10～20 万年前に自然発生的に発明された (解剖学的知見から推定，チンパンジーはいくら学習しても人間の音声は発声できない)。音声言語は，効率性と冗長性を反映した誤り訂正符号で，出現頻度の高い単語ほど発声時間が短いことなど情報理論的考察と符合する。これと比べれば，文字言語の発生 (発明) はずっと新しい。文字言語の歴史は 5000 年程度，われわれ日本語に限れば 1500 年程度にすぎず，人類の数百万年以上の歴史と比べて微々たる期間である。しかし，文字言語の発明によって人類は急速な進歩を遂げた。これは，文字によって音声言語をシンボル化することができるようになり，それを記録として残すことができ，知識の伝承と正確な意思伝達，社会秩序の維持が可能になったためだと思われる。このことからも，音声言語を文字言語に自動変換できれば，計り知れない効用があることが想像できる。

以上からも明らかなように，音声言語と自然言語には密接な関連があることがわかっていただけたと思う。最近，とみに話し言葉に近いブログの解析や音声翻訳，音声によるウェブ検索など，音声言語処理と自然言語処理の統合分野での実用化が目立ってきた。今まで以上に，両分野に精通した技術者が望まれている。

本書は，音声言語処理と自然言語処理を有機的に関連付けたわが国で最初の大学の教科書である。学部でこの分野の講義がない場合は，大学院の教科書としても十分使用できる内容である。ただし，音声と言語の両分野を2単位分で学ぶのは量が多すぎるので，1章～4章と8章の演習が中心となる。音声言語処理に重点を置いた講義では，1章，2章，5章，7章および8章の演習を中心に，自然言語処理に重点を置いた講義では，1章，3章，4章，6章および8章の演習を中心に学ぶことをお薦めする。この分野に興味をもたれる方が少しでも増えれば著者らの望外の喜びである。

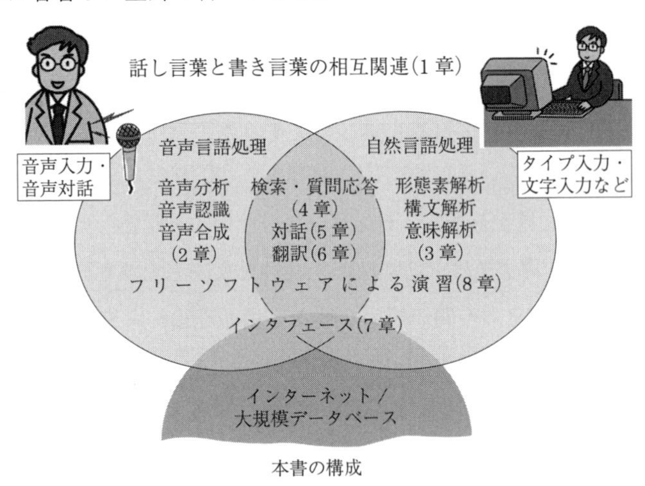

本書の構成

2013年1月

中川聖一

増補版に寄せて

最近のビッグデータと深層ニューラルネットワークに基づく AI ブームは，画像処理や音声処理，機械翻訳，将棋・囲碁のゲーム探索などにおいて画期的な成功をもたらし，今回のブームは本物と言われている。しかし，これに至るまでにニューラルネットワークのブームと期待外れは過去何回かあった。

第 1 次ブームは，1960 年代から 1970 年にかけて，Rosenblatt のパーセプトロンの学習時代で，機械学習の理論的研究と小規模のパターン認識の研究が数多くなされた (第 1 次 AI ブームはこれより 5 年ほど早い)。この時代は，人間の脳機能に模したモデルで，何がどこまでできるか知的好奇心を満たす研究が主であり，小規模問題への適用段階であった。第 2 次ブームは，1980 年代から 1990 年代にかけて，Rumelhart の誤差逆伝搬学習の時代で，脳モデルと認知心理学現象との対応や実世界のパターン認識等への応用研究が盛んに研究された。しかし，同時期に進行していた確率・統計手法に優る成果が得られず，ブームは自然に去った。2010 年代から現在まで続いている第 3 次ブームは，1980 年代の千倍 ~1 万倍以上のコンピュータ処理能力の大幅な向上と大量の学習データ，大規模（深層）ネットワークの学習アルゴリズムの改善により，1980 年代に証明されていたニューラルネットワークの潜在的能力を大規模のネットワークで引き出せるようになり，大きな発展を遂げている。

本書の第一版の執筆に取り掛かったのは，2011 年であり（発刊は 2013 年），当時は確率・統計的手法が主流であり，深層ニューラルネットワークはそれほど成果が上がっておらず，本書の内容には含めなかった。ところが，最近の著しい発展・成果を見るにつけ，教科書とは言え，深層ニューラルネットワークによる音声処理技術・自然言語処理技術を無視するには行かなくなってきた。そこで，音声認識と音声合成，分散表現等による自然言語処理，機械翻訳に焦点を当てて，ニューラルネットワーク技術を必要最小限であるが追加・解説することにした。

ニューラルネットワークの基本構造である順伝搬型のネットワークを多層にした深層ニューラルネットワークの構造と学習方法，および他の代表的な構造である再帰型ニューラルネットワークと畳み込みニューラルネットワーク，応用範囲の広い自己符号化器は，まとめて2章で解説している。このほか2章では，ニューラルネットワークの音声認識，言語モデル，音声合成への適用方法について解説している。3章では，ニューラルネットワークによる単語の分散表現，文の構文解析と意味解析に相当する依存構造解析，文の分類問題への適用方法について解説している。近年，単語の分散表現は，文の分散表現や文章（パラグラフ）の分散表現に拡張され，自然言語処理の基本技術になりつつある。6章では，ニューラルネットワークによる機械翻訳技術を解説している。これは系列–系列変換を基本とする手法で，記号の系列処理に関しても，ニューラルネットワークの能力の高さを示すものである。紙数の関係で本書では解説できなかったが，4章の検索・応答システム，5章の対話システム，7章の入力インタフェースにおいてもニューラルネットワーク技術の導入が進んでいる（7.3.2項に最近応用展開が目覚ましいスマートスピーカーの話題を追加している）。いずれも基本的には2章，3章，および6章で解説した手法に基づいている。8章のフリーソフトウエアによる演習においては，ニューラルネットワークによる音声認識，機械翻訳（分散表現含む）の演習を追加した。

旧版で詳述した音声の発生・生成現象や認識・合成メカニズム，自然言語の解析・理解メカニズムを確率・統計的にモデル化する従来の技術をよく理解した上で，ややもするとブラックボックス化したニューラルネットワーク技術を学ぶことにより，本書が音声言語処理や自然言語処理は勿論，他の多くの情報処理の技術開発の礎になれば幸いである。

2018年7月

中川聖一

目　　　次

1.　音声と言語の諸相

2.　音声言語処理のモデル

3.　自然言語処理のモデル

4. 検索・質問応答システム

5. 対話システム

6. 翻訳システム

7. テキスト，音声入力インタフェース

8.　フリーソフトウェアによる演習

1 音声と言語の諸相

本章では，本書のキーワードである「音声学」，「言語学」，「音声言語」，「自然言語」，「話し言葉」，「書き言葉」，「文法，意味，談話」，「言語獲得」，および応用分野などについて全体像と相互関係を述べ，2 章以降の理解の準備とする。

1.1 音声科学と音声工学[1)†]

音声というものが，その発生および受理に関して人間が主体であり，生理的な機構を介して行われるという事実によることから，これらのメカニズムを解明することは**音声科学**と呼ばれている。

音声の基本単位である音素，音節，モーラなどの知覚・生成能力となると，音声生得説は揺るぎない事実であろう。例えば，乳幼児を対象とした研究で，6ヶ月の幼児にも母音や子音の対比，ピッチの違い，話者の違い，音声学的な構造の違いを聞き分ける能力があることがわかっている。これから，生まれながら言語学的対立を聞き分ける能力があるのか，言語と無関係な聴覚機構の特性によって識別が行われているのか定かではないが，いずれにしても，先天的に音声言語の知覚・識別機構が備わっていると考えられる。もちろん，高機能な知覚メカニズムはニューラルネットワークが学習的に形成（自己組織化）されることにより，後天的に獲得されると考えられる。最近では，ニューラルネットワークの一部は可塑的で（外部の入力より構造が変化する），残りは遺伝子によって先天的に決められているとする説が有力である。

† 肩付き数字は，巻末の引用・参考文献の番号を表す。

一方，音声の本質を科学的に解明する必要性はあるが，工学的なモデル化による構成的解明や音声の工学的な応用も価値がある。例えば，われわれ日本人は英語子音の [l] と [r] の区別ができないことや英語の多種類の母音の発声が苦手なことなど，言語に依存する生後の学習による知識獲得も存在し，ここに工学的モデルの必要性，有用性が出てくるように思われ，音声の分析，合成（生成），認識（知覚）に優れた工学的モデルが提案されている (2 章)。また，代表的な応用分野として音声の狭帯域通信（音声のデータ圧縮），音声合成（speech synthesis），音声認識（speech recognition），話者認識（speaker recognition），音声対話 (5 章) がある。これらはいずれも音声分析を基礎技術としており，これらを総称して**音声工学**と呼ぶ。もちろん，音声合成は音声生成機構，音声認識は音声知覚機構が解明できれば実現できるが，その道は険しい。そこで，これらの知見を参考にしながら工学的なモデルに基づいて実現を図ることになる。音声工学の総合的技術が音声翻訳（speech translation）であろう。音声翻訳の実現には，音声認識・合成研究以外に機械翻訳 (machine translation，6 章) や対話理解 (5 章) という自然言語処理の研究が必要である。

優れた工学的モデルは優れた認知 (知覚) モデルに発展したり，(聴覚) 生理モデルに示唆を与えるであろう。人間の脳から学ぶことと脳を模倣することとは別である。このことからも**音声言語処理**を工学的に実現するモデルとして脳が

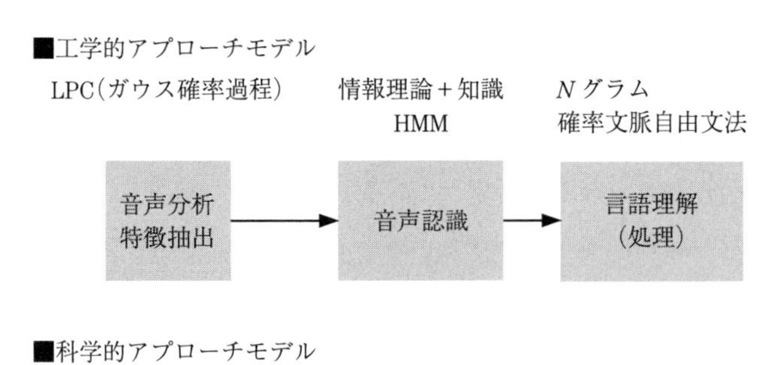

図 1.1　音声言語処理システム[2)]

最適だとは必ずしもいえない。しかし，その基本原理である並列分散処理に学ぶべき点は多い。**図 1.1** に音声言語処理システムの工学的アプローチモデルと科学的アプローチモデルを示す（2 章では工学的モデルを解説している）[2]。

1.2 言語科学と言語工学

音声に科学的側面と工学的側面があるように，言語にも科学的側面と工学的側面があり，それぞれ**言語科学**と**言語工学**と呼ばれている。例えば，日本語の文法についていえば，日本語を内省的に分析し，文生成や文構造を体系的に記述する方法を見いだそうとするのが言語科学である。科学的アプローチは，典型的な文や特異な文を例に取り，その生成や構造を説明し，その仮説を認知科学や脳科学の知見で検証しようとする。一方，工学的アプローチは，特異な文はさておき，より多くの典型的な文を記述できる文法を求めようとするもので，文法の良し悪しの評価基準が明確である。**図 1.2** に両アプローチの違いを示す。

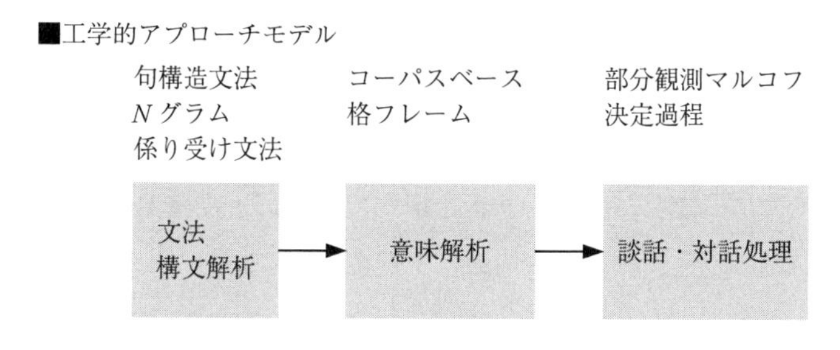

図 **1.2** 自然言語処理システム

人間は，無から言語を獲得しているのではない。チョムスキー（Chomsky）による**生成文法**（generative grammar）以前の構造言語学では，乳幼児の時期に周囲で交わされる，あるいは自分にかけられる音声を覚え，それによって言語を使えるようになると考えられていた。しかし，この仮説では子供が経験する音声言語に比べ，後に子供が用いる音声言語が複雑であることの説明ができない。しかし，チョムスキーは言語獲得装置が脳内に生得的に存在することによって，言語の獲得が可能となると考えた[3),4)]。言語獲得装置は，獲得可能な文法のタイプを定めた**普遍文法**（universal grammar）と，普遍文法と経験の相互作用のあり方を定めた言語獲得原理からなる。特に，普遍文法については，原理とパラメータによって表現されていると考える。これにより，聞いたことがない文を生成したり，あるいは聞いたことがない文が文法的に正しいか否かの判断ができることなどの説明が可能となる。普遍文法のパラメータの獲得は，生得的に備わっている音韻知覚能力が，学習により言語に依存した音韻体系を獲得していくのと似ている。

一方，工学的なアプローチでは，生得的に備わっているとされる文法も工学的に大規模データから獲得しようとする。普遍文法からパラメータを獲得することにより，言語現象の 95 %をきれいに記述，説明できるとしても満足せずに，期待値として観測現象の 99 %を処理できる手法を目指すものである。最も端的な例が機械翻訳のアプローチであろう (6 章)。言語科学的なアプローチは，規則に基づいて得られたソース言語を解析し，部分的な構造木をターゲット言語の構造木へ変換ルールを用いて変換し，部分的な構造木列を，ルールで並べ替えて文に構成し，変換ルールを用いて表層形に変換する手法だと考えられる (6 章)。このときに用いる知識は上述の各種変換ルール以外に，単語間の意味関係，単語の内包的・外延的意味などがある。機械翻訳システムは，これを工学的に実現しようとしてきたが，知識ボトルネックに陥り，限界に達している。最近は，音声認識手法と同じく，大規模データ（例えば，翻訳例文を 100 万ペア使用）に基づく統計的・確率的手法で翻訳するのが主流となっている (6 章)。このようなアプローチは，到底人間が実行している手法（科学的アプローチ）とは考えられないが，従来法よりもよい翻訳性能が得られつつある。

言語工学の応用分野としては，仮名漢字変換 (3 章)，テキストマイニング (3 章)，質問応答システム (4 章)，検索 (4 章)，要約，機械翻訳 (6 章)，対話インタフェース (5 章，7 章)，語学学習などがある。

1.3　音声学，音韻論と言語学

1.3.1　音声学，音韻論

音声学における音（おん）とは，人間が言語音として用いるものを，物理的 (または調音の) 性質から網羅的に分類したものである。これに対して**音素**（phoneme）は，特定の言語の話者が弁別する必要があるか否かによって分類したものである。ひとつ以上の音素が結合し**音節**（syllable）を形づくる。音節を構成する音素，あるいは音節の並びの条件もまた言語によって違いがあるが，基本的には中心となる母音の前後それぞれに 0 個以上の**子音**（consonant）が結合したものである。日本語の場合，**母音**（vowel）を V と書けば，ア行音は/V/となる。カ行以降の音節は，子音を C と書けば/CV/となる。また，/キャ/などは，拗音を y と書けば，/CyV/となる。/ン/(/N/) は，先行音節と結び付いて 1 音節を形成する。

なお，日本語には/アッサリ/と/アサリ/のように，音素の連鎖の中の無音 (促音) の有無によって，異なる単語となるものがある。促音は，物理的には無音であるが，単語の区別に寄与している。無音であるため，音声学的な音でも**音韻**論的な音素でもない。同様に，日本語には長音も存在する。長音は，音声学的な音としても，音韻論的な音素としても，継続長の違いによって区別されるものである。例えば，/フクロオ/(梟) と/フクロ/(袋) の区別は，最後の/o/という音素の継続長の違いによる。促音と長音は音声学的な音や音韻論的な音素，およびそれらに基づく音節では表記できないものの，日本語においては単語の弁別の役割を担っている。そこで，日本語の分析においては，通常の音素に加えて，促音，長音も含めて**モーラ** (拍) という単位が用いられることがある。また，先に/ン/は先行音節と結び付いて 1 音節を形成すると述べたが，モーラを単位とする場合には/ン/も独立したモーラとする。このようなモーラとは，大まかに日本語話者にとって 1 音と感じられる単位である。例えば，/to o kyo o/(東京) は，/to o/および/kyo o/の 2 音節語であるが，モーラで数えれば，/to/,

/o/, /kyo/, /o/の4モーラ語となる。俳句の5・7・5などもモーラを単位としての数となっている。なお，日本語においては感覚上，各モーラ長はほぼ等しいというモーラ等時性 (mora-timed な言語) があるとされているが，物理的にはモーラによって継続長は異なる。一方，英語はストレス等時性言語である。

言語情報には，音声学における音，あるいは音韻論における音素のように特定の記号によって記述可能な**分節音**と，複数の分節音にわたる場合もある**超分節音** (超分節的特徴) とがある。超分節的特徴のうち，**アクセント**は，/カキ/(低高 LH，柿)，/カキ/(高低 HL，牡蠣) などのように単語の弁別を担う情報である[5)] (2.3 節)。日本語においては，基本周波数の立ち下がりの箇所をアクセント核と呼び，重要視されている。また，基本周波数 (声帯の振動数で，声の高低を決定する) の立ち上がりおよび立ち下がりの箇所により，アクセントはいくつかの型に分類される。アクセントは日本語のように基本周波数の上下によって示す言語と，英語のように音節の強弱および長短というストレスによって示す言語とがある。いずれの場合も，単語の弁別にかかわるものは**韻律** (prosody) と呼ばれる。なお，複数の単語が文節や複合語，句を構成した場合には，個々の単語の基本周波数の上下やアクセント核の位置が変化する場合がある。例えば，/ハナシ/，/コトバ/が/ハナシコトバ/ のようにアクセント核がひとつになる現象である (2 章問**【15】**参照)。その結果として現れる，ひとつのアクセント核をもつ文節や複合語，句はアクセント句と呼ばれる。また，句や節，文を通しての基本周波数の変化のパターンや，強弱および長短の変化のパターンはイントネーションと呼ばれ，句や節，文の意味の弁別に関する情報を伝達する。例えば，/～デスカ/ と言った場合には疑問であるという情報を伝達し，/～デスカ/ と言った場合には肯定，復唱，納得などであるという情報を伝達する。

音声を用いたコミュニケーションにおいては，単に音素を生成，知覚するのみではなく，文法，文脈，その他の膨大な知識を生成，理解の両方に用いていると考えられる。**表 1.1** に示すように，聴覚野や言語野では，数ミリ秒単位での信号処理から，数十～数百ミリ秒単位の音声認識のパターン認識処理，数秒単位の文の知識処理まで，幅広い情報処理を行っている[1),6)]。

表 1.1 音声知覚における時間の階層構造[6)]

時間長	感覚，現象	対応する技術
10μs	・方向感覚	・信号処理
1ms	・音色の識別	
10ms	・母音韻質	
	・逐次感	・パターン処理
100ms	・時間順序の知覚	
	・子音の識別	
	・単語	
	・調音結合の補償	
1s	・音韻の対比効果	・記号処理
	・リズム感の上限	
	・文	
10s	・文章 ・会話	・知能処理

1.3.2 言　　語　　学

音素のひとつ以上の並びにより，**形態素**（morpheme）および単語が構築される。ここで単語はひとつ以上の形態素の並びであり，各形態素は意味をもつ最小単位である。例えば,「お椀」という単語を考えてみる。これは「お」という丁寧を表す接頭辞である形態素と,「椀」という食器の一形態を表す名詞である形態素からなっている。英語の場合であれば，“She looks me.” の “looks” という動詞では，動詞語幹である形態素に，3 人称単数現在を表す “s” という形態素が結合してひとつの動詞を構成している。

自然言語（**文字言語**）には，同音異義語や多義語が存在する。そのため，形態素解析，統語解析を経た後の意味解析や意味理解の段階においても，ある単語や形態素の意味が一意には定まらない場合がある (3 章)。そもそも単語の意味の表示方法としては，意味素性が提案されていた (内包的定義)。例えば,「男」は「人間 +, 雄 +」と表され,「女」は「人間 +, 雄 −」のように表すものである。この例では,「人間」と「雄」が意味素性となる。しかし，どのような素性をいくつ用意するかは恣意的に定めるしかなかった。後には，ある単語の意味とは，その単語によって連想されるものの集合であるとされ (外延的定義)，述語論理の述語や項として表現されるようになった。その後，内包と外延を用いた意味表現は進歩を遂げ，現在では様相論理やモンタギュ文法など高度な論理が構築されている。工学的には，名詞についてはその名詞そのものであったり，関連する情報を含んだものとして表現される。動詞については意味表現に対する操作のような形として記述される場合がある。

文としての意味は，統語と語句の意味とが相互に作用して形成される。その際の表現 (意味表現) には，例えば，「私がご飯を食べる」に対して “食べる (私, ご飯)” のように論理式を用いるものもある。また，格という文中における名詞の役割と動詞とに注目し，**格フレーム**構造として表現をするものもある (3 章)。格フレームにおいては，上の例では，“(食べる (主格 私) (目的格 ご飯))” のように記述される。なお，一般には名詞の格を確定するのは容易ではない。そのため日本語においては，“(食べる (ガ格 私) (ヲ格 ご飯))” のように助詞 (後置詞) を用いて表現することもある。論理式を用いる場合の利点は，自然言語においては意味が曖昧な場合であっても，論理式による表現においては曖昧性がなくなることがあげられる。例えば，“Everyone looks someone.” は「誰もが誰かを見ている」という解釈と，「皆が見ている特定の誰かがいる」という 2 つの解釈がありうる。これに対して，$\forall x \exists y Look(x, y)$ とすれば前者の意味に一意になり，$\exists y \forall x Look(x, y)$ とすれば後者の意味に一意になる。

しかし，意味表現を求めようとしても，単語が多義である場合，いかに正しい意味を選択するかは困難な問題である。英語の “bachelor” という単語には，日本語で書けば「学士」，「独身男性」，「騎士の従者」，「相手のいない雄アザラシ」という意味がある。このような多義語において文中に用いられている意味として適切なものを選択するためには，文，あるいは文脈の意味がわかっていなければならないが，そのためには個々の文や単語の意味がわかっていなければならないという鶏と卵の関係にある。工学的には，大量のコーパスから当該単語と他の単語との共起関係パターンによって曖昧性の解消を図ったり，使われる単語や語義を制限することにより，この問題を回避している (3 章)。

言語においては，単語が無規則に並べられているのではない。いわゆる文法に基づいている。なお文法は文構文以外の規則も含むため，純粋な構文のための規則を統語規則という。また，統語規則に基づく解析を統語解析と呼ぶ。統語規則は，**文脈自由文法**や，日本語の場合であれば**係り受け文法**を用いて記述され，言語はその規則に基づいて解析される (3 章)。工学的には，テキスト入力に対しては文法ベースで単語を予測する場合が多いが，音声入力の場合は，入力が確定できないため文法ベースでは拘束力が弱く，N 個からなる単語列の出現頻度情報 (統計的言語モデル，N グラムモデル) を用いる (2 章)。

人間による言語を用いたコミュニケーションは文では完結しない。複数の文が続く場合もあれば，他者との談話を行う場合もある。談話は，複数の参加者間での発話のやり取りである。また，単なる発話のやり取りではなく，前になされた発話に対する回答などのように，発話間に何らかの関係がある。そのような，談話や文をひとまとまりのものとしているものを結束性 (あるいは一貫性，coherence) と呼ぶ。また，発話や文を具体的に結び付けるものを結束作用 (あるいは結束性，cohesion) と呼び，接続詞によって表現される関係，同一指示関係，言い換えなどがある。なお同一指示関係には，前方照応と後方照応とがある。前方照応は既出のことがらを指し示し，後方照応は未出のことがらを指し示す (3 章, 5 章)。談話における照応関係の解析に関しては，**修辞構造理論** (rhetorical structure theory, 3 章) などがある。これは，文の連鎖を修辞構造手続きにより，形式上述語論理式を用いた修辞構造に変換するものである。それにより，照応を解決することが可能となっている。

また，発話はコミュニケーションのツールとして言語化された情報を伝達するのみではない。発話行為論によれば，発話においては，まず，何かを言うという行為 (発話行為) がなされる。そこで話された内容を発話内行為と呼ぶ。また，その発話行為あるいは発話内行為が引き起こす行為を，発話媒介行為と呼ぶ (5 章)。例えば,「弟がジュースをこぼした」という発話においては，その発話をしたという発話行為,「弟がジュースをこぼした」という発話内行為，そして，例えば「母親がそれを拭きにくる」という発話媒介行為が存在する (5 章)。

1.4　話し言葉と書き言葉

1.4.1　話し言葉の特徴

普段は意識しないが，**話し言葉**と**書き言葉**にはさまざまな違いがある(**表 1.2**)。音声言語は話し言葉に対応している。一方，文字言語には話し言葉と書き言葉があるが，ツイッターなどの特殊例を除いては，文字言語≒書き言葉と考えて差し支えない。話し言葉は，リアルタイムで概念から音声が生成されており，いわばオンライン生成されているといえる。話し言葉に特徴的なのは，ポーズ，フィラー(間投詞)，言い淀み，言い誤り，言い直し，助詞落ち，倒置(付け足し)，発音の怠けという ill-formedness の存在である。

表 1.2　文字言語と音声言語の特徴[7)]

	文字言語	音声言語
表現手段	文字(離散シンボル)	音波(アナログ波形) 合成音声は印刷文字に対応?
表現形式	1 方向，体系的記述	対話的交流
表現内容	命題	命題 ＋ モダリティ
媒　体	紙, ディスプレイ	空　気
受理手段	視　覚	聴　覚
入　力	非リアルタイム	オンライン，リアルタイム
記　録	永続, 一覧性(速読)	一過性(→録音)
文　体	埋込み構造・複雑	非文法的・単純
誤り, ノイズ	誤字, 誤用法, 汚れ, 破れ	言い間違い, 言い直し, 雑音
マーカ	句読点, 引用符, フォント	韻律(アクセント, イントネーション, ポーズ)
個人性，感性	筆記体, 文体	声質, 韻律
学習，獲得	先天的 ＋ より後天的	より先天的 ＋ 後天的
未完成技術の応用	仮名漢字変換, 機械翻訳, 自動抄録, 文章作成支援, 情報検索	データ圧縮, 発音評価, 言語訓練, 人工内耳

ポーズは，物理的な制約からの息継ぎなど，言語的に予期されない箇所も含む無音区間であり，書き言葉の句読点と必ずしも対応しない。フィラーは「えー」，「あのー」のような意味のない語であり，無音区間を埋める意味で有声休止 (filled pause）と呼ばれている。よく使われるフィラーや使用される構文上の位置などには，話者によらない傾向がある。また，単語としては意味がないものの，話者の状態を表現・伝達している。

言い淀みは，言いさしてから言い直すようなものである。言い誤りは，本来意図した単語とは異なる単語を発話してしまうことであり，言い直しはその訂正である。助詞落ちは，日本語において名詞に付くはずの助詞 (特に「が」「を」などの必須格の格助詞) が省略されることである。倒置は，オンライン生成された発話から一部の語句が抜け落ちたときに，抜け落ちた語句を後で付け足すことにより起こる現象で，コンピュータによる文の切れ目の同定や文解析を困難にする。「それから」を「そえから」のように発声してしまう発音の怠けは，前後の音などの影響や，発話のコストから，不明瞭な発音となることである。

推敲を経た文章においては，原則としてこれらの現象は見られない。人間どうしの対話においては，話し言葉特有の現象が頻繁に現れるが，人間の意識に上ることは少ない。コンピュータを用いた対話システムを用いる場合にも，人間の発話にはこれらが含まれることが予想される。しかし，これらは統語規則の上では誤りとなるため，特殊な処理が必要となる。例えば，フィラーを認める文法にしたり，統語解析が失敗した場合には制約を緩めて解析をし直すなどの方法がある。また，対話システムに対して音声で入力を与える場合にも，コンピュータが無言で音声を取り込むのではなく，より人間どうしの会話に近くなるように，適宜相槌を打つことや，割込み発話，復唱発話をすることが望ましいと考えられる。

ただし，話し言葉に現れる現象も言語的情報をまったく伝えていないわけではない。例えば，話し言葉では，文の統語構造に対応する情報をイントネーションとして表している場合もある。「白い虎の小屋」という句には，統語的に2つの枝分れ構造がある。「[白い虎] の小屋」は左枝分かれ構造であり，「白い [虎の小屋] 」の場合は右枝分かれ構造である。これらにおいて，左枝分かれ構造か右枝分かれ構造かを文字表現のみで判断することはできない。しかし，右枝分かれ構造の場合は，形容詞「白い」の後の「虎の」において基本周波数の立て直しが行われる。その立て直しにより，右枝分かれ構造であることがわかる。左枝分かれ構造の場合には，そのような立て直しは起こらない。また，ポーズについても右枝分かれ構造の場合には挿入されやすく，左枝分かれ構造の場合，句境界直前の句 (ここでは「白い」) が直後の句 (「虎」) を直接修飾する場合には，ポーズはほとんど挿入されない。

1.4.2 書き言葉の特徴

話し言葉はオンライン生成されているとしたが，書き言葉は確認や推敲が可能であり，いわばオフライン生成されているものといえよう。しかし，最近のインターネット上のコミュニケーションツールであるブログやツイッターなどにおいては，話し言葉と書き言葉の中間的な言葉が見られるようになってきた。

日本語の場合，句点は文末に付ける決まりになっているが，読点については正書法が定まっていない。しかし，読点の挿入によって語句の係り受け関係が明確になる場合があり，それに対応するポーズなどの話し言葉での特徴が存在することが知られている。ただし，ポーズと句読点の位置は必ずしも一致しない。

書き言葉の特徴としては，推敲により冗長表現を避け，漢語を用いて格調高くし，技巧を組み入れることもあって，埋込み文，逆茂木型の文，ガーデンパス文などの複雑な文が現れることがある。埋込み文とは，文の中に，別の文が埋め込まれているものである。例えば，「私は [父が車に乗る] のを見た」のようなものである。これは一重の埋込み文であるが，二重以上の埋込み文もある (3 章問【**8**】参照)。

逆茂木型の文とは，いくつもの修飾句が前置されている文である。例えば，次の「私は，昨日のうちに書いておいた友人への手紙を執事に託した。」という文では，「昨日のうちに書いておいた」が「友人への手紙」に係り，それがまた「執事に託した」に係っている。実際の書き言葉にはより複雑な文もあり，このようにいくつもの修飾句が前置されることにより，要点をつかみにくくなる。

ガーデンパス文は，読み手が途中まで想定していた文構造と，実際の文構造が異なることが途中でわかり，引き返して読み直す必要があるような文である。

例えば，「父が隣りの家の犬を見つけた紐で繋いだ。」のようなものである。この場合，「父が隣りの家の犬を見つけた」といったん解析するが，その次に「紐」が現れ，また動詞として「繋いだ」があるため，「見つけた – 紐」，「父が– 繋いだ」と解析をし直すことになる。これに対しガーデンパス文でない例は，「父が隣りの家の犬を見つけた場所は裏庭だった」などとなる。

単なる書き言葉ではなく，推敲された文章では，理想的には，統語的・語用論的な誤りはなく，特に学術文書の場合には一義的な解釈のみが可能であり，さらに，理解が難しい埋込み文や逆茂木型の文，ガーデンパス文も含まれないことが期待される。また，理解を確実にするためにパラグラフに分割され，引用などを示すためなどにインデントが用いられ，論点を整理するために箇条書きが用いられたりする。これらの表現方法は話し言葉においては用いることができない，あるいは少なくとも用いることが困難なものであり，書き言葉において内容の理解の助けとなるものである。

1.5 言語の獲得

1.5.1 音韻，音韻の構造，音韻体系の獲得

幼児が言語音やその体系を獲得するためには，有声/無声の対比，母音の対比，調音位置の対比，調音様式の対比など，いくつかのカテゴリー知覚が可能となることが必要である。HAS(high-amplitude sucking procedure) という，新生児が乳首を吸う力の変化を調べる方法により，生後 1 ヶ月から 2 ヶ月において，これらのカテゴリー知覚が可能となっていることがわかっている。これは，生後のわずかな期間で音（おん）を弁別する能力が獲得されているものといえる。

それに対し，言語や音にもよるが，生後数ヶ月から 1 年ほどの間に，特定の音の弁別ができなくなる。つまり，その間に，生後早い時期には可能であった音の弁別ができなくなるとともに，**母語**（mother language）の音素体系が獲得されていると考えられる。音素の獲得は，まず，母語において区別する必要がないものも含めて音を弁別する能力が獲得され，その後に母語において区別

する必要があるものを弁別する能力に整理されると考えられる。

また，音声の知覚においては，調音運動が参照されているという説もあり，モーター理論と呼ばれている。これに基づけば，例えば日本語母語話者は，日本語の音韻体系を習得した後には [l] と [r] の弁別ができないが，その弁別や，あるいは母語以外の音韻体系を習得するためには，対象となる言語の音あるいは音素を発音できることが望ましいことになる。

音声認識や自然言語処理を行うシステムには，一般的に，始めの段階から一定量の辞書が与えられる。しかし，語彙が膨大であるだけでなく，言語のもつ造語能力により，与えた辞書には存在しない単語が用いられることは珍しいことではない。そのような，音声認識や自然言語処理において用いる辞書に記載されていない単語を未知語という。話し言葉はもちろん，日本語は書き言葉においても単語の分かち書きをしないという特徴がある。そのため，形態素解析が困難になっているが，それとともに未知語の同定も困難となっている。しかし，人間の場合，そもそも辞書をもって生まれてくるわけではない。そのうえで，耳にする音・音素連鎖からの単語の切り出し，切り出した単語の意味の同定，切り出した単語と同定した意味との関連付けを行わなければならない (3 章)。

1.5.2　文法の獲得と第 2 言語の学習

チョムスキーは言語獲得装置が脳内に生得的に存在することによって，言語の獲得が可能となると考えた[3),4),8)]。言語獲得装置は，獲得可能な文法のタイプを定めた普遍文法と，普遍文法と経験の相互作用のあり方を定めた言語獲得原理からなる。特に，普遍文法については，原理とパラメータによって表現されていると考える (1.2 節)。普遍文法は有限個の原理の集合であり，個々の原理には可変部となるパラメータを含むものがある。原理としては，X バー理論，統率理論，束縛理論などがあげられる。経験により言語獲得原理からパラメータに値が設定されることにより，特定の文法が獲得されるというアイディアである。この場合，聞いたことがない文を生成したり，あるいは聞いたことのない文が文法的に正しいか否かの判断ができることなどの説明が可能となる。

母語は，言語獲得装置や普遍文法をもとに獲得されるものと考えられるが，第2言語以降の習得はそれとは異なっていると考えられる。音素から，語彙，文法を，母語を根拠に獲得していかなければならない。ロボットが言語を獲得・学習する場合は，現状では母語の獲得というよりも，日本語話者が英語を学習するような第2言語の学習に近いといえる。もちろん，赤ちゃんの母語の獲得のように，ロボットに新しい概念や語彙を自動獲得させる研究は行われてはいるが[9]，最近の20年を見ても大きな進展はない。それだけ難しい問題であるということである。いずれについても言語の獲得，学習には訓練が必要であるが，第2言語の学習においては，母語の獲得の場合と異なり，その言語を母語とする話者が身近にいるとは限らない。そこで，ラジオやテープ，CDなどが学習用教材として用いられてきた。しかしこれらは，学習者の発音が適当なものであるか，発話が適当なものであるかなどの判定や学習指針を提示してくれるわけではない。これに対して，コンピュータを用いることにより，発音の判定などの機能を付与できる。ただし，学習教材の作成には，録音，編集，字幕作成，翻訳など多くの手間が掛かる。これについても，コンピュータと音声認識技術を用いることで，リスニング教材の(半)自動生成が可能となっている[10]。

章　末　問　題

【1】 日本語の動詞の音便には，イ音便(例: 書く → 書いた)，ウ音便(おもに近畿方言に見られる。例: 買う → 買うた(こうた))，捉音便(例: 持つ → 持った)，撥音便(例: 読む → 読んだ)がある[11),12)]。過去を表す助動詞「た」が「だ」に変化することも含めて，このような種々の音便の例を列挙し，規則化を試みよ。

【2】 学校文法(中学高校で習う橋本文法に基づく文法)では，動詞は5段活用形(未然形，連用形，終止形，連体形，仮定形，命令形)が一般的で，この未然形に意思・推量の助動詞「う」の接続を加えるとする(オ段になる)。例えば，「話す」の活用は「話さない，話します，話す，話す時，話せば，話せ，話そう」のさ行5段活用になる[12]。これを，ローマ字表現すれば，か行5段活用も，さ行5段活用も同形になることを示せ。また，上一段活用形(例: 起きる)と下一段活用形(例: 受ける)はどのようになるか。

2 音声言語処理のモデル

本章では，音声言語処理に関する以下 3 つの項目について述べる。

- 音声が伝える情報（**言語的情報**，**パラ言語的情報**，**非言語的情報**）は，音声のどの音響的側面が伝えているのか —音声の音響分析技術—。
- コンピュータを使って，音声から言語的情報を抽出する（音声のテキスト化）には，どうすればよいのか —音声の認識技術—。
- コンピュータを使って，言語的情報（テキストとして与えられる情報）を音声に変換するにはどうすればよいのか —音声の合成技術—。

音声認識・合成いずれの場合でも，言語的情報以外のパラ言語的情報（発声意図や感情など），非言語的情報（話者の年齢，性別，健康状態など）を適切に識別，伝えるための技術構築も行われているが，ここでは言語的情報に限定する。

2.1 音声の音響的分析とそのモデル

2.1.1 音声生成のメカニズムとそのモデル

図 2.1 に音声生成に関係する音声器官の図を示す[1)]。音声の生成は，肺からの呼気流が声門やそれ以降の咽頭，口腔部分（すなわち声道）にあるさまざまな器官による音響的変形を受け，最終的に口（唇）から放射される。このプロセスを，1) 声門付近で生じる**音源**生成，2) それ以降の器官による音響的変形，3) 口からの放射，に分けて考える。音声のもととなる音源を生成する過程を**発声**という。生成された音源に対してさまざまな言語的特徴を音響的に付与する過程を**調音**といい，それに寄与する器官を**調音器官**という。母音の場合，声帯の振

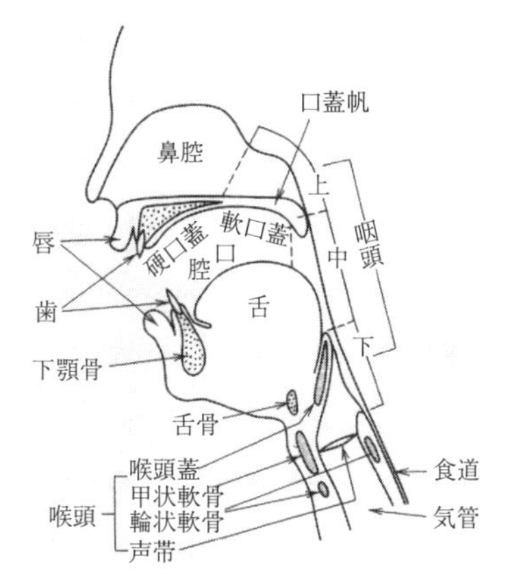

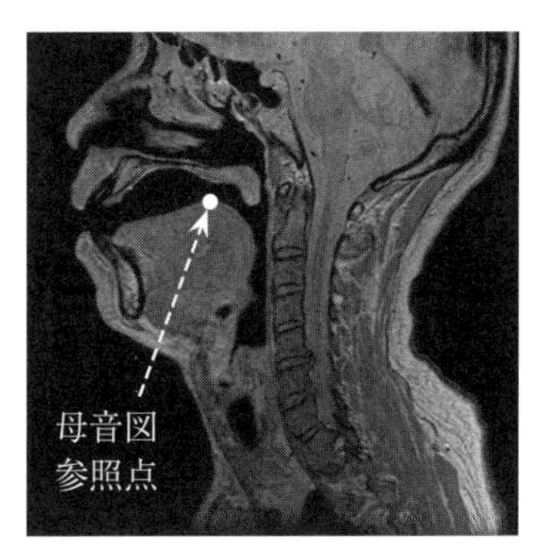

図 2.1　音声器官の正中断面図（写真は ATR 提供）

動が音源となるが，子音の場合は，声門以外の発声器官も音源となる。例えば声道の狭めによる乱流や，一時的に閉鎖した声道（の一部）を急激に開放させて得られる突発的な音が音源となることもある。いずれの場合でも，1) 音源の生成と，2) その後の音響的変形，3) 口からの放射と 3 段階でモデル化される。

2.1.2　音声に含まれる情報とその音響的対応物

音（音声はその一部）に対する心理学的属性として「高さ」，「長さ」，「強さ」，「音色」がある。高い/低い，長い/短い，強い/弱い，太い/細いなどの言葉で 2 つの音を区別する場合，これらの属性に基づいて区別していることになる。

(1)　音声の高さ ―基本周波数―　　図 **2.2** 左に母音「あ」の音声波形の

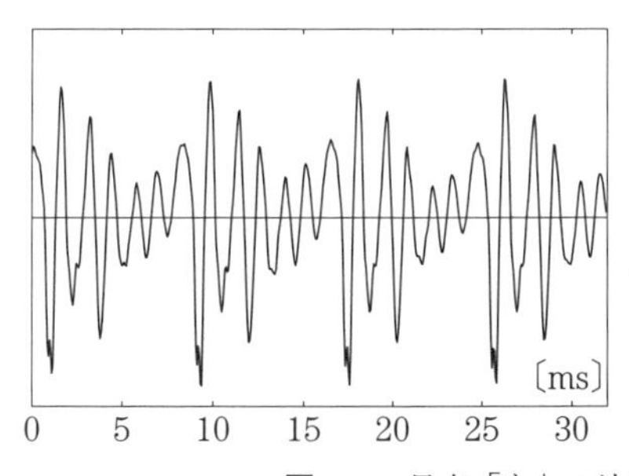

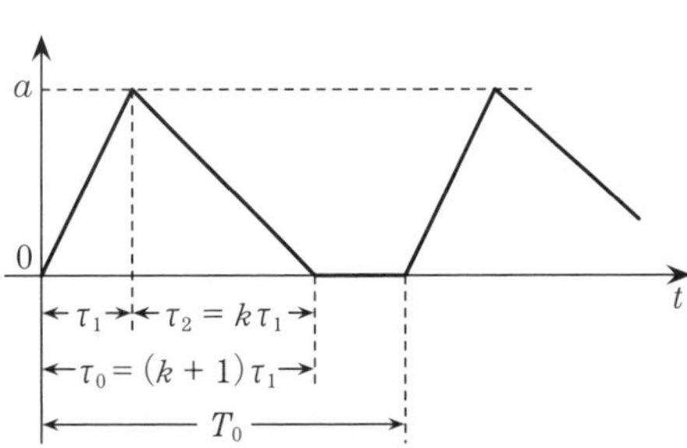

図 2.2　母音「あ」の波形表示と音源波形の三角波近似

一部を示すが†，一般に母音を含め声帯振動を伴って生成される声は，およそ周期的な波形となる。この周期を**基本周期** T_0 と呼び，その逆数を**基本周波数** $F_0(=T_0^{-1})$ と呼ぶ。基本周期が短く/長くなると（基本周波数が高く/低くなると）われわれは音が高く/低くなったと感覚する。音の高さに関する心理量（感覚量）を**ピッチ**と呼ぶが，その物理的対応物は基本周波数である。さて，周期的な時間信号 $s(t)$ はフーリエ級数により，下記のように展開できる。

$$s(t) = \sum_{n=0}^{\infty} A_n \cos\left(2\pi(nF_0)t + \theta_n\right), \qquad F_0 = \frac{1}{T_0} \tag{2.1}$$

A_n，θ_n は nF_0 に対応する振幅と位相である。このように完全な周期波形は，周波数軸上で飛び飛びの線スペクトルをもつ。$nF_0(n = 2, 3, 4, ...)$ を**倍音**と呼び，倍音のみにエネルギーが集中することを**ハーモニクス**（倍音構造）と呼ぶ。

（2） 音声の強さ —波形振幅・RMS—　音の強さを物理的に表現する場合，最小可聴パワー値（10^{-16}W/cm^2）あるいはこれに対応する最小可聴音圧値（0.0002 dyn/cm^2=20 μPa）を基準とするデシベル値で表す。前者は**インテンシティレベル**，後者は**音圧レベル**と呼ばれる。われわれが感覚する音の強さ（心理量としては**ラウドネス**と呼ばれる）は，これらの音響量が関与する。いずれも波形振幅が大きくなればより強い音となる。音声を対象にした場合，ある時間区間内の波形振幅の2乗平均の平方根（root mean square，RMS）が用いられることも多い。時刻 t の標本値を s_t とすれば下記となる。

$$\mathrm{RMS}(s_0, ..., s_{T-1}) = \sqrt{\frac{1}{T}\sum_{t=0}^{T-1} {s_t}^2} \tag{2.2}$$

（3） 音声の長さ —継続時間長—　音声波形（や音声スペクトル）を視察すれば，母音「あ」の開始時刻，終了時刻を目測でき，継続時間長が求まるが，音声スペクトルは連続的に変化しているため，確定的ではない。

以上，高さ，強さ，長さの情報を伝える音響的対応物を見てきたが，これらはおもに音源生成時に制御される音響量である。

---

† 厳密にはこの波形はマイクロフォンのケーブルを流れる電流の時間的変化である。マイクロフォンは空気の振動を電気の振動に変換する装置である。

（4） **音声の音色 —スペクトル包絡—** 音色とは何であろうか。「2つの音が物理的に同じ高さ，強さ，長さをもつにもかかわらずその2音を区別できる場合，それは音色が異なっている」と説明されることがある。工学的な応用システムを構築する場合，周波数軸上でのエネルギー分布の違いを音色の違いと解釈することが多い。すなわち**スペクトル包絡**である。音声の場合，スペクトル包絡の違いは音源ではなく，おもに声道形状や長さの違いによって生じる。

母音は一般に声帯振動を伴うため，周期的な波形となる（これを**有声音**といい，声帯振動を伴わない音は**無声音**という）。すなわち，声帯振動によって生じる音が音源であり，その後，声道形状の違いが，各母音の音色の違いをつくり出す。「あ」となった音に対して，舌の位置や唇の構えを変えると「い」や「う」となる。母音は違っても，音源は同じである。**図 2.3** は，日本語および米語の各母音発声時の舌の位置を示しており，**母音図**と呼ばれる。ここで，舌の位置とは図 2.1 右に示している参照点である。

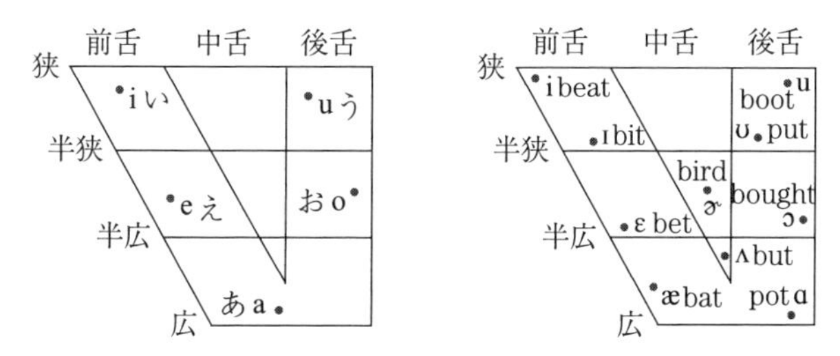

図 2.3 日本語および米語（弱母音以外の単母音）の母音図

（5） **母音の音響的特徴** 音源波形を三角波で近似したもの[2)]を図 2.2 右に示した。三角波ひとつが声帯の振動 1 回分に相当し，ブザーのような音である。この音源波形が口形による音響変形を受けるわけだが，この変形は共振・共鳴現象である。

図 2.4 左に米語の母音 [ɚ]（母音図中心にある母音）におよそ相当する，断面積が一定となる声道形状を示す。この管は，片方のみ開放された気柱であるから，その管では定常波（定在波）が生じ，管の長さによって規定される**共振（共鳴）周波数（固有振動数）** F_n 以外の振動は減衰する。

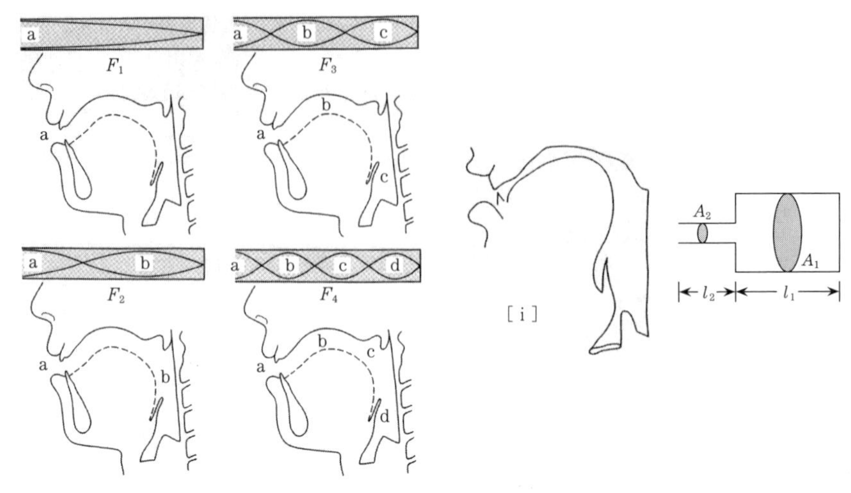

図 **2.4**　声道による定常波の生成とフォルマント周波数

$$F_n = \frac{c}{4l}(2n-1), \qquad (n = 1, 2, 3...) \tag{2.3}$$

l は気柱（声道）の長さ，c は音速である。周波数軸上の第 n 番目の共振周波数 F_n を第 n **フォルマント**（formant）と呼ぶ。[ɚ] 以外の母音（日本語の 5 母音も含む）は，声道の一部を広げ/狭めることで形状を変化させ，共振周波数を変化させている。例えば図 2.4 右のように，母音「い」の声道形状を 2 本の管で近似すれば，このときの共振周波数は下記のように解析的に求まる[3)]。

$$\frac{c}{2l_1}n, \quad \frac{c}{2l_2}n, \quad \frac{c}{2\pi}\sqrt{\frac{A_2}{A_1 l_1 l_2}}, \qquad (n = 1, 2, 3...) \tag{2.4}$$

音声生成における共振・共鳴現象とは，調音器官（おもに声道）の形状を変化させることで，音波のエネルギーを特定の周波数帯域（多くの場合，複数の帯域）に集中させる働きである。このエネルギー分布の違いのことを，音色の違いと呼んでいる。式 (2.4) より明らかなように，F_n は，管の長さ l_i や断面積 A_i によって変化する。言い換えれば，母音によっても，話者によっても音色は変化する。**図 2.5** 左に成人男性の「あ」（図 2.2 左）の対数パワースペクトルを示す。細かい櫛状の凹凸は基本周波数の影響（ハーモニクス）であるため，スペクトル包絡特性に注目されたい。スペクトル包絡のピークに対応する周波数

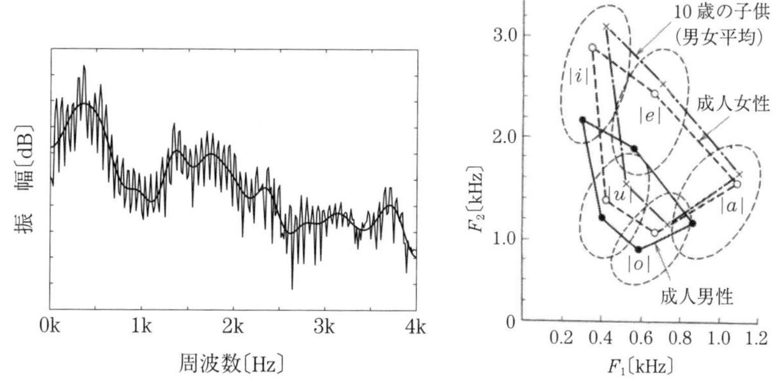

図 2.5　母音のスペクトル（左）とその個人差（右）

がフォルマント周波数である†。母音の分布を F_1，F_2 の実測値を使って F_1/F_2 平面上にプロットしたものが図 2.5 右である。成人男性，成人女性，子供（10 歳男女）のデータが示してある[3)]。性別・年齢によってフォルマント周波数が変化する様子がわかる。日本語の場合，5 母音しかないため，性別，年齢の違い（A_i や l_i の違い）を考慮しても，一部の母音分布が重なるだけである。しかし二重母音や三重母音も含めれば，米語には約 20，中国語には約 30 の母音があり，当然母音間の重なりは大きくなる[4)]。F_3 以上も考慮すれば分離度は高まるが，世界一の巨人と小人まで網羅して分離することは困難である。

（6）　子音の音響的特徴　　子音の場合，母音と異なり，音源の位置がさまざまに変化するため，母音のような三角波（声帯振動）のみが音源となることは少ない。声帯振動による三角波，声道の狭めによる乱流，声道の瞬時的な開放による突発的な気流などが組み合わさって音源となることもある。このように，母音と比べてその生成メカニズムは非常に複雑となるが，音声認識や音声合成のような工学システムを構築する場合，母音と同様，1) 音源の生成，2) 各種調音器官による周波数特性の変形，3) 放射という 3 つの過程で子音の生成もモデル化することが多い。なお，個々の子音の音響的特性の詳細（時間波形や周波数特性に観測される特性）ついては他書を参照されたい[5),6)]。

† 櫛状のスペクトルに対して，スペクトルピークがハーモニクスによるものなのか，共鳴現象によるものなのか，判断が難しい場合がある。

2.1.3 音声の記号化

（1） 基準母音の母音図と子音分類表　　母音の場合，音源は共通であり，舌や唇による声道形状の変形が異なる母音を生成することを説明した。子音の場合は，音源がどこで生成されるのか，各種調音器官がそれをどのように変形するのかによって区別されることも説明した。国際音声学会（International Phonetic Association[7]，IPA）では，舌の位置と唇のすぼめに応じて18種類の母音を理論的に定義している（特定言語の母音ではない）。**図2.6**の基準母音図がそれである。**表2.1**にIPAが定義している子音分類表を示す。音源がどこで生成されるのか（**調音位置**，横軸），および，その音源は調音器官によってどのように変形するのか（**調音様式**，縦軸）によって分類されている。子音分類表は基準母音図と異なり，現存する全言語の子音に対して書き起こせるに足るだけの子音種類（すなわちIPA音声記号）が定義されている。新たな言語が発見され，新たな子音が発見されれば，新たなIPA子音記号が生まれることになる。

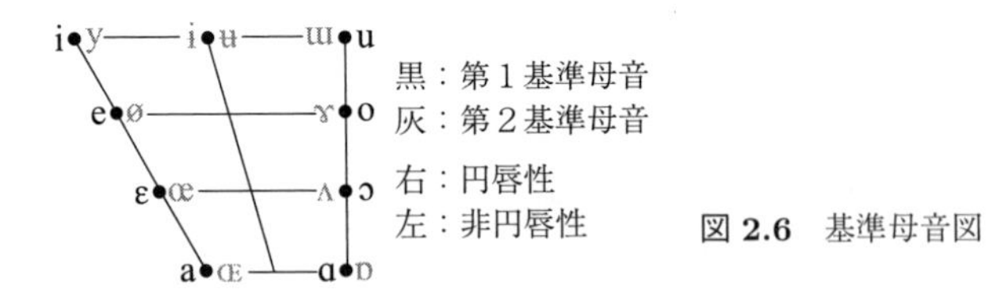

図2.6　基準母音図

表2.1　子音分類表

	両唇	唇歯	歯	歯茎	後部歯茎	そり舌	硬口蓋	軟口蓋	口蓋垂	咽頭	声門
鼻	m	ɱ		n		ɳ	ɲ	ŋ	ɴ		
破裂	p b			t d		ʈ ɖ	c ɟ	k ɡ	q ɢ		ʔ
摩擦	ɸ β	f v	θ ð	s z	ʃ ʒ	ʂ ʐ	ç ʝ	x ɣ	χ ʁ	ħ ʕ	h ɦ
破擦				ts dz	tʃ dʒ		tɕ dʑ				
接近		ʋ		ɹ		ɻ	j	ɰ			
はじき		ⱱ		ɾ		ɽ					
ふるえ	ʙ			r					ʀ		
側面摩擦				ɬ ɮ							
側面接近				l		ɭ	ʎ	ʟ			

（2） 音声記号と音素記号　　音声記号とは，IPAが規定した母音記号，子音記号をいう。対象となる言語音（の単位）を**単音**（phone）といい，大括弧

（[ ]）を使って表記する。日本語では1種類の音であっても，IPAでは区別することがある。例えば[a]も[ɑ]も[ə]も日本人は「あ」と認識する。子音も同様で，例えば「とんぼ」,「とんねる」,「どんぐり」の「ん」はすべて音声記号では区別し，[m]，[n]，[ŋ]となる。このように各言語の母語話者は，音の記号化に際して，その言語特有の認知特性をもっている。この認知特性を考慮して，（その言語母語話者が通常区別する）発声の最小単位を**音素**と呼ぶ。ひとつの音素が複数の単音に対応する場合，これら単音を異音（allophone）と呼ぶ。音素は斜線を区切り文字として使う（/a/，/arigato:/など)。言語に依存して記号化されるため，その言語のどの音が意図されたのかがわかればよい。一方，音声記号は言語非依存であり，IPAにより字体が厳密に定義されている。なお音声記号には粒度があり，粗く，詳細に表記できる。「あらゆる現実を」という発声について，音声学者が音素記号表記から音声記号（簡略および精密）表記へ書き起こしたものを図**2.7**に示す[8)]。

/arajurugeNzituo/→[aɾajɯɾɯgend͡ʑit͡sɯo]→[ɐɾɐjɨɾɨ̞gḛẽɲ̟d̠͡ʑit͡sɨo̞ʔ]

図 **2.7**　音素記号表記から音声記号表記へ

音声記号は音素記号よりも細かく音声現象を記述しているが，大人の[a]と子供の[a]は区別しない。[a]と[ɑ]は音色の違いであり，大人の[a]と子供の[a]も音色は異なる。音声学が前者のみを区別するのは，後者の違いは言語音としての違いではないからである。音声記号は音素記号より詳細に現象を記述するが，それでも実際の音響現象を抽象化していることに変わりはない。

2.1.4　音声の音響的分析

音声は空気粒子を媒質とする粗密波（縦波）であり，マイクロフォンによって電気的振動に変換できる。これをコンピュータで処理する場合，連続（アナログ）信号である音声をA-D変換を通して離散（ディジタル）信号へと変換する必要がある。A-D変換の詳細は他書に譲り，ここでは，1) スペクトル包絡の抽出，2) 基本周波数の抽出について述べる。なお音声を対象とした場合，8 kHz, 10 kHz, 16 kHzの標本化周波数が用いられることが多い（CDの標本化周波数は 44.1 kHz である)。8 kHz での標本化は電話帯域の音声であり，音声研究で最も頻繁に用いられるのは 16 kHz である。

(1) 短時間周波数解析　人間の聴覚は音声の位相成分の違いに対して鈍感であるとの知見より，音声信号をフーリエ変換し，振幅スペクトルのみに着眼することが広く行われている。フーリエ変換は角周波数を ω とすると

$$S(\omega) = \int_{-\infty}^{\infty} s(t)e^{-j\omega t}dt \tag{2.5}$$

で表され，この逆変換は

$$s(t) = \frac{1}{2\pi}\int_{-\infty}^{\infty} S(\omega)e^{j\omega t}d\omega \tag{2.6}$$

と導出できる。フーリエ変換における信号 $s(t)$ は複素信号であり，音声の場合は虚部を 0 とすることになる。周波数スペクトル $S(\omega)$ は，振幅成分 $|S(\omega)|$ と位相成分 $\angle S(\omega)$ に分かれるが，前者へ着眼することが多い[†]。

$S(\omega)$ の複素共役を $S^*(\omega)$ とすれば，パワースペクトルは下記となる。

$$P(\omega) = S(\omega)S^*(\omega) = |S(\omega)|^2 \tag{2.7}$$

図 2.5 左にはこれを対数化した，母音の対数パワースペクトルを示した。

式 (2.5) を音声信号に適用する。「あいうえお」という音声を分析する場合，母音によって共鳴特性が変わり，どの周波数帯域にエネルギーが集中するのかが時間とともに変わってくる。しかし，式 (2.5) は $-\infty$ から ∞ までの時間積分であり，時間軸上で平均されたスペクトルを示すことになる（共鳴特性の時間変化を分析することは原理的に不可能)。そこで，スペクトル特性がおよそ一定と考えられる短い時間区間を考え，その時間区間に相当する時間長の窓関数を掛け合わせた信号を分析対象とする（**短時間フーリエ変換**)。

例えば，**図 2.8** 左のような区間長 T の窓関数を考え，これを $w(t)$ とする。こうすると，時刻 u 前後の区間長 T の信号に対するフーリエ変換は下記となる。

† 音声合成の波形出力など最終的に波形を生成する場合は，波形素片を滑らかに接続するために，位相成分にも注意を払う必要がある。

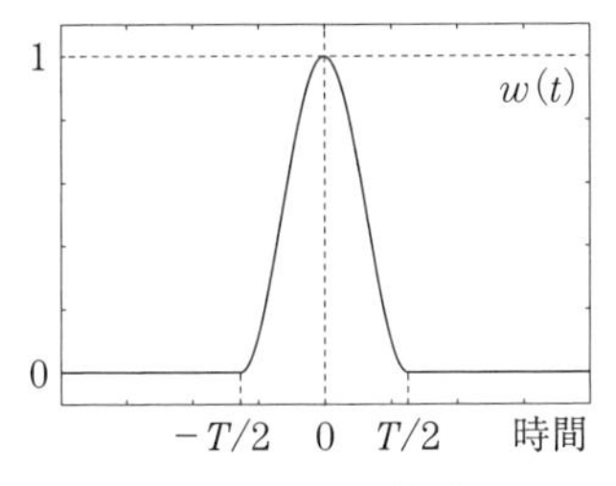

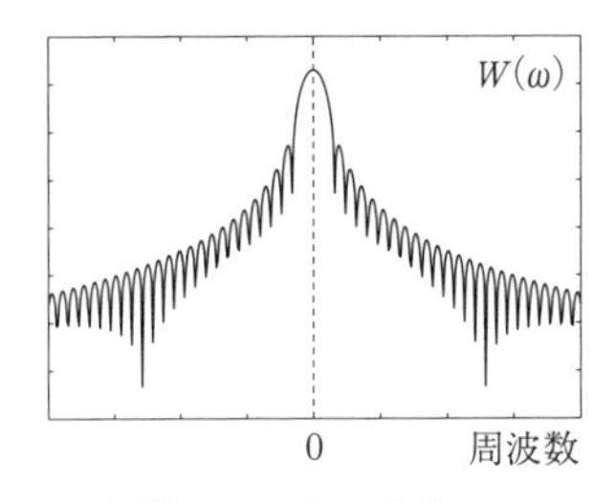

図 2.8　窓関数（ハニング窓）とその対数スペクトル特性

$$S(\omega, u) = \int_{-\infty}^{\infty} w(t-u)s(t)e^{-j\omega t}dt = \int_{u-\frac{T}{2}}^{u+\frac{T}{2}} w(t-u)s(t)e^{-j\omega t}dt \quad (2.8)$$

$s(t)$ に代えて，$w(t-u)s(t)$ を分析対象としているわけだが，時間軸上の掛け算は周波数軸上の畳込み演算となるため，短時間フーリエ変換によって得られるスペクトルはつねに窓関数のスペクトル（図 2.8 右）の畳込みが行われた結果となる。畳込みの影響を低減したければ窓幅を長くとる必要があるが，この場合，時間分解能は劣化し，素早い時間変動には追従できなくなる。

（2）**離散フーリエ変換**　以上は連続信号に対する周波数解析であったが，実際には離散化（標本化）された信号に対する周波数解析が必要になる。系列長 N の標本値列 $s_k = s(k\Delta T)$　$(k = 0, 1, ..., N-1)$ に対する**離散フーリエ変換**（discrete Fourier transform, DFT）および逆変換は，以下で定義される。

$$S_n = \sum_{k=0}^{N-1} s_k \exp\left(\frac{-j2\pi nk}{N}\right) \qquad (n = 0, 1, ..., N-1) \qquad (2.9)$$

$$s_k = \frac{1}{N}\sum_{n=0}^{N-1} S_n \exp\left(\frac{j2\pi nk}{N}\right) \qquad (k = 0, 1, ..., N-1) \qquad (2.10)$$

s_k の時間幅（標本化周期）は ΔT であるが，S_n における周波数幅 ΔF は，$(N\Delta T)^{-1} = (\text{窓長})^{-1}$ となる。すなわち窓長を長くすれば周波数分解能は上がるが，得られた DFT スペクトルの時間分解能は劣化することになる。

なお，DFT の結果と連続信号に対するフーリエ変換の結果が一致するのは（量子化歪みを無視できれば），信号 $s(t)$ が $N\Delta T$ を周期とする完全な周期信号のときのみである[†1]。これが満たされない場合は，繰返し波形の接続部において不連続点を生じ，これがスペクトル歪みを生む。そこで，両端が0に近づく窓関数（例えばハミング窓やハニング窓）を掛けることが多い。

DFTの高速演算として**高速フーリエ変換**（fast Fouricr transform, FFT）がある。これはDFT演算を精度劣化させずに高速に演算するアルゴリズムであり，こちらが広く用いられている。アルゴリズムの詳細は他書を参照されたい。FFTに基づくスペクトルを便宜上FFTスペクトルと呼ぶ。

（3）ソースフィルタモデル[9)]　音声波形は，1) 音源の生成，2) 声道による音響変化，3) 放射による音響変化，の3つの過程を経て他者に聴取されると説明した。すなわち，マイクロフォンで収録される音声信号 $s(t)$ は，話し手の音源 $g(t)$ に対する，声道フィルタおよび放射フィルタの縦続フィルタの出力と考えることができる。両フィルタのインパルス応答を $v(t)$，$r(t)$，およびそのフーリエ変換を $V(\omega)$，$R(\omega)$ とすると，$\otimes$ を畳込み演算子として

$$s(t) = r(t) \otimes [v(t) \otimes g(t)], \qquad S(\omega) = R(\omega)\,[V(\omega)G(\omega)] \tag{2.11}$$

となる。音源 $g(t)$ は実際には三角波（列）や乱流であるが，この $g(t)$ を，インパルス列（有声音源）や白色雑音（無声音源）で構成される[†2]簡素化音源 $g_0(t)$（$G_0(\omega)$）に対するフィルタ出力として考える。この出力に声道フィルタ，放射フィルタが畳み込まれたものが $s(t)$ となる。さて，本来の（有声）音源のスペクトル包絡特性 $|G(\omega)|$ は約 -12dB/oct であり，放射フィルタの特性 $|R(\omega)|$ は約 $+6$dB/oct であることが知られており，両者の縦続フィルタは約 -6dB/oct の静的なバイアス特性をもつことになる。よって，前処理として $s(t)$ に高域強調（$+6$dB/oct）を施せばこのバイアスを除去することができる。高域強調後の信号を $s'(t)$（$S'(\omega)$）とすれば，$S'(\omega)$ は，$G_0(\omega)$，$V(\omega)$ を用いて表現できる。

$$s'(t) = v(t) \otimes g_0(t), \qquad S'(\omega) = V(\omega)G_0(\omega) \tag{2.12}$$

[†1] 言い換えれば，DFTは，$k = 0, 1, \ldots, N-1$ に対する標本値が，時間軸上で正方向にも負方向にも，無限に繰り返される標本値列のフーリエ変換に等しい。

[†2] 両者ともスペクトル包絡特性は平たんであることに注意。

$+6$dB/oct の高域強調フィルタは，離散信号に対する単純な処理で実装できる。

$$s'_k = s_k - \alpha s_{k-1} \qquad (\alpha \text{は 1.0 に近い 1.0 以下の数}) \tag{2.13}$$

式 (2.12) は**ソースフィルタモデル**（ソース：音源，フィルタ：声道，図 **2.9**）と呼ばれるが，両者に独立性を仮定して用いることが多い。以下では $S'(\omega)$, $G_0(\omega)$ を簡便に $S(\omega)$，$G(\omega)$ と記すことにする。

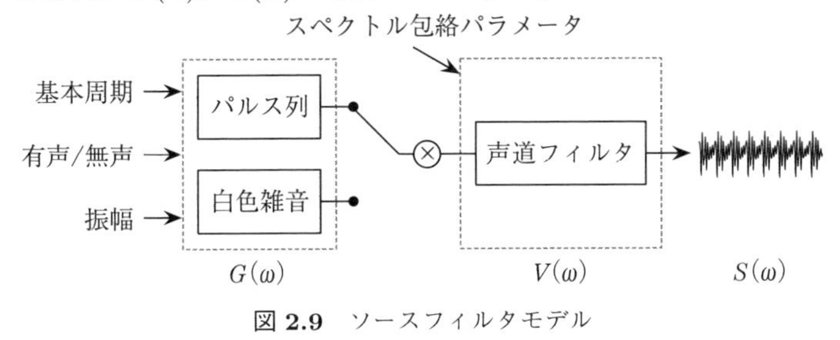

図 **2.9**　ソースフィルタモデル

（**4**）**ケプストラム係数**[10)]　ソースフィルタモデルに従えば，観測された音声のパワースペクトルは

$$|S(\omega)| = |G(\omega)||V(\omega)| \tag{2.14}$$

となり，両辺の対数をとると，右辺は乗算から加算になる。

$$\log|S(\omega)| = \log|G(\omega)| + \log|V(\omega)| \tag{2.15}$$

音声の音色を制御するのはおもに声道形状であり，$\log|V(\omega)|$ に相当する。観測された音声スペクトル $\log|S(\omega)|$ から音源成分 $\log|G(\omega)|$ を引くことで推定できる。音源が白色雑音であれば $\log|G(\omega)|$ は平たんとなる（定数となる）ため，減算は容易である。一方，基本周期 T_0 のインパルス列のフーリエ変換は，$F_0(= {T_0}^{-1})$ を周期とするインパルス列となる（実際には窓関数スペクトルが畳み込まれる）。よって，$\log|G(\omega)|$ の対数パワースペクトルは図 **2.10** 中に示すように櫛状スペクトルになる。これを取り除くと，$\log|V(\omega)|$ が推定できる。

微細構造を取り除くには，$\log|S(\omega)|$ の周波数軸を時間軸と考え，この波形を LPF（低域通過フィルタ）に通し，高周波成分を除去すればよい。例えば，

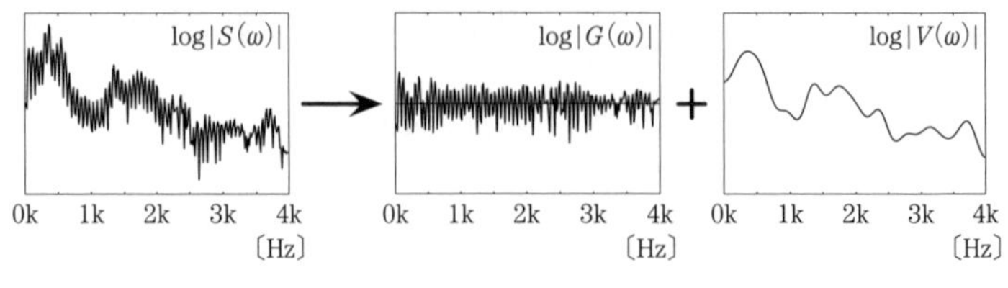

図 **2.10**　声道特性と音源特性の分離

対数パワースペクトル（横軸は周波数軸）を逆 FFT して時間波形とし，高域成分を 0 と置換して FFT により戻す方法が考えられる[†1]。逆 FFT して得られた時間波形を FFT **ケプストラム係数**と呼ぶ（図 **2.11**）。高域成分を 0 と置換して再度 FFT することで，スペクトル包絡が求まる[†2]。

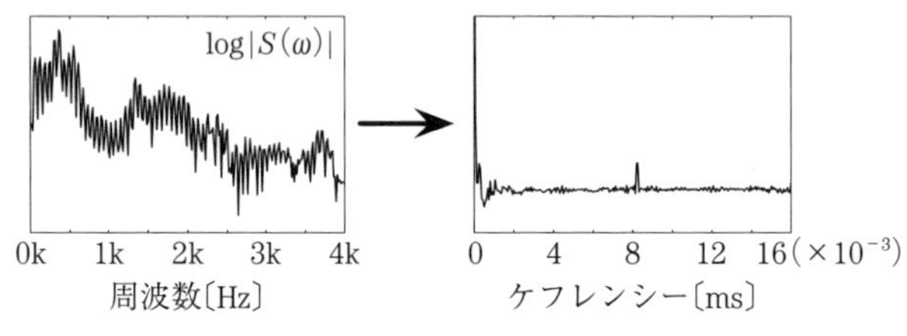

図 **2.11**　ケプストラム係数の算出

（5） メルケプストラム係数[11)]　　FFT ケプストラム以外にもさまざまなケプストラムが定義可能である。例えば対数パワースペクトルは FFT ではなく，帯域フィルタ群（フィルタバンクと呼ばれる）の出力からも求めることができる。また，人間の聴覚は周波数軸上，低域ではその分解能が高く，高域では低くなることが知られている（メル尺度）。この分解能の違いに基づいて各帯域フィルタの通過域を決めると，メル化対数パワースペクトルが得られる。具体的には図 **2.12** に示すように，対数パワースペクトルに対し，各帯域に相当する

---

†1　対数パワースペクトルは実数列であり，虚数項 =0 として逆 FFT を行う必要がある。また，スペクトルではなく対数パワースペクトルの逆 FFT なので，得られた時間波形は本来の音声波形とは大きく異なる。

†2　ケプストラム係数の単位は本来 sec であるが，専門用語としてケフレンシー（quefrency）という用語が定義されている。周波数（frequency）を分割して（fre/que/ncy），順序を変えてつくられた造語であるが，物理的には sec である。なお，ケプストラム（cepstrum）もスペクトラム（spectrum）から作られた造語である。

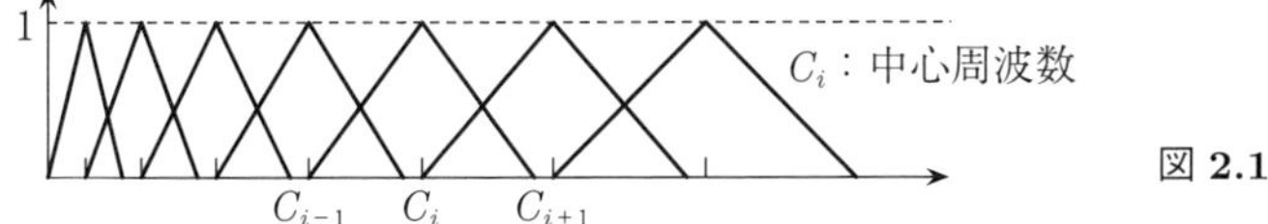

図 **2.12**　メル化フィルタ

三角窓関数を乗じて，フィルタバンク出力を得る。得られたメル化対数パワースペクトルに対して，逆コサイン変換を施し，時間波形化する。このようにして得られたケプストラム係数を**メル周波数ケプストラム係数**（mel frequency cepstrum coefficients, **MFCC**）と呼び，現在の音声認識でデファクトスタンダードになっているケプストラムである。

（6）　基本周波数（F_0）の抽出　　有声区間の周期を求める場合，音声信号の（正規化）**自己相関関数**を求め，相関値のピークを示す遅れ時間幅 k を計算する方法がある[12]。標本値 $s_0, s_1, ..., s_{N-1}$ に対する自己相関関数 r_k を

$$r_k = \sum_{t=0}^{N-1-k} s_t s_{t+k} \tag{2.16}$$

とすると，正規化自己相関関数は $v_k = r_k/r_0$ となる。s_t が $k = k_0$ を周期とする完全な周期信号であれば，$v_{lk_0} \equiv 1.0\ (l = 1, 2, 3, ...)$ となるが，そうではないため，v_k は図 **2.13** のようなパターンを描く。なお，F_0 は高々数百 Hz であるため，LPF に通した音声信号や，声道フィルタの逆フィルタ（$V^{-1}(\omega)$）を通して得られる残差信号に対して自己相関関数を求めることもある。

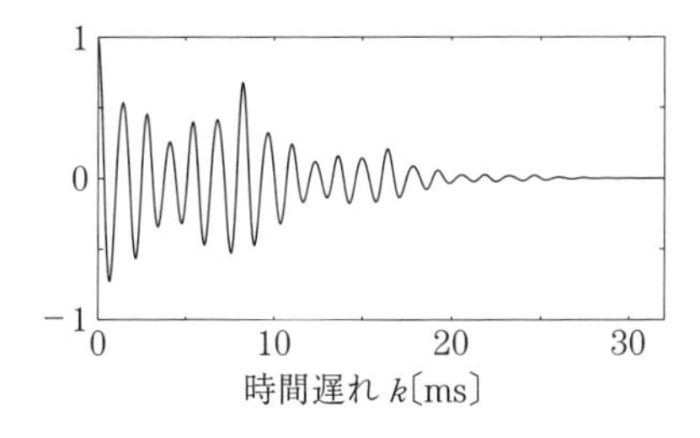

図 **2.13**　母音音声（図 2.2）に対する自己相関関数

図 2.11 にあるように，ケフレンシー中域に存在するピークの位置は基本周期に対応するため，ピーク位置検出を通して基本周波数を推定することもできる[13]。なお，倍の周期（$2k_0$）や半分の周期（$k_0/2$）が基本周期として算出され

ることがある。これは，その時間遅れに対応する自己相関関数やケプストラムピークが最大となるからであるが，半ピッチ，倍ピッチエラーと呼ばれている。

ケプストラム分析にしろ，基本周波数の抽出にしろ，窓関数を利用した短時間フーリエ変換を基本としている。この場合，分析時刻と窓関数位置との関係によって分析結果が変わるなどのアーティファクトを避けられなかった。近年これらの問題を原理的に解消できる音声分析手法も提案されている[14]。

(7) 連続発声された音声の分析　スペクトル包絡の抽出，および，基本周波数の抽出について述べてきたが，いずれも定常過程と見なせる短時間の音声区間（標本数 N の区間）を対象としていた。通常の発話は，異なる音素を次々と発声するため，音声の特性は時間的に変わってくる（非定常過程）。音声の動的特性は，区間幅 N の内部的な変動としてではなく，**図 2.14** に示すように区間（窓）を重ねながら移動して分析し，各区間に対して観測される音響的特徴（例えばスペクトル包絡）の変化としてとらえることになる。各区間をフレームと呼び，フレームの移動時間幅をシフト長と呼ぶ。各フレームからスペクトル包絡，RMS 値，F_0 値などの特徴量がベクトルの形式で抽出され，入力音声はこれら特徴量が構成する多次元ベクトル空間の軌跡となる。

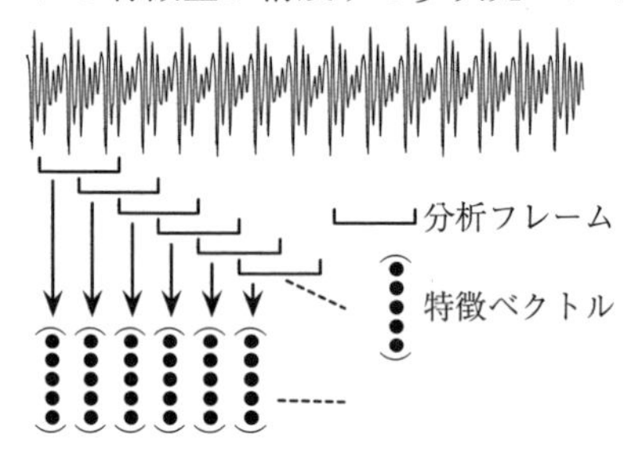

図 2.14　連続発声された音声の分析

第 k フレームの特徴ベクトルを $\boldsymbol{o}_k$ とすると，$\boldsymbol{o}_k$ の各成分の時間微分（速度成分）をデルタ（$\varDelta$）特徴量と呼び，さらにその時間微分（加速度成分）をデルタデルタ（$\varDelta\varDelta$）特徴量と呼ぶ[15]。MFCC の場合 $\varDelta$MFCC，$\varDelta\varDelta$MFCC と呼ぶ。実際には $\boldsymbol{o}_k$ と $\boldsymbol{o}_{k+1}$ の差分で $\varDelta$MFCC を定義したり，数フレームにおける時間変化を直線近似し，その傾きで $\varDelta$MFCC を定義することになる。MFCC が d 次元であれば，$\varDelta$，$\varDelta\varDelta$ を連結して得られる $\boldsymbol{o}_k$ は $3d$ 次元となる。

（8） **スペクトル包絡間の距離尺度**　2音（2フレーム）間の音響的差異を，各フレームから得られた音響特徴量を用いて定量的に計算することを考える。例えば F_0 の差異であれば，人間のピッチ感覚は F_0 の対数に従うため，フレーム a，b の F_0 を，F_0^a，F_0^b とすると

$$d_{F_0}(a,b) = \log(F_0^a) - \log(F_0^b) \tag{2.17}$$

で表現できる。音色（スペクトル包絡）に関しては，式 (2.9) の S_n に対する対数スペクトル $\log|S_n|$ に逆 DFT を施して得られるケプストラム係数を c_k^S とし，$\log|T_n|$ に対するケプストラム係数を c_k^T とすれば下記が成立する。

$$D_n = \left(\log|S'_n| - \overline{\log|S_n|}\right) - \left(\log|T'_n| - \overline{\log|T_n|}\right) \tag{2.18}$$

$$2\sum_{k=1}^{M}\left(c_k^S - c_k^T\right)^2 = \frac{1}{N}\sum_{n=0}^{N-1} D_n^2 \tag{2.19}$$

ここで，N は窓幅，M はケプストラムの打切り次数であり，M 次までの係数で表現される対数スペクトル包絡を $\log|S'_n|$，$\log|T'_n|$ としている。音声認識や音声合成などの工学システムを構築する場合，2音間の音色距離としてはこのケプストラム係数のユークリッド距離を用いることが多い。

$$d_{spec}(S,T) = \sum_{k=1}^{M}\left(c_k^S - c_k^T\right)^2 \tag{2.20}$$

2.1.5 時間構造の異なる2つの特徴ベクトル系列の対応付け

2つのフレーム系列（すなわち2特徴ベクトル系列）の間で音色差異を定量化することを考える。両発声の時間長（フレーム数）が等しく，一方の第 i フレームが他方の第 i フレームに対応していれば，式 (2.20) で定義されるフレーム間距離をフレーム数だけ累積すればよい。しかし，同一単語を二度発声すれば発声長は異なり，また，異なる単語間で発声間距離を求める場合，対応付けは不明である。このような場合，累積距離が最小となるような対応付けを求め，その最小累積距離を2発声間距離とすることが広く行われている。この対応付けは，**DTW**（dynamic time warping）[16] と呼ばれる。

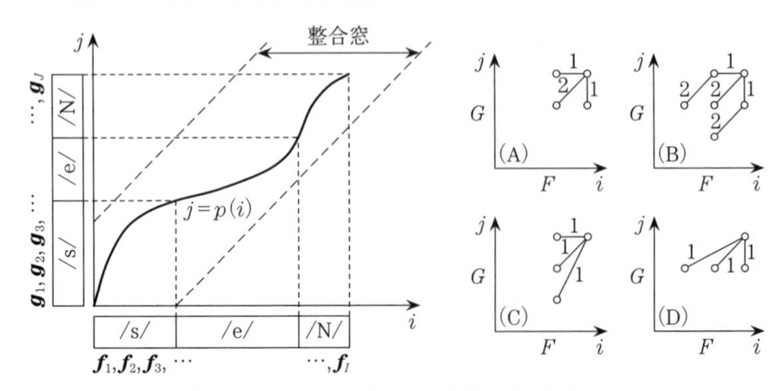

図 **2.15**　2つの時系列の対応付けと局所パス

今, 2つの特徴ベクトル系列を $F = (\boldsymbol{f}_1, ..., \boldsymbol{f}_i, ..., \boldsymbol{f}_I)$, $G = (\boldsymbol{g}_1, ..., \boldsymbol{g}_j, ..., \boldsymbol{g}_J)$ とする。DTW は，任意の2つのベクトル間の局所距離 $d(i, j)$ が与えられたときに，2つのベクトル系列間の累積距離が最小になるような対応付けを求める問題である。今，F を横軸（$1 \leqq i \leqq I$），G を縦軸（$1 \leqq j \leqq J$）にとり，2つのパターンを対応させる（図 **2.15**）。今，n 番目の対応点を (i_n, j_n) とすると，F と G の対応付け（アライメント）は対応点列（パス）$\{(i_n, j_n)\}$ として表現でき，解くべき問題は

$$\min_{\{(i_n, j_n)\}} \left[\frac{1}{Z} \sum_{n=1} d(i_n, j_n) \right] \tag{2.21}$$

となる。Z は，局所距離の累積回数が着目する対応点列に依存するため，その正規化項である。この最小化問題に，対応点列に対していくつかの条件を課すことで**動的計画法**（dynamic programing, **DP** マッチング）が適用でき，最適経路を効率よく求めることができる。1)F，G の始点どうし，終点どうしが対応する。2) 対応点列は i 軸，j 軸，両軸に対して時間順序が逆転しない（単調増加）。3) 直前の対応点から次の対応点に至る局所的経路に対して，図 2.15 右に示す制約を導入する。(A) を選択し，対応点 (i, j) の局所距離を $d(i, j)$ と記し，(i, j) に至る累積距離の最小値を $D(i, j)$ と書けば，以下の漸化式が得られる。

$$D(i, j) = \min \begin{bmatrix} D(i, j-1) + d(i, j) \\ D(i-1, j-1) + 2d(i, j) \\ D(i-1, j) + d(i, j) \end{bmatrix} \tag{2.22}$$

ただし，$D(1,1) = 2d(1,1)$。図 2.15 にある重み係数（式 (2.22) の $d(i,j)$ に対する重み）は，各対応点列に依存する局所距離累積回数の正規化を容易にする。(A) を選ぶ場合加算回数は，対応点列によらず実質 $I+J$ 回となるので

$$\min_{\{(i_n,j_n)\}} \left[\frac{1}{Z} \sum_{n=1} d(i_n, j_n) \right] = \frac{1}{I+J} D(I,J) \tag{2.23}$$

となる。実質の加算回数は (A)，(B) の場合 $I+J$ 回であり，(C) の場合は I 回，(D) の場合は J 回となる。i 軸を入力発声，j 軸を複数用意されている単語標準パターン（参照パターン）とすれば，式 (2.23) は，入力と各標準パターンとの照合スコアとなり，DP に基づく孤立単語音声認識が可能となる。

上記までは両系列の始点終点を対応付けさせて（両端点固定）最適パスを求めたが，一方の端点だけを対応させて（片端点フリー）解くこともできる。また詳細な説明は省くが，DP を拡張することで連続単語音声認識も可能となる。例えば，入力音声中の任意の部分区間に対して照合スコアが最小となる単語を DP により求め，次に，入力音声全体に対する累積スコアが最小となる語系列を再度 DP により求める 2 段 DP 法がある。それ以外にも，フレーム同期 DP 法や，one-pass DP 法など，種々のアルゴリズムが知られている[17)]。

2.2　音声の認識とそのモデル

入力音声を単語列に変換し，単語 $\leftrightarrow$ 文字列変換表を用いて，最終的に音声を文字列として出力する音声認識技術について述べる[17)~20)]。すなわち，音声から言語的情報（テキスト情報）のみを抽出するのが音声認識の目的である。

2.2.1　音声認識の難しさ

（1）　音声認識の音響的難しさ　「同一文字列に変換されるべき発声は，音響的には幅広く存在している」という事実に集約される。以下の要因を考える。

- 音素環境による各音素の音響的変動や，発声スタイルによる音響的変動
- 話者（性別，年齢，体格）の違いによる音響的変動

- 背景雑音やマイク，伝送特性などの環境の違いによる音響的変動

ある音素記号に対応する音響的特徴は，前後の音素環境によって変わる（異音)。前後の音素環境が同一であっても，発声スタイルによって変わってくる。読上げ調と会話調，元気な発声と悲しそうな発声を考えれば，音が変わることは理解できよう。会話時には怠けた発声となるため，日本語の母音であっても母音図中心（[ɚ]）付近に近づいてくる。

話者が違えば，式 (2.4) における A_i，l_i は異なるために，音声の音響的特徴は変動する。アニメキャラクターの声までを文字列化することを考えれば，およそ人間の自然発声とは思えない声までも対象にする必要がある。

音声認識はまず音声を収録することから始めることを考えれば，背景雑音，マイクや伝送特性などの外的要因によっても，音声の音響的特徴は変動する。

ある音素や単語（すなわち離散的な言語シンボル）w が意図され，発声により特徴量 $\boldsymbol{o}$ が観測されたとする。音声認識を行う場合，w はどのような $\boldsymbol{o}$ を生成するのかを記述するモデル（**音響モデル**）が必要になる[†1]が，w 以外の要因によっても $\boldsymbol{o}$ は容易に変動してしまう。w 以外の要因とは無関係に，$\boldsymbol{o}$ と w の関係を記述するための常套手段が，確率的な音響モデル $P(\boldsymbol{o}|w)$ である。説明を簡単にするため，w 以外の変動要因として話者情報 s のみを考える。観測量 $\boldsymbol{o}$ は当然話者 s に依存するため，$P(\boldsymbol{o}|w)$ は次のように考えることができる。

$$P(\boldsymbol{o}|w) = \sum_s P(\boldsymbol{o}, s|w) = \sum_s P(\boldsymbol{o}|s, w)P(s|w) \approx \sum_s P(\boldsymbol{o}|s, w)P(s) \tag{2.24}$$

上式の近似は，s と w の独立性を仮定している。結局，$P(\boldsymbol{o}|w)$ は $P(\boldsymbol{o}|s, w)$ の s に関する期待値として定義される。これは話者情報を音響的に除去するのではなく，確率分布の中に内包させることで数式上，確率変数 s が出てこないようにしている[†2]。これを**不特定話者（話者独立）音響モデル**と呼ぶ。しかし，$P(\boldsymbol{o}|w)$ の推定には大量の話者によって発声された音声コーパスが必要となる。なお，位相や F_0 の除去に関しても分布の中に隠し，音声波形の確率モデルを

---

†1　2.2.2 項参照。なお，生成モデルを用いない方法論は p.53 のコーヒーブレイク参照。

†2　この場合，s を隠れ変数と呼ぶ。音素や単語を確率分布としてとらえ，s を隠している。

つくることも理論的には可能であるが，そのような試みは通常行われず，位相や F_0 を音響的に分離，排除して対数パワースペクトル包絡を抽出している。

$P(\boldsymbol{o}|s,w)$，すなわち**特定話者（話者依存）音響モデル**を構築することもある。特定の話者の音声からモデル構築するわけだが，多くの場合，まず不特定話者音響モデル $P(\boldsymbol{o}|w)$ を構成し，所望話者の少量サンプルから $P(\boldsymbol{o}|w)$ のモデルパラメータを s 用に調整する（**音響モデル適応**）[21)]。環境的な外的要因に起因する変動も同様に，環境に関する適応を施すことが行われている。

音響モデルを利用者に応じて調整するのではなく，モデルとしては，例えば平均声道長（男性の場合は約 17cm）の特定話者音響モデルのみを構築し，特徴量抽出のときに声道長が 17cm となるように特徴量に変換させることも行われている（**声道長正規化**）。環境的要因に起因する変動を抑えるために，特徴量の平均値や分散を正規化することも行われている（**特徴量正規化**）。

（2）　音声認識の言語的難しさ　　音声認識技術は発話の意味内容を理解することなく音声を文字列化することを目的としているが，この作業を困難にする言語的要因について，以下を考える。

- 未知語への対処
- 会話特有の冗長的な言葉への対処

音声認識は有限個の項目をもつ単語辞書[†1]に基づき，入力音声を，辞書中の単語のいずれかの並びとして解釈し，認識結果を出力する。もちろん，認識結果として提示する単語に対する信頼度[†2]から，認識結果を棄却して結果を表示せず，発声を再度促す場合もある。しかし，利用者が単語辞書に存在していない単語を発声した場合，結果表示を行わないことはできても，その単語を正しく認識することは原理的に不可能である。

アナウンサーのニュース原稿読上げ音声と会話音声を比較すれば明らかなように，会話音声ではフィラーと呼ばれる「あのー」，「えーと」などの冗長語が多用される。また言い淀みや言い直しなどの現象も頻出する。これらを単語と

[†1] 単語と音素系列（単語と文字列）の対応表。

[†2] 認識装置にとっての自信の程度を表す量。英語では confidence measure という。

して登録し，逐一音声認識させることも可能であるが，後述する言語モデル構築のためのテキストコーパスには，通常このような言い回しは出現しないため，適切な言語モデルの構築が難しくなる。

2.2.2 音声認識問題の数理統計的な定式化

音声現象，言語現象を確率的にとらえると，音声認識は特徴ベクトル系列 $\boldsymbol{O} = \boldsymbol{o}_1, \boldsymbol{o}_2, \cdots, \boldsymbol{o}_T$ が与えられたときに，単語（あるいは音素）系列 $W = w_1, w_2, \cdots, w_N$ が意図されたとする確率 $P(W|\boldsymbol{O})$ を最大化する W を求める問題に帰着される。

$$\hat{W} = \arg\max_{W} P(W|\boldsymbol{O}) \tag{2.25}$$

ベイズの定理より右辺の $P(W|\boldsymbol{O})$ は

$$P(W|\boldsymbol{O}) = \frac{P(\boldsymbol{O}|W)P(W)}{P(\boldsymbol{O})} \tag{2.26}$$

$$= \frac{P(\boldsymbol{O}|W)P(W)}{\sum_{W'} P(\boldsymbol{O}, W')} = \frac{P(\boldsymbol{O}|W)P(W)}{\sum_{W'} P(\boldsymbol{O}|W')P(W')} \tag{2.27}$$

となる。式 (2.27) の分母は W に依存しないので，結局，式 (2.25) の最大化は式 (2.27) の分子の最大化問題となる（noisy channel model）[†]。

$$\hat{W} = \arg\max_{W} P(\boldsymbol{O}|W)P(W) \tag{2.28}$$

ここで, $P(W|\boldsymbol{O})$ や $P(\boldsymbol{O}|W)$ は, ある条件が指定されたうえでの確率分布を定義しており，**事後確率**と呼ぶ。また $P(W|\boldsymbol{O})$ に対して，$P(W)$（$= \sum_{\boldsymbol{O}} P(W|\boldsymbol{O}) P(\boldsymbol{O})$）は，$\boldsymbol{O}$ とは独立に変数 W の確率分布を定義しており，**事前確率**と呼ぶ。

音響モデルである $P(\boldsymbol{O}|W)$ に対して，$P(W)$ は**言語モデル**と呼ばれ，実際の発話行為とは独立に，各種の言語表現がどのくらいの確率で生成されるのかを表す。音声認識とは音響モデルと言語モデルの積を最大化する W を探索する問題として位置付けることができ，この探索をデコーディングと呼ぶ。

† $P(W|\boldsymbol{O})$ を直接扱う方法論については p.53 のコーヒーブレイク参照。

2.2.3 音響モデル

（1）隠れマルコフモデル　DP マッチングにおける単語テンプレートは，その単語を発声した特徴ベクトル時系列であった。これでは，時間方向の変動も，周波数方向の変動に対応できておらず，変動に対して脆弱な音響モデルとなっている。このような変動を内包した確率モデルとして，**隠れマルコフモデル**（hidden Markov model, **HMM**）が標準的な技術となっている。

時刻 t の観測信号 $\boldsymbol{o}_t$ の出現確率が，有限個の過去の観測信号にのみ依存する場合，これを**マルコフ過程**と呼ぶ。m 個の観測信号に依存する場合を m 重マルコフ過程，$\boldsymbol{o}_{t-1}$ のみに依存する場合を単純マルコフ過程と呼ぶ。

観測信号とは別に状態という概念を導入し，個々の観測信号は各状態からの出力結果であるとする。このような状態の集合 $\{S_i\}$ を考え，観測信号列は，状態を遷移する過程が出力した結果であると解釈する。状態 S_i は確率分布 $P(\boldsymbol{o}|S_i)$ を有し，これが S_i の出力傾向を規定する。すなわち $\boldsymbol{o}_t$ の出現確率は，マルコフ過程とは異なり，時刻 t において滞在している状態によって規定される†。このようなモデルを考えると，信号系列 $\boldsymbol{o}_1, \boldsymbol{o}_2, ..., \boldsymbol{o}_T$ が観測されても，それを生成可能な状態系列は複数あることとなり，状態遷移の様子を一意に決定することはできない（出力信号付きの非決定性オートマトン）。状態が隠れているため，このモデルを隠れマルコフモデルと呼ぶ（**図 2.16**）。

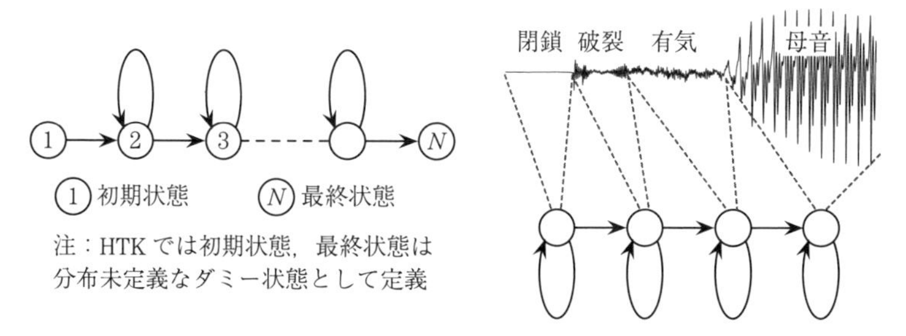

図 2.16　left-to-right 型の隠れマルコフモデル

† 別の言い方をすれば，過去の観測信号系列の情報が，現在の状態に集約されると解釈することもできる。隠れマルコフモデルは m 重マルコフモデルを包含している。

一般的な HMM は任意の状態から状態へと遷移できるが，音声（スペクトル包絡系列）の確率的生成モデルとしての HMM は，一般に left-to-right の構造をもたせることが多い。図 2.16 は，left-to-right 型 HMM が破裂音 + 母音を出力している様子を示している。個々の状態が閉鎖部，破裂部，有気部，母音部に対応している。各状態には自己遷移があるため，任意の時間長その状態に留まることができ，時間方向の変動が記述される。また，各状態の出力分布 $P(\boldsymbol{o}|S_i)$ によって，周波数軸上の変動（スペクトルの変動）が記述される。

HMM は，以下のモデルパラメータによって定義される。

- 有限個の状態集合 $\{S_i\}\quad(1 \leqq i \leqq N)$
- 初期状態の部分集合と最終状態の部分集合[†1]
- ある時刻において S_i に存在していた場合，次の時刻で S_j に遷移する確率（遷移確率 a_{ij}）
- S_i から出力される特徴ベクトルの確率分布（出力確率 $P(\boldsymbol{o}|S_i)=b_i(\boldsymbol{o})$[†2]）

状態数 N や初期状態，最終状態の部分集合は事前に決定されることが多いが，a_{ij} や $b_i(\boldsymbol{o})$ は訓練データを用いた学習により推定される。また，出力確率 $b_i(\boldsymbol{o})$ としては，正規分布（ガウス分布）を仮定することが多い。d を特徴ベクトルの次元数とすると，d 次元正規分布は下記となる[†3]。

$$
\begin{aligned}
b_i(\boldsymbol{o}) &= \mathcal{N}(\boldsymbol{o}; \boldsymbol{\mu}_i, \boldsymbol{\Sigma}_i) \\
&= \frac{1}{(2\pi)^{\frac{d}{2}}|\boldsymbol{\Sigma}_i|^{\frac{1}{2}}} \exp\left\{-\frac{(\boldsymbol{o}-\boldsymbol{\mu}_i)^T \boldsymbol{\Sigma}_i^{-1}(\boldsymbol{o}-\boldsymbol{\mu}_i)}{2}\right\}
\end{aligned} \tag{2.29}
$$

$\boldsymbol{\mu}_i$，$\boldsymbol{\Sigma}_i$ は状態 i の平均ベクトル，分散共分散行列であり，$|\boldsymbol{\Sigma}_i|$ は行列式である。非対角成分を 0 と仮定し，対角化分散共分散行列が使われることが多い。この場合，式 (2.29) は各次元における 1 次元正規分布の積となる。

---

†1　HTK（8 章）では初期状態（i=1）と最終状態（i=N）は，分布なしのダミー状態となっているため，これらの状態ではベクトル出力は行われない点に注意。

†2　なお，状態からベクトルが出力されるのではなく，状態遷移からベクトルが出力されると考え，$b_{ij}(\boldsymbol{o})$ とする定式化も可能である。

†3　$b_i(\boldsymbol{o})$ として離散的な分布を仮定する（有限個のラベルのいずれかが出力される）場合もあり，これは離散 HMM と呼ばれる。章末問題【**9**】参照。

$$b_i(\boldsymbol{o}) = \prod_{k=1}^{d} \frac{1}{\sqrt{2\pi}\sigma_i^k} \exp\left\{-\frac{(o^k - \mu_i^k)^2}{2(\sigma_i^k)^2}\right\} \tag{2.30}$$

o^k，μ_i^k は，$\boldsymbol{o}$，$\boldsymbol{\mu}_i$ の第 k 次元要素であり，σ_i^k は状態 i における第 k 次元要素の標準偏差である。式 (2.29)，(2.30) はいずれも単一の正規分布であるが，HMM の各状態の出力確率分布としては，複数の正規分布の重み付け和（**混合ガウス分布**，Gaussian mixture model, **GMM**）を採用することが多い。

$$b_i(\boldsymbol{o}) = \sum_{m=1}^{M} w_m \mathcal{N}(\boldsymbol{o}; \boldsymbol{\mu}_{im}, \boldsymbol{\Sigma}_{im}) \tag{2.31}$$

M は混合数（分布数）であり，$\boldsymbol{\mu}_{im}$，$\boldsymbol{\Sigma}_{im}$ は，状態 i の m 番目の正規分布の平均ベクトル，分散共分散行列である。最も一般的な出力確率分布は，対角化分散共分散行列を用いた混合分布モデルである。

以下，各種パラメータが推定済みの HMM を用いて，与えられた音声（特徴量ベクトル時系列）に対する出力確率を算出する手法について述べる。その後，訓練データを用いたパラメータ推定法について述べる。

（2） HMM を用いた観測ベクトル列に対する出力確率計算　特徴ベクトル系列 $\boldsymbol{O} = \boldsymbol{o}_1, \boldsymbol{o}_2, ..., \boldsymbol{o}_T$ が観測された場合に，モデル M からの出力確率 $P(\boldsymbol{O}|M)$ を計算する。$\boldsymbol{O}$ を出力しうるすべての状態遷移を考え，その和が $P(\boldsymbol{O}|M)$ となる。時刻 t で滞在している状態を $q_t\,(\in \{S_i\})$ とし，系列 $q_1, q_2, ..., q_T$ を Q とすれば，これを隠れ変数として $P(\boldsymbol{O}|M)$ は下記となる。

$$\begin{aligned} P(\boldsymbol{O}|M) &= \sum_{Q} P(\boldsymbol{O}, Q|M) = \sum_{Q} P(\boldsymbol{O}|Q, M) P(Q|M) \\ &= \sum_{q_1,\ldots,q_T} P(\boldsymbol{o}_1, ..., \boldsymbol{o}_T | q_1, ..., q_T, M) P(q_1, ..., q_T|M) \end{aligned} \tag{2.32}$$

初期状態 S_1 から開始し，$\boldsymbol{o}_1, \boldsymbol{o}_2, ..., \boldsymbol{o}_t$ を出力して状態 S_j に至る確率を $\alpha_j(t)$ として導入する。これは**前向き確率**と呼ばれ，漸化式で表現できる（図 **2.17**）。

$$\alpha_j(t) = P(\boldsymbol{o}_1, ..., \boldsymbol{o}_t, q_t = S_j|M) \tag{2.33}$$

$$= \left[\sum_{i=2}^{N-1} \alpha_i(t-1) a_{ij}\right] b_j(\boldsymbol{o}_t) \qquad (1 < j < N, 1 < t \leqq T) \tag{2.34}$$

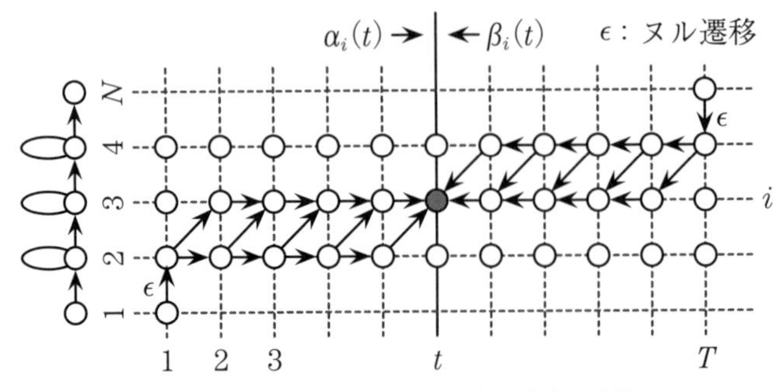

図 **2.17**　前向き確率，後ろ向き確率の計算

ただし，初期条件（$t=1$）は下記である†。

$$\alpha_1(1)=1, \qquad \alpha_j(1)=a_{1j}b_j(\boldsymbol{o}_1) \qquad (1<j<N) \tag{2.35}$$

この $\alpha_j(t)$ を用いると，$P(\boldsymbol{O}|M)$ は下記のように表現される。

$$P(\boldsymbol{O}|M)=\alpha_N(T)=\sum_{i=2}^{N-1}\alpha_i(T)a_{iN} \tag{2.36}$$

式 (2.34) では，一時刻前 $t-1$ で存在しうるすべての状態を考慮して確率計算をしているが，$\sum$ を max と置き換えて近似すれば，最大尤度を示す経路のみが選択され，DP と等価なアルゴリズム，**ビタビアルゴリズム**を導く。

$$\phi_j(t)=\left[\max_{1<i<N}\phi_i(t-1)a_{ij}\right]b_j(\boldsymbol{o}_t) \quad (1<j<N, 1<t\leqq T) \tag{2.37}$$

$$\hat{P}(\boldsymbol{O}|M)=\phi_N(T)=\max_{1<i<N}\phi_i(T)a_{iN} \tag{2.38}$$

可能なすべての経路を考慮して計算されるスコアを**トレリススコア**，最大尤度を示す経路に限定して計算されたスコアを**ビタビスコア**と呼ぶ（図 **2.18**）。HMM のパラメータ学習にはトレリススコアが一般に用いられるが，HMM を用いた音声認識ではビタビスコアを用いることになる。今，単語単位の K 種類のモデルが構築された場合を考えると，孤立単語音声認識は次式で表現される。

$$\arg\max_{1\leqq k\leqq K}\hat{P}(\boldsymbol{O}|M_k) \tag{2.39}$$

† 初期状態（状態 1）と最終状態（状態 N）は分布未定義なダミー状態であることに注意。

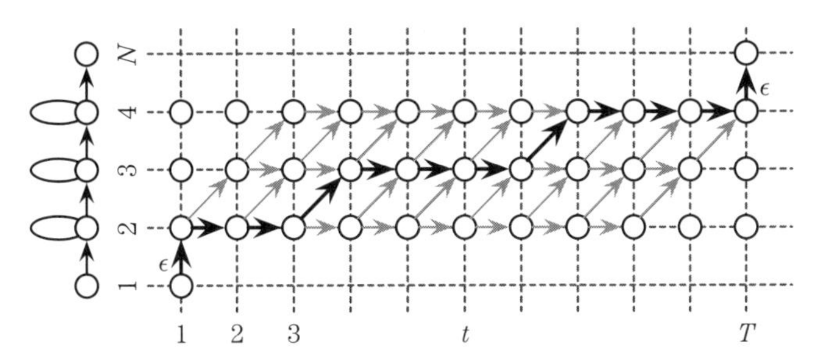

図 **2.18** トレリス計算とビタビ計算（太線がビタビ経路）

（3） HMM パラメータの推定　次に HMM のモデルパラメータ推定について考える。訓練データ $\boldsymbol{O}$ の出力確率 $P(\boldsymbol{O}|M)$ が最大となるように，M のパラメータを推定する（**最尤推定法**）。この最大化問題は，状態系列が観測できないため直接的に解くことはできない。そこで，尤度の期待値（expectation）を最大化（maximization）する方向へパラメータを逐次更新する **EM アルゴリズム**を HMM のパラメータ推定に適用した，**Baum-Welch の反復推定法**が広く用いられている。HMM の初期パラメータを適切に設定し，尤度が局所最大となるよう，パラメータを反復的に更新するアルゴリズムである。

$\boldsymbol{o}_t$ が状態 S_i から出力した状況を考える（$q_t = S_i$）。そこからの状態遷移を繰り返すことで，$\boldsymbol{o}_{t+1}, ..., \boldsymbol{o}_T$ を出力して最終状態に至る確率を，後ろ向き確率 $\beta_i(t)$ と定義する。最終状態を S_N に限定すると，下記のようになる。

$$\beta_i(t)=P(\boldsymbol{o}_{t+1}, ..., \boldsymbol{o}_T|q_t = S_i, M) \tag{2.40}$$

$$=\sum_{j=2}^{N-1} a_{ij}b_j(\boldsymbol{o}_{t+1})\beta_j(t+1) \qquad (1 < i < N, 1 \leqq t < T) \tag{2.41}$$

ただし，初期条件（$t = T$）は下記となる（状態 N はダミー状態である）。

$$\beta_i(T) = a_{iN} \quad (1 < i < N) \tag{2.42}$$

$\beta_j(t)$ を用いると，$P(\boldsymbol{O}|M)$ は下記となる。

$$P(\boldsymbol{O}|M) = \beta_1(1) = \sum_{j=2}^{N-1} a_{1j}b_j(\boldsymbol{o}_1)\beta_j(1) \tag{2.43}$$

$\alpha_i(t)\beta_i(t)$ を考える。$\{\boldsymbol{o}_1, ..., \boldsymbol{o}_t\}$ と $\{\boldsymbol{o}_{t+1}, ..., \boldsymbol{o}_T\}$ を独立とすると，これは

$$\begin{aligned}\alpha_i(t)\beta_i(t) &= P(\boldsymbol{o}_1, ..., \boldsymbol{o}_t, q_t = S_i|M)P(\boldsymbol{o}_{t+1}, ..., \boldsymbol{o}_T|q_t = S_i, M) \\ &= P(\boldsymbol{O}, q_t = S_i|M) \end{aligned} \tag{2.44}$$

となり，ここから

$$P(q_t = S_i|\boldsymbol{O}, M) = \frac{P(\boldsymbol{O}, q_t = S_i|M)}{P(\boldsymbol{O}|M)} = \frac{\alpha_i(t)\beta_i(t)}{\alpha_N(T)} \tag{2.45}$$

となる。これを $\gamma_i(t)$ と表記する。$\gamma_i(t)$ は，モデル M から $\boldsymbol{O} = \boldsymbol{o}_1, ..., \boldsymbol{o}_T$ が出力された条件下で，時刻 t で S_i に存在する確率を示している。HMM では観測系列 $\boldsymbol{O}$ に対して，それを出力した状態遷移は観測できない。しかし，$\gamma_i(t)$ は $\boldsymbol{o}_t$ がどの程度 S_i に帰属しているのかを確率的に表している。

Baum-Welch のパラメータ再推定アルゴリズムでは，$\gamma_i(t)$ を用いてパラメータ更新式を次のように導いている。簡単のため，HMM の状態 S_i は単一正規分布 $b_i(\boldsymbol{o}) = \mathcal{N}(\boldsymbol{o}; \boldsymbol{\mu}_i, \boldsymbol{\Sigma}_i)$ で規定される場合の更新式を示す。更新は $\gamma_i(t)$ による期待値操作が基本となっていることがわかる。

$$\hat{\boldsymbol{\mu}}_i = \frac{\sum_t \gamma_i(t)\boldsymbol{o}_t}{\sum_t \gamma_i(t)} = \frac{\sum_t \alpha_i(t)\beta_i(t)\boldsymbol{o}_t}{\sum_t \alpha_i(t)\beta_i(t)} \tag{2.46}$$

$$\hat{\boldsymbol{\Sigma}}_i = \frac{\sum_t \gamma_i(t)(\boldsymbol{o}_t - \boldsymbol{\mu}_i)(\boldsymbol{o}_t - \boldsymbol{\mu}_i)^{\mathsf{T}}}{\sum_t \gamma_i(t)} \tag{2.47}$$

$$= \frac{\sum_t \alpha_i(t)\beta_i(t)(\boldsymbol{o}_t - \boldsymbol{\mu}_i)(\boldsymbol{o}_t - \boldsymbol{\mu}_i)^{\mathsf{T}}}{\sum_t \alpha_i(t)\beta_i(t)} \tag{2.48}$$

$$\hat{a}_{ij} = \frac{\sum_t \alpha_i(t)a_{ij}b_j(\boldsymbol{o}_{t+1})\beta_j(t+1)}{\sum_t \alpha_i(t)\beta_i(t)} \tag{2.49}$$

以上は，初期パラメータが与えられた HMM に対して，訓練サンプルとなる特徴ベクトル系列がひとつ与えられたときの更新式である。訓練サンプルが R 個存在していた場合（$\boldsymbol{O}^1, ..., \boldsymbol{O}^r, ..., \boldsymbol{O}^R$）は下記となる（$P^r = \alpha_N^r(T^r)$）。

$$\hat{\boldsymbol{\mu}}_i = \frac{\sum_r \left[\sum_t \gamma_i^r(t)\boldsymbol{o}_t^r\right]}{\sum_r \left[\sum_t \gamma_i^r(t)\right]} = \frac{\sum_r \frac{1}{P^r}\left[\sum_t \alpha_i^r(t)\beta_i^r(t)\boldsymbol{o}_t^r\right]}{\sum_r \frac{1}{P^r}\left[\sum_t \alpha_i^r(t)\beta_i^r(t)\right]} \tag{2.50}$$

$$\hat{\boldsymbol{\Sigma}}_i = \frac{\sum_r \left[\sum_t \gamma_i^r(t)(\boldsymbol{o}_t^r - \boldsymbol{\mu}_i)(\boldsymbol{o}_t^r - \boldsymbol{\mu}_i)^\mathsf{T}\right]}{\sum_r \left[\sum_t \gamma_i^r(t)\right]} \tag{2.51}$$

$$= \frac{\sum_r \frac{1}{P^r} \left[\sum_t \alpha_i^r(t)\beta_i^r(t)(\boldsymbol{o}_t^r - \boldsymbol{\mu}_i)(\boldsymbol{o}_t^r - \boldsymbol{\mu}_i)^\mathsf{T}\right]}{\sum_r \frac{1}{P^r} \left[\sum_t \alpha_i^r(t)\beta_i^r(t)\right]} \tag{2.52}$$

$$\hat{a}_{ij} = \frac{\sum_r \frac{1}{P^r} \left[\sum_t \alpha_i^r(t) a_{ij} b_j(\boldsymbol{o}_{t+1}^r)\beta_j^r(t+1)\right]}{\sum_t \frac{1}{P^r} \left[\sum_t \alpha_i^r(t)\beta_i^r(t)\right]} \tag{2.53}$$

これらは，対象とするHMMが出力したと考えられる特徴ベクトル系列が与えられた場合の更新式である。音素HMMを構築する場合，連続音声中から各音素に対応する音声区間を切り出し，それに対応する特徴ベクトル系列を求める必要がある。しかし，正確に音素区間を切り出すためには高精度な音素HMMを用いて音素境界を求める必要があり，これは鶏と卵の関係にある。訓練データに対して音素境界を明示的に決定することなく，音素HMMを学習する方法として**連結学習**（embedded training）がある。これを説明するために，まず，**“結び”**に基づくパラメータ推定について説明する。

HMMのS_iとS_jとが“結び”の関係にあるとは，両状態の出力確率がつねに同一のパラメータを共有することを意味する。今，“結び”の関係にある状態の集合をSと呼ぶ場合，Sのパラメータ更新式は下記となる。なお，訓練データは各HMMに対応するように切り出された特徴ベクトル系列を考えている。

$$\hat{\boldsymbol{\mu}}_S = \frac{\sum_r \frac{1}{P^r} \sum_{i\in S} \left[\sum_t \alpha_i^r(t)\beta_i^r(t)\boldsymbol{o}_t^r\right]}{\sum_r \frac{1}{P^r} \sum_{i\in S} \left[\sum_t \alpha_i^r(t)\beta_i^r(t)\right]} \tag{2.54}$$

$$\hat{\boldsymbol{\Sigma}}_S = \frac{\sum_r \frac{1}{P^r} \sum_{i\in S} \left[\sum_t \alpha_i^r(t)\beta_i^r(t)(\boldsymbol{o}_t^r - \boldsymbol{\mu}_i)(\boldsymbol{o}_t^r - \boldsymbol{\mu}_i)^\mathsf{T}\right]}{\sum_r \frac{1}{P^r} \sum_{i\in S} \left[\sum_t \alpha_i^r(t)\beta_i^r(t)\right]} \tag{2.55}$$

ここで，音素境界が明示的に与えられていない訓練データ（ここでは文発声データ）を考えよう。ただし，各訓練データの音素書き起こし，音声開始・終了時刻は既知であるとする。ここで，文 HMM の学習を考える。文 k が M 個の音素で構成されていれば（1 音素当り 3 状態の HMM を考え[†]），$3M$ 個の状態で構成された left-to-right 型 HMM を文 HMM_k とする。

各文 HMM の間で等しい音素どうしの状態を“結び”付ける（図 **2.19**）。こうすることで，文発声数が増えても，すべての文 HMM に対して定義される物理的に異なる状態数はつねに $3N$（N は音素の種類数）となる。この状況下で各文 HMM を，“結び”の関係に基づいて再推定する（連結学習）。十分な訓練データ（文発声）がある場合，使用する訓練データ全体の平均ベクトル，分散共分散行列を全音素 HMM の初期パラメータとして使うことが広く行われている（フラットスタート）。全音素に対して共通の初期パラメータを与えることに対して「乱暴な初期値設定」と考える読者もいると思われるが，十分な訓練データがあれば，フラットスタートでも精度のよい音素 HMM が構築できる。

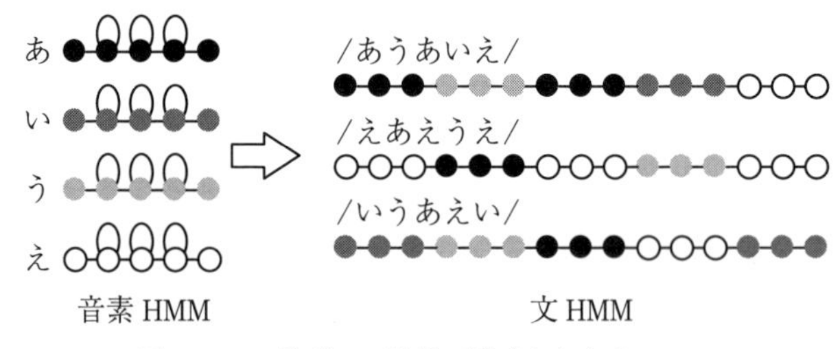

図 **2.19**　“結び”の関係で構成された文 HMM

（4）**音素環境依存の音素モデル**　HMM は音素，モーラ，音節，単語，句，文などさまざまな言語単位を対象として構築することができる。しかし，単語以上を単位として採択すると，構築すべきモデル数が爆発するため，通常は音素やモーラでモデルを構築し，それ以上の言語単位については，音素（モーラ）HMM を連結することで構成することが多い。

音素の音響的特徴は前後の音素環境によっても変化することを述べた（異音）。時間的な単位長としては音素を採択しても，モデルの種類数としては音素を対象にするのか，異音を対象とするのかで大きく異なる。音素種類数が N のとき，

† ダミー状態である初期・最終状態を考慮すれば，5 状態である。

前後の音素環境を無視すればモデルの種類数は N であり，考慮すれば N^3 となる。前者を**モノフォンモデル**，後者を**トライフォンモデル**と呼ぶ。直前が/x/，直後が/z/である音素/y/を，x-y+z と表現することが多い。

モノフォンモデルを対象とした HMM 構築は (3) までの手順で構築できる。トライフォンにした場合，種類数が N^3 となるため，訓練データが容易に不足する。これを解決するために "結び" が用いられる。HMM パラメータをトライフォン間で共有し，物理的に異なる状態数を削減する。**音素決定木**を用いたトップダウンクラスタリングを用いて "結び" を実現することが多い。

すべての音素 HMM が同一のトポロジーをもつと仮定し（3 状態 HMM を考える），中心音素が/y/である論理トライフォン（*-y+*，N^2 個ある）に対してパラメータ共有を導入する。なお，同一の状態インデックスをもつ状態どうしのみ共有関係になれるものとする（x-y+z の S_i と a-y+b の S_j $(j \neq i)$ は共有できない）。共有状態をまったく用いなければ，論理トライフォンの種類数 ×3 だけの状態に対してパラメータ推定することとなり，逆に，*-y+*すべてに対して共有関係を導入すれば，それはモノフォンになる。求めるべきは，2 者の間にあると想定される，適度に共有関係が導入されたトライフォンモデルである。

この問題解決は以下の手順で行われることが多い。1) モノフォンを構築する。2) 論理トライフォン数（N^3）だけの物理トライフォンをいったん構築する。3) 前後音素に関する質問セットを用意し，それを用いてトライフォン共有の 2 分決定木をトップダウン的に構築する。4) 与えられた条件を満たす共有構造を見つける。質問セットとは前後の音素に関する質問であり（「直後の音素は母音か否か」など），**図 2.20** に示すような論理トライフォン共有の 2 分決定木を構築する。あるノードで採択される質問とは，そのノードに存在する全論理トライフォンよりなるひとつの共有トライフォンが示す尤度と，そのノードが 2 分され，2 つの共有トライフォンとなった場合の尤度を比較し，2 分することによる尤度上昇が最大となる質問である。図中，リーフノードは論理トライフォンに対応し，ルートノードで共有すれば，それはモノフォンとなる。所望の異なり

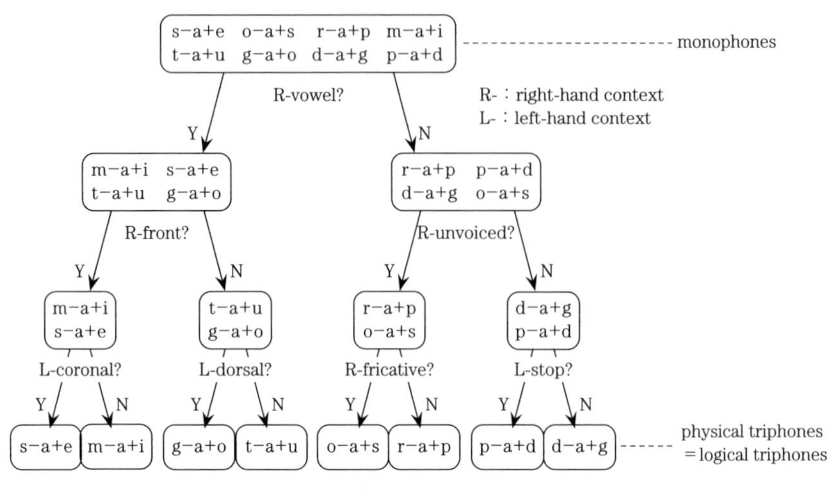

図 2.20　音素環境に基づくトップダウンクラスタリング

状態数となるようノードを選定し，最終的な共有構造が得られる。なお，記述長最小化基準（minimum description length, MDL）に基づいた共有構造の決定法なども検討されている。

訓練データに対する尤度最大化を目的とすれば，共有など行わず論理トライフォン数だけの物理トライフォンを用意すればよい。しかし，各状態に割り当てられる（確率的な）訓練サンプル数が不足し，**過学習**が容易に起こる。その結果，訓練データ以外のデータに対する精度が落ちてくる。結局，過学習とならないよう，訓練データに対して適度に尤度を高める推定が必要となる。

なお，訓練データに出現しないトライフォンが音声認識時には必要になる場合がある†。このような場合，上記の過程で構成された決定木に対して未知トライフォンをルートノードから代入し，各ノードの質問に答えていけば，やがて物理トライフォンに到達する。これで代用すればよい。

（5）　孤立単語の音声認識　　孤立単語の音声認識を考える。有限個の単語を対象とし，発声はいずれかの単語がひとつ発声される場合の音声認識である。単語単位で HMM を構築し，入力音声に対して全単語モデルに対するスコアを

† 例えば，外来語には日本語単語には存在しないトライフォンが存在する。

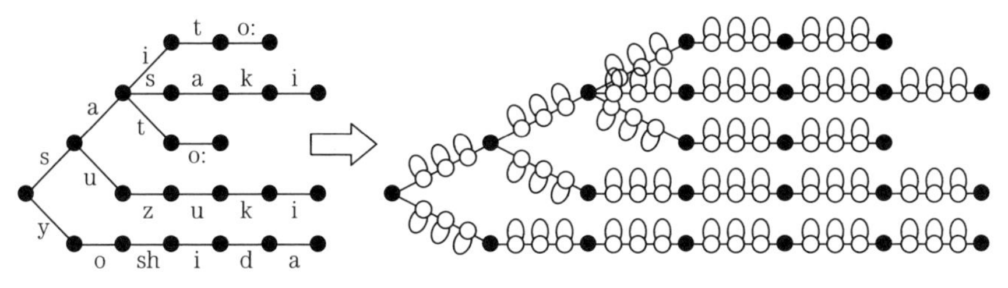

図 **2.21**　木構造で表現された語彙セット

計算し，最高スコアを示す単語を認識結果とする方式が最も簡素な実装である。

一方，音素単位で音響モデルを構築し，単語HMMをこれらの線状連結として構成した場合，候補単語セットを木構造で表現することで，より効率的な計算が可能となる。佐藤，斉藤，佐々木，鈴木，吉田の5単語の姓名認識を例として考える。これら姓名を図**2.21**左に示す音素木構造で表現する。アークが音素に対応する。HMMは本来，任意の状態間で遷移を有するトポロジーをもつことができる。また初期状態，最終状態も複数もつことができる。これを考えると，図2.21左のアークを音素HMMと置換すれば，木構造全体が，ひとつの初期状態，複数の最終状態をもつHMMとなる（黒丸はダミー状態）。入力音声に対して，この木構造HMMに対するビタビスコアを計算すれば，尤度を最大化する経路が得られ，その経路に対応する単語が認識結果となる。

2.2.4　言 語 モ デ ル

音素単位でのHMM音響モデルを用いて，文（単語列）音声の音声認識を考える。孤立単語音声認識とは異なり，入力音声に含まれる単語数は未知である。この場合，入力発声に観測される単語列に対して何ら制約を置かずに音声認識を行っても（例えば，ランダム単語列が発声されることも許容する），認識対象とする語彙サイズが小さくなければ，十分な精度は期待できない。言い換えれば，次に発声される単語を事前に予測（制約）する必要がある。この項ではまず**ネットワーク文法**（**正規文法**）を使った言語的制約を，次に**統計的言語モデル**（N **グラムモデル**，N-gram モデル）を使った言語的制約について述べる。

（1） ネットワーク文法による言語的制約　　前節で複数の単語を木構造で表現した。ここでは，発声されると想定される文集合をネットワークの形で表現する。例えば**図 2.22** に示すような文発声群を網羅するネットワーク文法を考える。アークに単語が割り付けられ，想定される文発声を網羅するように（多くの場合，人手で）作成される。アークに割り付けられた単語を，単語 HMM（音素 HMM の線状結合）と置換すれば，このネットワーク全体をひとつの HMM としてとらえることができる。入力音声に対するビタビスコア，ビタビ経路を求めれば，その経路上の単語列が認識結果となる（**ビタビ探索**）。ネットワーク文法におけるノードの一部は，出力分布をもたないダミー状態とすることがある。経路探索（仮説探索）においてこの状態に到達すると，例えばそれは単語尾から次の単語頭への遷移であると知ることができる。

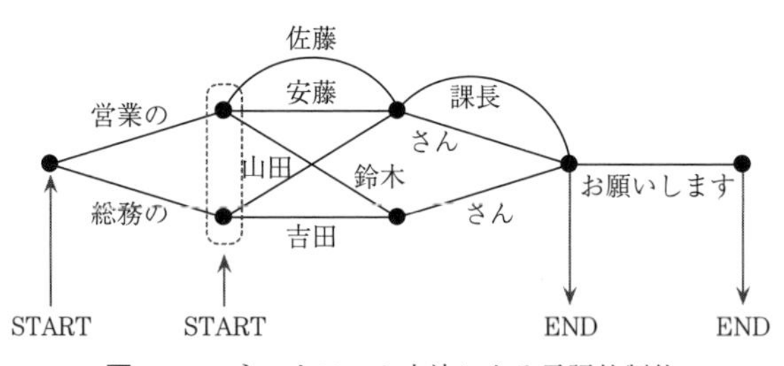

図 **2.22**　ネットワーク文法による言語的制約

ビタビスコア $\phi_j(t)$ の計算は式 (2.37) のとおりに計算すれば，o_t が出力される可能性のある状態として全状態を対象としているため，全状態に対して $\phi_j(t)$ を求めることになる。ネットワーク規模が大きくなれば計算コストが大きくなるため，時刻 t における高スコア仮説（経路）のみを残し，他を棄却することが行われている。これは**ビーム探索**と呼ばれ，残す仮説数をビーム幅と呼ぶ。

（2） 統計的言語モデルによる言語的制約　　語彙数が数十～百程度の小規模な音声認識システムであれば，想定される発話文パターンをネットワーク文法の形で記述できるが，語彙数が数千～数万の規模の**大語彙連続音声認識**（large vocabulary continuous speech recognition, **LVCSR**）になると現実的に不可能となる。さらに話し言葉には文法的に不適切な発声も頻繁に現れる。人手に頼った言語的制約では，これらに対処することが難しい。解決策として，大規模テキストコーパスを用いて自動的に言語的制約を構築する方法がある。ネットワーク文法と異なり，語の局所的な並びの情報だけに着目する。例えば直前の $N-1$ 単語が既知となった場合に，次に来る単語を確率的に予測する。

単語 w_i の出現確率を直前の $N-1$ 個の単語に対するマルコフ過程であると考えると，例えば K 個の単語からなる文 S の生成確率は

$$P(S) = P(w_1, ..., w_K) = \prod_{i=1}^{K} P(w_i | w_{i-N+1}, ..., w_{i-2}, w_{i-1}) \tag{2.56}$$

となる。$P(w_i|w_{i-N+1}, ..., w_{i-1})$ は，単語列の相対頻度として推定できる（最尤推定値）。単語連鎖 $w_{i-N}, ..., w_i$ を w_{i-N}^{i} と表記すると下記となる。

$$P(w_i|w_{i-N+1}^{i-1}) = \frac{C(w_{i-N+1}^{i})}{C(w_{i-N+1}^{i-1})} \tag{2.57}$$

$N = 2$ の場合を**バイグラム**（bigram, 2-gram），$N = 3$ の場合を**トライグラム**（trigram, 3-gram）と呼ぶ。$N = 1$ の場合，すなわちコンテキスト独立な出現確率を**ユニグラム**（unigram, 1-gram）と呼ぶ。直前の 1，2 単語に基づいて次の単語を確率的に予測する単純な枠組みであるが，その効果は大きい。しかし語彙数が 10000（=10K）であれば，トライグラムの論理的な種類数は $(10K)^3 = 1$ 兆 になる。そのため訓練データ中に出現しなかった，あるいは，出現回数が少なかったトライグラムも多い。このデータスパースネスの問題は，バイグラムやユニグラムを使いながら，確率値を平滑化してトライグラムを近似したり，類義語をひとつのクラスにしたクラス言語モデルを用いるなどして対処することが多い。

作成された N グラム言語モデルは，実際に音声認識実験を通して評価を行うこともできるが，認識実験を行わず，N グラムモデル単体での評価尺度もある。ネットワーク文法にしろ，N グラムモデルにしろ，認識履歴を参照しながら次に出現する単語を予測する（候補単語数を絞る）ことが目的である。すなわち，候補単語数がより少ない言語モデルがよりよい言語モデルとなる。確率論的に求められる候補単語数（単語分岐数）を**単語パープレキシティ**（perplexity, PP）

と呼び（2 のエントロピー乗），言語モデルの評価でしばしば使われる。テストデータ $w_1, ..., w_K$ に対するトライグラムの PP は下記で算出される。

$$\mathrm{PP}=P(w_1, ..., w_K)^{-\frac{1}{K}} \tag{2.58}$$

$$=\left[\prod_{n=1}^{K} P(w_n|w_{n-2}^{n-1})\right]^{-\frac{1}{K}} = \left[\prod_{n=1}^{K} \frac{1}{P(w_n|w_{n-2}^{n-1})}\right]^{\frac{1}{K}} \tag{2.59}$$

実際には，対数化（エントロピー化）して計算することも多い。

$$\log_2 \mathrm{PP}=-\frac{1}{K}\log_2 P(w_1, ..., w_K) \tag{2.60}$$

$$=-\frac{1}{K}\sum_{n=1}^{K}\log_2 P(w_n|w_{n-2}^{n-1}) = \frac{1}{K}\sum_{n=1}^{K}\log_2 \frac{1}{P(w_n|w_{n-2}^{n-1})} \tag{2.61}$$

PP の値は認識対象語彙サイズに大きく依存する。例えば語彙サイズ S ですべてのトライグラムが $1/S$（等確率）の場合，$\mathrm{PP} = S$ となり，次単語の候補数は S となる。語彙サイズが異なる N グラムの PP は直接比較できない。

音声認識システムを構築する場合認識対象語彙は有限であるため，N グラム構築用の訓練データに存在する，対象語彙以外の語は未知語として扱われる。これらはすべて UNK（unknown）という単語に置き換えられ，$P(\mathrm{UNK}|w_{i-2}^{i-1})$ など，UNK 用 N グラムが推定される。構築された言語モデルを評価する場合，訓練データとは異なるデータを用いて PP を求める（テストセット PP）。$w_i = \mathrm{UNK}$ の N グラムスコアが高い場合（未知語出現回数が多い場合），テストセットに未知語が含まれるほど，良いモデルとして評価されてしまう。これを回避すべく，未知語を考慮した PP も提案されている（補正パープレキシティ，adjusted PP，APP）。未知語種類数が m であるとき，UNK に対するトライグラム確率を $m^{-1}P(\mathrm{UNK}|w_{i-2}^{i-1})$ として計算する。これは w_i が UNK である場合に，w_i が特定の未知語である確率を m^{-1} とすることと等しい。評価テキストの中に未知語出現数を o，種類数を m とすると，APP は下記となる。

$$\log_2 \mathrm{APP} = -\frac{1}{K}\left\{\log_2 P(w_1, ..., w_K) - o\log_2 m\right\} \tag{2.62}$$

これによって，語彙サイズの異なる言語モデルも比較可能になる。

2.2.5　仮説探索（デコーディング）

（1） ***N* グラム言語モデルのネットワーク文法としての解釈**　　図 **2.23** にバイグラムをネットワーク文法の一種として記述した図を示す。任意の単語 w_j から任意の単語 w_i への遷移が許されるが，単語遷移 $j \to i$ に対して，対数バイグラムスコアが加算されることになる。バイグラムカウントが 0 あるいは非常に小さい場合は，ユニグラムを用いてバイグラムを近似する。

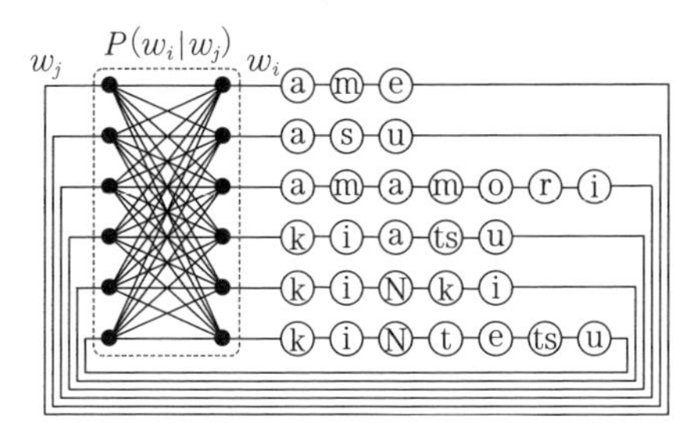

図 **2.23**　バイグラムの文法としての解釈

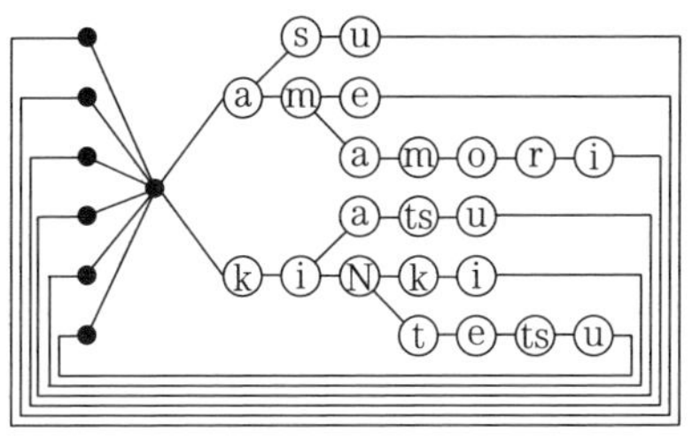

図 **2.24**　木構造辞書を用いたバイグラムの実装

さらに，全単語をひとつの木構造として表現した場合を図 **2.24** に示す。語頭の部分音素列を共有する単語群はマージされ，コンパクトな表現となる。しかしこの場合，次単語に遷移してもそれがどの単語への遷移なのかは末端ノードに到達するまでわからないため，言語モデルスコアの加算タイミングは遅れる。

トライグラムになると，直前の 2 単語を記憶しておく必要があるためネットワーク表現は複雑になる。語彙サイズが数万規模になってくると，ネットワーク文法中の論理的な HMM 状態数も数十万になり，通常のビタビ探索では探索効率が悪い（無用な仮説を保持することになる）。効率のよい探索のためには，1) 入力音声と仮説の効率的な照合（尤度計算）と，2) 不要と思われる仮説の高精度な棄却（**枝刈り**，pruning）の 2 つの操作を繰り返すことが必要となる。仮説の棄却を高精度化するには，詳細な音響モデルや言語モデルが必要になるが，詳細なモデルを用いれば計算コストがかかり，これらは相反する要求である。

（2） **仮説探索におけるさまざまな効率化**　　最も単純な実装は，図 2.24 に示した木構造辞書を用いた時間同期ビーム探索である。入力フレームに同期して尤度計算（式 (2.37) の $\phi_j(t)$）を行い（ビタビ探索），尤度が低い経路を棄却

（枝刈り）する。枝刈りの際，最尤仮説からの尤度差を基準として枝刈りする場合（score pruning）と，上位 n 個の仮説を残す場合（rank pruning）が広く用いられている。各時刻で枝刈りを行うため，局所的な音響変動の影響を受けやすい。そこで音素終端や単語終端に至るたびに枝刈りを行う方法がある。この場合，時間長の異なる仮説どうしを比較する必要が生じる。

仮説探索を複数のステップ（パス，pass と呼ばれる）に分けて実行する。2 段階の形式をとることが多いが，これは 2-pass decoding と呼ばれる。まず，バイグラムやモノフォンなど単純なモデルを用いて前段の認識処理を行う。認識途中のさまざまな計算結果を残し，これを後段の詳細なモデルを用いた認識処理で有効利用する†。例えば，時間同期ビーム探索（ビタビ探索）では，時刻 t までの計算結果しか使うことができない。しかし 2-pass 構成にすると，前段での時刻 $t+1$ から T までの計算結果も使えるため，未探索部分に対するヒューリスティックな評価値を用いて時刻 t までの仮説を評価することが可能となる。これを用いれば，現時点で最も評価値が高い仮説から展開する，**最良優先探索**（best-first search）を行うことができる。なお，未探索部分に対するヒューリスティックな評価値が真の値よりよく（楽観的に）なるように設定できれば，最適解が保証される A*（A スター）探索が実装できる。

仮説探索は，対数音響尤度と対数言語尤度を加算しながら進めるが，音響尤度スコアと言語尤度スコアのレンジの違いから，言語スコアに 1 より大きな重みを乗じることが効果的であることが知られている。当然，バイグラムよりトライグラムのほうが言語的な予測能力が高いため，後者の重みが大きくなる。

実際に大語彙連続音声認識システムを走らせてみると，短い単語が多数挿入されることが頻繁に起こる。この挿入誤りを防ぐために，単語が遷移するごとに一定のペナルティ項を対数累積尤度に加えることが広く行われている（**挿入ペナルティ**）。なお，言語モデル重みを高くすれば，挿入誤りは減少する傾向にあるため，言語モデル重みと挿入ペナルティは依存関係にある。

† 計算結果をどのような表現形式で保持するのかについても数種類あるが，N-best 単語リスト，単語グラフ（ラティス），単語トレリスなどが代表例である。

(3)　重み付き有限状態トランスデューサ[22),23)]　統計的言語モデルを使った仮説探索は従来，ネットワーク文法のように探索処理に先立って探索対象のネットワーク（仮説探索空間）を静的に展開しておくのではなく，探索処理中に枝刈りを通して探索空間を動的に展開する処理が一般的であった。近年，コンピュータ処理能力の進展に伴い，全仮説空間を事前に展開しておくことが可能となってきた。出力シンボル付きのオートマトンはトランスデューサと呼ばれる[†]。**重み付き有限状態トランスデューサ**（weighted finite-state transducer, **WFST**）を用いると，音響モデルであるトライフォン列からモノフォン列への（表記上の）変換，モノフォン列から単語への変換，単語列から N グラムスコアの算出などが，いずれも個別のトランスデューサとして表現できる。入力フレームに対する尤度をトライフォン内のすべての（物理的に異なる）状態で計算し，これを重みとして WFST に導入すれば，大語彙連続音声認識の各種モジュールの処理を WFST という統一されたひとつの枠組みで記述できることになる。WFST という汎用的フレームワークを用いるメリットは，複数の WFST に対するさまざまな演算が定義されているため（例えば合成演算や最適化演算），音声認識処理の最適化問題を，個々のモジュールの個別的な最適化ではなく，WFST で記述された統合システムの最適化としてとらえることができる点にある。そのため実行時間が大きく短縮される。なお WFST においても動的展開は積極的に導入されており，on-the-fly デコーディングといわれる。

コーヒーブレイク

音声認識の新しい流れ ～HMM から DNN へ～

特徴量 $\boldsymbol{o}$ に対して，それが属するクラス c を識別する問題は $\arg\max_c P(c|\boldsymbol{o})$ と定式化できる。これは**ベイズの定理**により $\arg\max_c P(\boldsymbol{o}|c)P(c)$ に置き換えられる。この場合「各クラスからどのような特徴が生成されるのか」のモデル $P(\boldsymbol{o}|c)$ を学習する必要があり「**生成モデル**による識別」という。一方，生成モデルを使わない識別も可能である。この場合，各クラスがどのような $\boldsymbol{o}$ を生成するのか

† 状態を遷移しつつ，各遷移においてシンボルをひとつ受理し，ひとつ出力する。

は考慮せず，各クラスの境界（多次元空間の超平面）を直接学習する。つまり $P(c|\boldsymbol{o})$ を直接扱う。これを「**識別モデルによる識別**」という。HMM や GMM は生成モデルである。6 章で述べる対数線形モデルは識別モデルである。HMM や GMM も誤り率最小基準で学習すれば，これは識別モデルとして位置付けられる。識別モデルは生成過程や入出力の因果関係の把握が困難な場合でも適用でき，この場合，前者よりも精度が高い。音声工学の場合，発話内容 w から特徴量 $\boldsymbol{o}$ へと至る過程（音声生成）に対するモデルを精緻してきた歴史があり，音声認識も生成モデルによるアプローチがとられてきた。しかし 2010 年以降，識別モデルに基づく方法論が，音声認識のみならず，音声合成においても使われるようになってきた。**深層ニューラルネットワーク**に基づく音声処理である[24)]。

本書では 2.4 節にて深層ニューラルネットワークに基づく音声処理技術を説明する。深層ニューラルネットワークとは，特徴ベクトル（入力ベクトル）に対して「線形変換＋正規化処理」を複数回行い，最後は回帰処理を行って所望の出力を得る演算系である。音声認識に応用する場合，入力特徴量 $\boldsymbol{o}$ に対する音素事後確率 $P(c|\boldsymbol{o})$ を推定する演算系として使われる。GMM や HMM のように $\boldsymbol{o}$ の分布形を明示的に仮定する必要がなくなり，柔軟な処理が可能となっている。2.2 節で示した HMM+N グラムによる音声認識は，今や古典的技術となった。しかしこれを知らずに最新技術を学ぶと，各種技術が「know-how の寄せ集め」として読者に映ることが懸念されるため，2.2 節，2.3 節 にてこれらを解説した。

2.3　音声の合成とそのモデル

文字列を入力として最終的にそれに対応する音声波形を生成する音声合成技術について述べる。これらは，読上げ機械（reading machine），文字音声変換器（text-to-speech converter）とも呼ばれる。

2.3.1　テキスト音声合成の難しさ

日本語を対象とした場合，漢字仮名混じり文が入力となるが，この場合，漢字をどう読むのか，という問題がまず起きる。漢字が適切に平仮名化（音素列化）できれば読みの問題は解決したわけではない。「とんぼ」，「とんねる」，「どんぐり」の「ん」が音声学的には異なるように（2.1.3 項）「すいか」と「食べますか」の「す」は音声学的には異なる（後者の場合，母音は無声化される）。上記の問題は，日本語の入力テキストから（最も精密なレベルでの）音声記号表記（図 2.7 参照）をどうやって導出するのか，という問題と類似している。

解くべき問題は「読み」だけではない。音声化プロセスは，文字表記には明示されない情報も要求する。例えば**アクセント**である。「赤」の単語アクセントをモーラ単位で示すと HL（高低）となる。「鉛筆」は LHHH となる。しかし，赤鉛筆は HLLHHH ではなく，LHHLLL となる（**アクセント結合**）。孤立発声した場合の単語アクセントは辞書を参照すれば対処できるが，単語が連鎖するとアクセント結合が頻繁に起こる。これに適切に対処する必要がある。すなわち，入力文の各モーラに対して，文として適切な H/L を付与する必要がある。

さらには，ポーズを適切に挿入して文を呼気段落に分割したり，個々の音素の継続長をどう制御するのか，単語アクセントだけではなく，より大きな句を単位としたイントネーションに基づく F_0 制御などの処理も必要になる。

朗読調の読上げ音声ばかりではなく，感情を込めて読み上げさせる，特定の単語に焦点を当てて読み上げさせる，優しい話し方で読み上げさせる，A さん特有の発声スタイルを真似て読み上げさせる，中国人訛りで読み上げさせる，などさまざまな発話スタイルでの読上げが要求されると，それに応じたモデルが必要となり，さらに問題は難しくなる。この場合，特に単語アクセント，イントネーション，リズムといった韻律的特徴の制御が難しくなる。

本節では，漢字仮名混じり文を普通に朗読させる場合を想定し，必要となる技術について述べる。**図 2.25** に（朗読型）テキスト音声合成の概略図を示す。

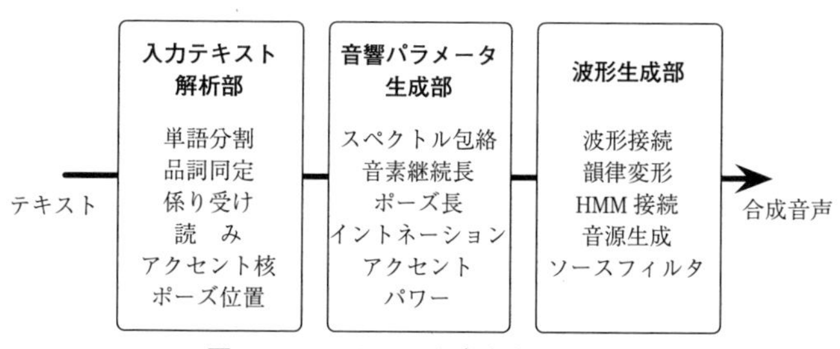

図 2.25　テキスト音声合成の概略図

まず言語解析（**形態素解析**，3.1 節）を行い，個々の形態素の読み仮名，品詞情報，孤立発声時のアクセント型などの情報を得る。これらの情報より，1) 音韻処理（音素記号列，音声記号列，アクセントの H/L 列など適切な発音シンボル列の導出），2) 韻律処理（音素の継続長の決定，単語アクセントや統語構造，句構造を考慮したうえでの最終的な F_0 パターンの決定など）を踏まえたうえで，3) 波形生成処理へと至る。

以下では，形態素解析後の処理である 3 種類の処理過程に絞って述べる。最終段の波形生成処理としては，音素，モーラ，音節など小さな言語単位ごとに複数の波形テンプレートを用意し，それをコストが最小となるように適切に選択および接続することで文音声波形を生成する**波形編集方式**[†1]と，音素 HMM（波形ではなく，スペクトル包絡がモデル化対象となる）を接続して文 HMM を構成し，そこから尤度最大となるスペクトル包絡列（声道フィルタ）を構成し，これを音源波形で駆動して音声波形を得る **HMM 合成**とがある。本節では波形生成処理として，HMM 音声合成に焦点を当てる[25)~27)†2]。

2.3.2 音 韻 処 理

形態素解析によって，個々の形態素に対して上記の情報が得られるが，これだけでは，文として適切な「読み」が決定できないことが頻繁に起きる。形態素解析の後処理としてどのような処理が必要とされるのかを列挙する。

(1) 連濁処理　　形態素が連結して複合語をつくる場合，後続語の語頭の清音が濁音化することがある（「まんが」＋「ほん」→「まんがぼん」）。連濁の性質や規則は，文献28) に詳細に述べられている。ほぼ例外なく適用できる規則と，語に依存する形で記述される規則とがあるが，例外も少なくない。

(2) 数詞，助数詞　　数詞＋助数詞（1 本，3 匹など）は，その組合せにより数詞が助数詞の読みを変形したり，助数詞が数詞の読みを変形することが起

---

†1　単位選択（unit selection）型音声合成とも呼ばれる。この場合の単位とは通常，スペクトル素片ではなく波形素片のことである。

†2　市販されているテキスト音声合成ソフトウェアの多くは波形編集型の合成器である。本節では音声認識，音声合成技術の連続性を考慮し，HMM 音声合成に焦点を当てる。

こる（濁音化，促音化）。また数詞表現は 1234 を数値として読む場合と，電話番号のように各桁を読む場合とがある。文脈を見て判断する必要がある。

（3）　同形異音語　同一の漢字仮名混じり表現が複数の読みに対応する場合がある。この場合，異なる読みが異なる意味に対応する場合もあれば，ニュアンスが変わる程度に留まる場合もある。「行った」が「いった」，「おこなった」なのか，生物が「なまもの」，「せいぶつ」なのかは，意味が変わる例である。永遠などは「えいえん」，「とこしえ」，「とわ」と読めるが，ニュアンスの違いとなっており，必ずしも読み間違いとはならない。いずれにせよ，テキストを音声化する以上は，「読み」をひとつに限定する必要があり，そのためには文脈情報，共起情報，意味情報などによる解析が必要になる。

（4）　記号や略称の読み　cm は「センチメートル」と読み，CM は「シーエム」あるいは「コマーシャル」と読む必要がある。IEEE などの組織名も，「あい・いー・いー・いー」なのか「あいとりぷるいー」なのかは文脈に依存する。同形異音語と同様である。

（5）　音 韻 変 形　係助詞「は」は「わ」に，格助詞「へ」は「え」に，格助詞「を」は「お」と読んだり，長母音化（映画を「えーが」と読むなど），鼻母音化（「私が」の「が」），や母音の無声化など，入力テキストを平仮名化（音素記号・音声記号化）する段階で，発音として正しく表記する必要がある。多くの変形は規則で対処できる。その中でも当該音素の前後コンテキストにより予測できる場合は，発音シンボル化の段階で明示的に表記しなくても，コンテキスト依存の（音素）音響モデルのほうで対処することが可能である†。

（6）　アクセント付与　日本語の場合，単語アクセントは高さアクセントであり，モーラごとに H/L の記号を付与する。東京方言では F_0 の急激な下落（直前のモーラを**アクセント核**という。図 **2.26** の●印）は単語中高々 1 ヶ所で起こる。その結果，n モーラ単語の H/L パターンは n 種類となるが，アクセ

† /k/と/s/に挟まれた母音/i/，k-i+s は，多くの場合無声化されるが，これらを訓練データとしてトライフォン HMM を構成すれば，k-i+s は自動的に無声化母音となる。音韻変形が前後コンテキストだけに依存して起こるのであれば，十分な種類のコンテキスト依存型音素モデルを構築すれば，音韻変形の問題はおのずと解決されるはずである。

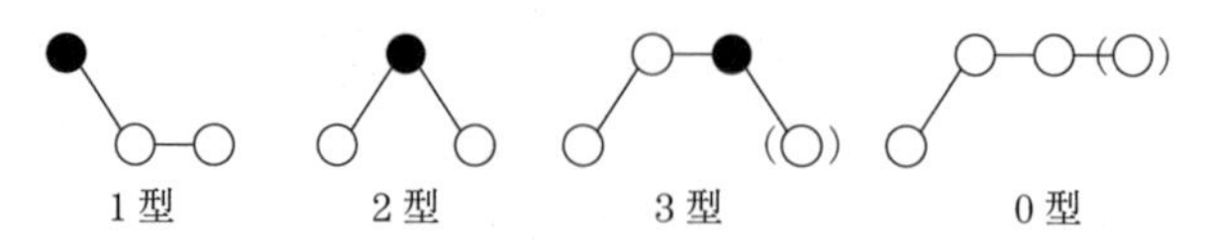

図 2.26　3 モーラ単語（東京方言）のアクセント

ント型としては $n+1$ 種類存在する。核が第 m モーラの直後に存在する場合を m 型と呼び，核がない場合を 0 型と呼ぶ。n モーラ単語の 0 型と n 型の違いであるが，「いもうと」と「たびびと」に助詞「が」を接続すればわかるように，後続語接続時の核の有無により区別されている（図 2.26）。

文発声時には，文法的，意味的な数語のまとまりに対して，アクセント核が高々ひとつ付く傾向がある（このまとまりを**アクセント句**と呼ぶ）。入力テキストを適切に読み上げるためには，アクセント句境界の推定，および，句内のアクセント核位置の推定（核がない場合も含む）が必要である。アクセント結合問題については，文献29) が詳細な規則を提供しているが，近年では，識別モデルによる形態素単位での文発声時アクセント型同定も検討されている。

（7）　ポーズの付与　　自然な文発声を生成する場合，適切な語境界にポーズを挿入する必要がある。句点や読点が付与されている語境界はもちろんのこと，読点のないアクセン句境界や統語構造境界位置なども候補となる。さらには，並列表記やカギ括弧などに応じてポーズを適宜挿入することで自然性が向上する。ポーズ長についても適切に制御する必要がある。ポーズの位置，長さ，いずれも発話速度や呼吸のタイミングなどの生理現象とも関連してくる。最も簡易な実装は，位置，長さともに規則で記述する方法である。

2.3.3　韻　律　処　理

音韻処理により，入力テキストが適切なシンボル列（発音，H/L 情報）へ変換された。これらを音声化するには，1) 各音素，ポーズの継続長の決定，2) F_0 パターンの生成，3) パワーパターンの生成を行い（韻律処理），後段の波形生成部に渡す必要がある。本節では波形生成方式として HMM 音声合成を取り上げる。この場合は，上記 3 種類の韻律処理も HMM 音声合成の枠組みの中で行うことが可能であり†，波形生成処理と独立した韻律処理は不要となる。

HMM が扱う特徴量はフレームを単位として制御される。しかし，韻律は超分節的特徴といわれるように，音素や音韻といった細かな言語単位を超えて存在する。この点に留意し，より長い時間幅のパターンとして韻律をモデリングする方法も検討されている。F_0 **パターン生成過程モデル**[30]では，観測された F_0 パターンをフレーズ成分（フレージングに伴う大局的な変化パターン）とアクセント成分（単語アクセントに伴う局所的な変化パターン）の足し合わせとしてとらえ，喉頭（声帯振動）の生理的・物理的特性に基づいてモデル化している。後述するように，HMM 合成は F_0 パターンも合成するが，この F_0 パターンを生成過程モデルを用いて後処理的に修正するなどの方法がとられている。

2.3.4 HMM 音声合成方式による波形生成

2.2.3 項で HMM およびそれを用いた音声認識について説明した。しかし本来 HMM とは，各状態から特徴量を出力する生成モデルである。例えば特定話者用の単語 HMM を考えよう。どの単語の HMM なのかに関する離散的な確率変数を M，観測される時系列特徴量に関する連続的な確率変数を $\boldsymbol{O}$ とすると，単語 HMM m は，確率分布 $P(\boldsymbol{O}|M=m)$ を規定する。ゆえに，具体的な特徴量系列 $\boldsymbol{o}$ の出力（生成）確率も知ることができる。

$$P(\boldsymbol{O}=\boldsymbol{o}|M=m)=\sum_S P(\boldsymbol{O}=\boldsymbol{o},S|M=m) \tag{2.63}$$

$$\approx\max_S P(\boldsymbol{O}=\boldsymbol{o},S|M=m) \tag{2.64}$$

S は $\boldsymbol{o}$ の出力に際してたどる経路（状態遷移）に関する確率変数である。孤立単語音声認識の場合，上記を最大化する m を求めることがタスクであった。

$$\hat{m}=\arg\max_M P(\boldsymbol{O}=\boldsymbol{o}|M) \tag{2.65}$$

† 例えばケプストラム係数として，直流成分である c_0 項も使えばパワーもモデル化することになる。さらに，F_0 や ΔF_0 とケプストラム係数を連結したベクトルを対象として HMM を構成すれば，F_0 パターンもモデル化したことになる。継続長についても，通常の HMM は指数分布 $d_i(\tau)=a_{ii}^{\tau-1}(1-a_{ii})$ を用いてモデル化されている。

さて，HMM 本来の目的である特徴量生成モデルとしての機能に着眼すれば，次の演算も可能である。すなわち $M=m$ とした場合，最も高い確率で起こる「状態遷移および特徴量出力」を計算する演算である。

$$\hat{\boldsymbol{o}}=\arg\max_{\boldsymbol{O}} P(\boldsymbol{O}|M=m)=\arg\max_{\boldsymbol{O}}\sum_{S} P(\boldsymbol{O},S|M=m) \tag{2.66}$$

$$\approx\arg\max_{\boldsymbol{O}}\left\{\max_{S} P(\boldsymbol{O},S|M=m)\right\} \tag{2.67}$$

特徴量としてケプストラムを用いれば，上式は，ある HMM が最尤で出力するケプストラムベクトル系列，すなわちスペクトル包絡系列を与える。これをフィルタとして構成し，適切な音源波形で駆動すれば合成音声が得られる。これが HMM 合成の基本的な考え方である。以下，音声認識におけるトライフォンの学習（2.2.3 項）について既知であることを前提として，HMM 音声合成手法について詳細に述べる。**図 2.27** に HMM 音声合成の概略図を示す。

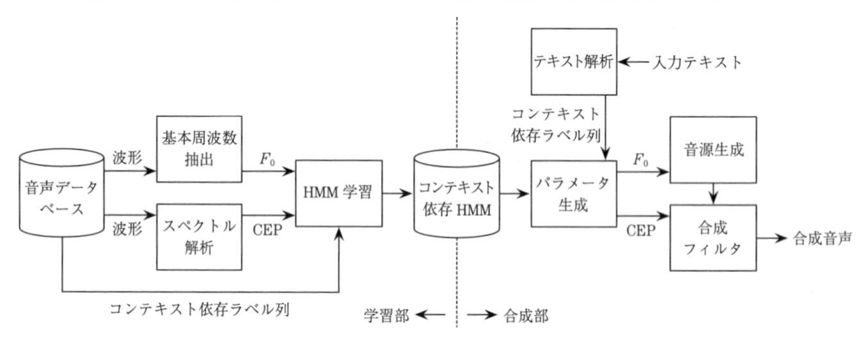

図 **2.27**　HMM 音声合成の概略図

（1）状態系列の決定　　HMM 合成では音素 HMM を連結して構成される文 HMM m に対して式 (2.67) を解く必要があるが，これは

$$P(\boldsymbol{O},S|m)=P(\boldsymbol{O}|S,m)P(S|m) \tag{2.68}$$

と置換されるため，以下の 2 つの最大化問題に近似的に置き換える。

$$\hat{s}=\arg\max_{S} P(S|M=m) \tag{2.69}$$

$$\hat{\boldsymbol{o}}=\arg\max_{\boldsymbol{O}} P(\boldsymbol{O}|S=\hat{s},M=m) \tag{2.70}$$

前者は，尤度最大化基準で各時刻に対応する状態を推定することを意味しの算出（最尤状態系列），後者は求められた状態系列に対して尤度最大化基準で特徴量系列を推定することを意味する（最尤特徴量系列の算出）。ただし，入力文全体を何秒の音声に変換すべきか，についての情報も与えられることが多いため，最尤状態系列の算出は文音声長 d も考慮し，次式を解くことになる。

$$\hat{s}=\arg\max_{S} P(S|M=m,D=d) \tag{2.71}$$

HMM 学習（音声合成の場合は特定話者 HMM）は，パラメータの再推定を繰り返すことで行われた。最終的なパラメータを用いて訓練データに対する最適な状態系列を求めれば，各 HMM 状態の継続長の確率モデルを得ることができる。この確率モデルを用いると最尤状態系列は次式で与えられる。

$$\hat{s}=\arg\max_{S} \log P(S|M=m,D=d) \tag{2.72}$$

$$=\arg\max_{S} \sum_{k=1}^{K} \log\left(p_k(d_k)\right) \qquad \left(\sum_{k=1}^{K} d_k = d\right) \tag{2.73}$$

文音声長 d の間に通過する異なり状態数を K，状態 k で d_k 回継続して滞在する確率を $p_k(d_k)$ としている。$p_k(d_k)$ が離散分布の場合はビタビアルゴリズムによって $\hat{s}$ が求まる。$p_k(d_k)$ が正規分布でモデル化されていれば，$\hat{s}$ を与える $\{d_k\}_{k=1}^{K}$ は次式で与えられる。

$$d_k=m_k+\rho\sigma_k^2 \tag{2.74}$$

$$\rho=\frac{d-\sum_{k=1}^{K} m_k}{\sum_{k=1}^{K} \sigma_k^2} \tag{2.75}$$

ここで，m_k と σ_k^2 は $p_k(d_k)$ の平均と分散である。ρ は話速を制御するパラメータであり，$\rho=0$ とすると平均的な音素長となり，ρ の正負で話速を制御できる。文音声長 d が明示的に与えられれば，式 (2.75) で ρ を設定できる。

（2） 最尤パラメータの導出　　文 HMM m に対する最尤状態系列が決まれば，その状態系列に対する最尤特徴量系列を推定することができる。ここで，

ケプストラム $\boldsymbol{c}_t$ とその動的成分（$\Delta\boldsymbol{c}_t$ および $\Delta^2\boldsymbol{c}_t$）の連結ベクトルを特徴ベクトル $\boldsymbol{o}_t$ とし，HMM が学習されていたとする。

$$\boldsymbol{o}_t = [\boldsymbol{c}_t{}^\mathsf{T}, \Delta\boldsymbol{c}_t{}^\mathsf{T}, \Delta^2\boldsymbol{c}_t{}^\mathsf{T}]^\mathsf{T} \tag{2.76}$$

最終的に波形生成に必要なのは $\boldsymbol{c}_1, ..., \boldsymbol{c}_d$ のみである。これが尤度最大になるのは当然，$\boldsymbol{c}_t$ として対応する状態の平均ベクトルを採択した場合である。この場合，状態遷移において不連続な変化が生じるとともに，最尤ケプストラム系列から得られる動的成分は，学習データのそれとは大きく異なることになる。

この問題は下記の手順を経ることで解決される。まず動的成分 $\Delta\boldsymbol{c}_t$，$\Delta^2\boldsymbol{c}_t$ は，静的成分 $\boldsymbol{c}_t$ の 1 次結合として計算されることに着目する。

$$\Delta\boldsymbol{c}_t = \sum_{\tau=-L_1}^{L_1} w_1(\tau)\boldsymbol{c}_{t+\tau} \tag{2.77}$$

$$\Delta^2\boldsymbol{c}_t = \sum_{\tau=-L_2}^{L_2} w_2(\tau)\Delta\boldsymbol{c}_{t+\tau} \tag{2.78}$$

ここで，$w_1(\tau)$，$w_2(\tau)$ は 1 次結合の重みである。今 $\boldsymbol{o}_1, ..., \boldsymbol{o}_d$ をすべて連結して構成されるベクトル $\boldsymbol{O}$ を $\boldsymbol{O} = [\boldsymbol{o}_1{}^\mathsf{T}, ..., \boldsymbol{o}_d{}^\mathsf{T}]^\mathsf{T}$ として定義し，同様に $\boldsymbol{c}_t$ だけの連結ベクトル $\boldsymbol{C}$ も，$\boldsymbol{C} = [\boldsymbol{c}_1{}^\mathsf{T}, ..., \boldsymbol{c}_d{}^\mathsf{T}]^\mathsf{T}$ として定義すると

$$\boldsymbol{O} = \boldsymbol{K}\boldsymbol{C} \tag{2.79}$$

の形で書くことができる。ここで $\boldsymbol{c}_t$ を J 次元とすると $\boldsymbol{o}_t$ は $3J$ 次元となり，$\boldsymbol{K}$ は $3dJ \times dJ$ の疎行列となる。$\boldsymbol{K}$ の一部の要素は式 (2.77) や式 (2.78) における $w_1(\tau)$，$w_2(\tau)$ である。今，文 HMM の各状態が $3J$ 次元の単一ガウス分布であるとすると，$P(\boldsymbol{O}|S = \hat{s}, M = m)$ の対数値は次式となる。

$$\log P(\boldsymbol{O}|S = \hat{s}, M = m) \tag{2.80}$$

$$= -\frac{1}{2}(\boldsymbol{O} - \boldsymbol{V})^\mathsf{T}\boldsymbol{U}^{-1}(\boldsymbol{O} - \boldsymbol{V}) - \frac{1}{2}\log|\boldsymbol{U}| + \text{const.} \tag{2.81}$$

ここで，時刻 t における状態のインデックスを q_t（$1 \leq q_t \leq K$）と記すと

$$\boldsymbol{V}=[\boldsymbol{v}_{q_1}^{\top},...,\boldsymbol{v}_{q_d}^{\top}]^{\top} \tag{2.82}$$

$$\boldsymbol{U}=\mathrm{diag}[\boldsymbol{U}_{q_1},...,\boldsymbol{U}_{q_d}] \tag{2.83}$$

である。$\boldsymbol{v}_{q_t}$ と $\boldsymbol{U}_{q_t}$ は状態 q_t の平均ベクトルと分散共分散行列である。最尤特徴量系列は式 (2.81) を最大化する $\boldsymbol{C}$ として得られる。これは式 (2.81) に対する $\boldsymbol{C}$ の偏微分項を 0 とおいた方程式によって求められる。

$$\frac{\partial P(\boldsymbol{O}|\hat{s},m,d)}{\partial \boldsymbol{C}}=\frac{\partial P(\boldsymbol{KC}|\hat{s},m,d)}{\partial \boldsymbol{C}}=0 \tag{2.84}$$

図 2.28 に動的特徴を考慮せずに生成されたスペクトル包絡と，考慮して生成されたそれとを示す。後者がより滑らかな音声パターンを生成している。

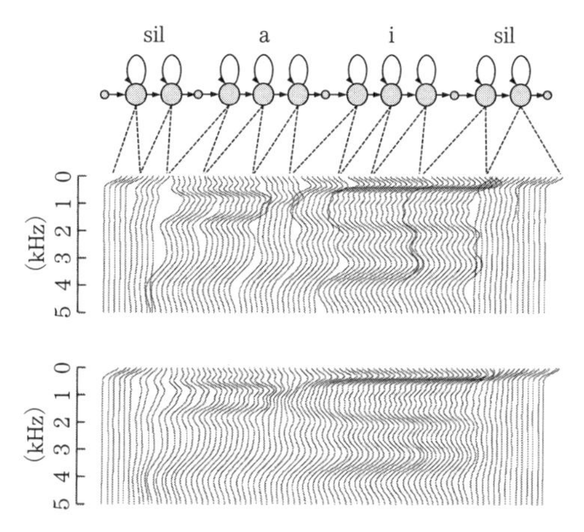

図 2.28 動的特徴を考慮したスペクトル包絡の生成（上：動的特徴なし，下：あり）（出典：1999 - 2011 Nagoya Institute of Technology）

（3） HMM 音声合成における特徴量の設計　最尤のスペクトル包絡系列が得られても音声波形にはならない。適切な音源波形でこれらを駆動する必要がある。有声区間は（各時刻の基本周期に対応した）インパルス列が，無声区間は白色雑音が音源波形となるが，イントネーションや単語アクセントに応じて基本周期を適切に制御し，所望の F_0 パターンを描くような音源波形とする必要がある。すなわち，入力テキストにふさわしい F_0 パターンを推定し，それに応じた音源を生成する必要がある。HMM 音声合成では，特徴量ベクトル

o_t に F_0 を加えることで，F_0 パターン生成も HMM を用いて行う。

$$\boldsymbol{o}_t = [\boldsymbol{c}_t{}^\top, \Delta\boldsymbol{c}_t{}^\top, \Delta^2\boldsymbol{c}_t{}^\top, f_t, \Delta f_t, \Delta^2 f_t]^\top \tag{2.85}$$

有声区間では上記の特徴量ベクトルは問題なく構成できるが，無声区間ではそもそも F_0 を定義できないため，特徴量ベクトルを構成できなくなる。時系列事象に対する確率モデルを考える場合，一般に，ベクトルの次元数や各次元の物理的意味は時不変である†。しかし音声の生成モデルを考える場合，ある時刻は有声フレーム，別の時刻では無声フレームとなるため，特徴ベクトルの次元数や構成が時間とともに変わることができる確率的生成モデルが望ましい。

可変次元の**多空間確率分布 HMM**（multi-space probability distribution HMM, MSD-HMM）は解決策のひとつである[31]。有声区間の場合は，ケプストラム係数以外に 1 次元空間の確率分布からの出力が行われ（すなわち F_0），無声区間の場合はケプストラム係数以外に 0 次元空間を対応させる。こうして，有声・無声区間を統一的に扱い，ケプストラムおよび F_0 の時系列パターンを同時にモデル化している。MSD-HMM を用いれば，尤度最大化基準で状態系列を決定し，ケプストラムおよび F_0 時系列も尤度最大化基準で生成できる。

（4） 音声合成における音響モデルのコンテキスト依存性　2.2.3 項で，音声認識用トライフォン HMM の学習について説明した。HMM 音声合成では，特定話者 HMM が学習対象となる。この場合の発声数は数百～数千程度であり，音声認識用不特定話者 HMM 構築に要するサンプル数と比較すると格段に少ない。話者性を隠す必要がないため少量で済むが，逆に自然性が要求されるため，粒度の細かいモデルが要求される。この場合，音素の定義を前後の音素だけではなく，次のような，さまざまな文脈情報に依存させて行うことになる。

- 当該音素が含まれる単語，先行単語，後続単語の品詞は何か？
- 当該音素が含まれるアクセント句の長さは？およびアクセント型は？
- 当該音素はそのアクセント句の何番目のモーラに属しているのか？

† ある情報源から観測される特徴量ベクトルが，時刻 t_0 では m 次元の FFT ケプストラム係数であり，時刻 t_1 には n 次元の MFCC となるような状況は想定しない。

- 当該音素が含まれるアクセント句の直前にポーズはあるか？
- 当該音素が含まれる文は疑問文か？
- 当該音素が含まれる文の長さは？

音声認識と比較して，格段に細かい粒度で（多様な観点から）音素を細分化している。音声認識同様，トップダウンの 2 分決定木に基づいたパラメータ共有が行われることが多い。質問セットとしては，句中の単語位置や，単語中のモーラ位置・音素位置，あるいは，アクセントに関する情報など，分節・韻律両方に関係するさまざまな情報に基づいた質問が用意される。

より少ない発声量でより詳細な HMM 学習を行っているので，2 分決定木のリーフノードが有する学習サンプル数は少なくなる。しかし，波形編集方式では，音素などの細かい言語単位を対象として，波形ひとつひとつをテンプレートとして用意し，それを接続する。HMM 音声合成はスペクトル素片をテンプレートとして用意し，それを接続する方式であることを考えると，各テンプレートを構成するために必要なサンプル数が音声認識のそれと比較して少量であったとしても，大きな問題とならないことが理解できよう。

2.4 深層ニューラルネットワークに基づく音声認識と音声合成

2010 年頃から，入力特徴 $\boldsymbol{o}_t$ に対する HMM の各状態の出力確率を GMM で計算する（GMM-HMM 法）のではなく，多層構造をもつニューラルネットワークである**深層ニューラルネットワーク**（deep neural network, **DNN**）を用いる DNN-HMM 法 が研究されるようになった[32)]。これは，DNN-HMM 法が GMM-HMM 法の精度を超えることが示されたからである。音声合成でも，テキスト情報を音響特徴に変換する回帰問題を，トップダウンクラスタリング＋HMM ではなく，DNN で実装する DNN 音声合成が，より自然な音声を合成することが示された。本節では，HMM 音声認識・合成がどのように DNN による技術に置き換わったのかを中心に，DNN 音声認識・合成を解説する[33)]。

2.4.1 多層化されたニューラルネットワークとその音声処理への応用

生物の脳は，神経細胞（ニューロン）の集合であり，あるひとつのニューロンは他の多くのニューロンと結合している。ニューラルネットワークは，ニューロンを工学的にモデル化したものを単位（ノード）とし，それを多数結合した演算系である。x_i をニューロンに対する入力（スカラー量）とすると，出力 y は

$$y = f\left(\sum_i w_i x_i + b\right) = f(u), \qquad \left(u = \sum_i w_i x_i + b\right) \tag{2.86}$$

となる。ここで，w_i，b は重みとバイアス項である。f は，シグモイド関数（σ），双曲線正接関数（tanh），Rectified Linear Unit（ReLU）関数などの非線形関数であり，これらは**活性化関数**と呼ばれる。図 **2.29** 左にニューロンを，図 **2.30** に活性化関数 σ，tanh，ReLU を図示している†。

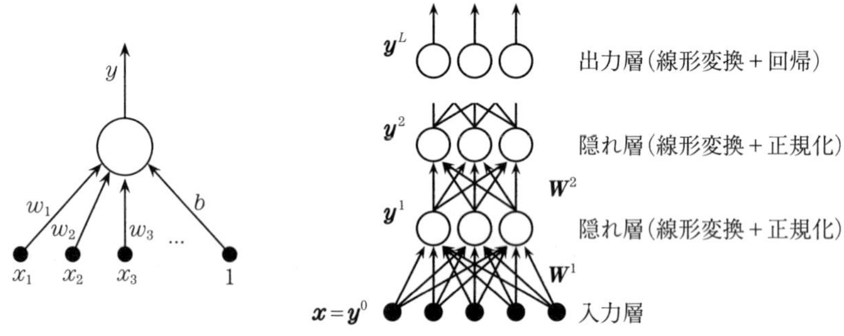

図 2.29　単一ニューロン (左) と深層ニューラルネットワーク (右)

脳は層構造を持っており，それを模擬する形で，ニューロンを並べて層とし，複数の層を形成したものが順伝搬型（feedforward 型）DNN である（図 2.29 右）。この場合，第 l 層の第 j ニューロンへの入力は，第 $l-1$ 層のニューロン群の出力であるので，第 l 層の第 j ニューロンの出力 y_j^l は以下となる。

$$y_j^l = f\left(\sum_i w_{ij}^l y_i^{l-1} + b_j^l\right) = f\left(u_j^l\right) \tag{2.87}$$

† $\tanh(x) = 2\sigma(2x) - 1$ であり，両者の違いは値域である。$0 < \sigma(x) < 1$，$-1 < \tanh(x) < 1$。活性化関数は一般に，式 (2.86) の u の値域正規化演算子として機能する。なお，入力 x_i に関しても，平均値や分散の正規化処理を事前に行うことも多い。

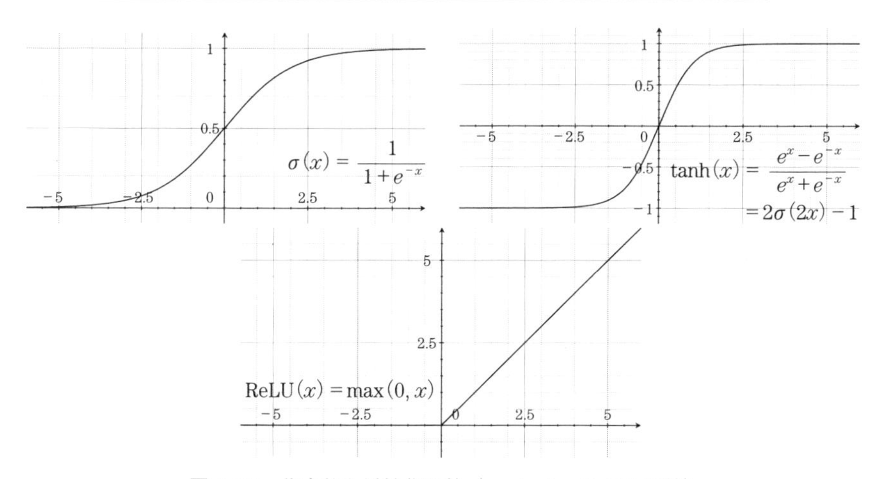

図 **2.30** 代表的な活性化関数（σ，tanh，ReLU 関数）

$l-1$ 層の出力，l 層の出力をベクトルとして $\boldsymbol{y}^{l-1}$，$\boldsymbol{y}^{l}$ と記せば上記は

$$\boldsymbol{y}^{l} = \boldsymbol{f}\left(\boldsymbol{W}^{l}\boldsymbol{y}^{l-1} + \boldsymbol{b}^{l}\right) = \boldsymbol{f}\left(\boldsymbol{u}^{l}\right) \tag{2.88}$$

と表記できる。$\boldsymbol{W}^{l}$，$\boldsymbol{b}^{l}$ は第 l 層の重み行列とバイアスベクトル，$\boldsymbol{f}$ は入力ベクトルの各次元に対する関数 f の出力をベクトルとして並べる演算子である。DNN とは入力ベクトルに対して，「線形変換＋非線形変換」を繰り返し適用して出力を得る演算系である。図 2.29 右に示すように，入力に対して変換を繰り返す隠れ層（中間層。その出力は，値域が正規化された活性化関数値）があり，最終隠れ層の出力を所望の出力へと変換（回帰）する出力層がある。出力層では活性化関数として，恒等写像やソフトマックス（softmax）関数が使われる†。

各層のサイズ，すなわち $\boldsymbol{y}^{l}$ の次元数 $|\boldsymbol{y}^{l}|$ は，層ごとに設定できる。$\boldsymbol{y}^{0}$ は $\boldsymbol{x}$ であるので，その次元数 $|\boldsymbol{y}^{0}|$ は入力次元数と等しい。出力層の出力 $|\boldsymbol{y}^{L}|$ は，何を出力として得たいのかに依存する。一方，隠れ層のサイズは，準最適値が知られていなければ，実験的に模索する必要がある。

† 恒等写像を用いると，最終隠れ層の出力 $\boldsymbol{y}^{L-1}$ に対する線形変換 $\boldsymbol{y}^{L} = \boldsymbol{W}^{L}\boldsymbol{y}^{L-1} + \boldsymbol{b}^{L}$ が回帰関数となる。また，縦ベクトルを $\boldsymbol{w}_i$ として $\boldsymbol{W}\boldsymbol{y} = (\boldsymbol{w}_1, ..., \boldsymbol{w}_N)\boldsymbol{y} = \sum \boldsymbol{w}_i y_i$ と考えれば，重み行列 $\boldsymbol{W}$ は，基底ベクトルを並べた行列であり，$\boldsymbol{y}$ を重みベクトルとして解釈することもできる。DNN の入力 $\boldsymbol{y}^{0}$ が値域正規化されていれば，入力・出力として見ていた $\boldsymbol{y}^{l}$ こそが重みであり，重み行列 $\boldsymbol{W}^{l}$ は基底ベクトル群と解釈できる。

DNN の出力 $\boldsymbol{y}^L$ には何を想定できるだろうか？男声を女声にする声質変換，雑音重畳音声を無雑音音声化する音声強調（雑音抑制）がタスクであれば，$\boldsymbol{y}^0$ と $\boldsymbol{y}^L$ は同じ物理量（音声特徴）となり，これは同一空間内の回帰問題である。$\boldsymbol{y}^0$ がテキスト情報，$\boldsymbol{y}^L$ が音声特徴量，すなわち音声合成の場合は，テキスト空間から音響空間への回帰問題となる†。一方，音声特徴 $\boldsymbol{o}_t$ がどのような音素クラスなのかを問う識別問題（音声認識）に適用する場合は，$|\boldsymbol{y}^L|$ はクラス数となる。y_j^L を，$\boldsymbol{o}_t$ がクラス C_j に帰属する帰属確率（事後確率）として解釈するために，出力層の $\boldsymbol{f}$ として，式 (2.89) の softmax 関数が用いられる。逆に言えば，$\boldsymbol{u}^L = \boldsymbol{W}^L\boldsymbol{y}^{L-1} + \boldsymbol{b}^L$ を softmax 関数で確率化したものが事後確率となるよう，DNN の重み行列，バイアスベクトルを学習する。

$$P(C_j|\boldsymbol{o}_t) = \frac{\exp(u_j^L)}{\sum_k \exp(u_k^L)} \tag{2.89}$$

DNN の特徴のひとつは，繰り返し適用される「線形変換＋非線形変換」によってさまざまな写像が模擬可能なことである。異なる空間間の写像が可能なように，異なる空間のベクトルを連結して入力とすることもできる。この場合「異なる物理量の重み付き和」という，一見，解釈困難な演算が行われるが，重みの単位として適切なものを想定すれば，その解釈も可能である。そもそも脳の情報処理は，入力の物理量によらず，ニューロン発火現象に帰着される。

DNN は画像処理の世界でその優れた性能が実証され，それが音声処理に導入されたという経緯をもつ。手書き数字画像データとして $N \times N$ の白黒ピクセル画像が入力され，数字を識別するタスクを考える。入力は N^2 次元だけの 1/0 が並んだベクトルであり，最終出力はクラス事後確率となる。このようなタスクと音声処理との大きな違いは，後者はつねに時系列として存在する点である。時系列性を考慮して入力 $\boldsymbol{x}$（$= \boldsymbol{y}^0$）の構成を考える，あるいは，ネットワーク構造を考えるなど，さまざまな工夫がなされることになる。

† 音響空間を量子化しておけば，識別問題としてとらえることもできる。

2.4.2 誤差逆伝搬法と自己符号化器を使った事前学習

多層 NN の学習方法としてよく知られた方法に，**誤差逆伝搬法**（back propagation, **BP 法**）がある。HMM の学習と同様，学習則を繰り返すことにより，より適したパラメータ（重み行列とバイアスベクトル）が推定される（局所最適化）。以下，K クラスの分類問題に NN を適用する場合を想定して説明する。この場合，学習データ $\boldsymbol{x}_n$ に対して，正解ラベル $\boldsymbol{d}_n = (d_n^1, d_n^2, ..., d_n^K)^\top$（正解クラスの次元のみ 1 で，他は 0 となる K 次元ベクトル）が与えられているものとする。現在得られている NN の出力（事後確率）を $p(C_k|\boldsymbol{x}_n)$ とすると，以下がその NN の誤差関数 E となる。$\boldsymbol{\lambda}$ は NN パラメータである。

$$E(\boldsymbol{\lambda}) = -\sum_n \sum_k d_n^k \log p(C_k|\boldsymbol{x}_n; \boldsymbol{\lambda}) \tag{2.90}$$

d_n^k は $\boldsymbol{x}_n$ の正解クラスのみ 1 となるので，$E(\boldsymbol{\lambda})$ は各学習データの正解クラスに対する $-\log p(C_k|\boldsymbol{x}_n)$ の総和である。$E(\boldsymbol{\lambda})$ は交差エントロピー（cross entropy）とも呼ばれ，これを最小化するように $\boldsymbol{\lambda}$ を更新する。

この最小化は解析的には解けないので，**最急降下法**を使って $\boldsymbol{\lambda}$ を更新する。すなわち，E を各パラメータで偏微分し，それに比例する量で，現在のパラメータ値を更新する。最終第 L 層の重み w_{ij}^L に対しては，学習率を η として

$$\hat{w}_{ij}^L = w_{ij}^L - \eta \frac{\partial E}{\partial w_{ij}^L} = w_{ij}^L - \eta \frac{\partial E}{\partial u_j^L} \frac{\partial u_j^L}{\partial w_{ij}^L} \tag{2.91}$$

となる。u_j^L は式 (2.87) より $u_j^L = \sum_i w_{ij}^L y_i^{L-1} + b_j^L$ である。また，softmax 関数を用いて確率化していることから，上式は

$$\hat{w}_{ij}^L = w_{ij}^L - \eta(p(C_j|\boldsymbol{x}_n) - 1) d_n^j y_i^{L-1} \tag{2.92}$$

となる。隠れ層に関しても同様の学習則が導かれる（章末問題【**18**】）。

BP 法は出力層から入力層へと誤差を伝搬し，パラメータ値を更新する，NN の古典的な学習方法である。しかし，多層の NN にこれを直接適用すると，1 より小さい値が何度も乗算され，その結果，若い層（入力に近い層）においてパラメータ更新が実質上，行われなくなる（**勾配消失問題**）。多層の NN は理論

としては古くから存在していたが，パラメータを安定に推定する手法が存在せず，実用化には至っていなかった。近年，深いNNがさまざまなタスクで検討されるようになったのは，多層の場合でも適切な初期パラメータ値を提供できる手法が示されたことによる。これは，**制約付きボルツマンマシン**（restricted Boltzmann machine, **RBM**）や**自己符号化器**（autoencoder, **AE**）によって初期パラメータ値を定め，これをBP法で更新する。ここでは，AEを説明する。

入力層，隠れ層，出力層の3層構造を考え，最終出力が入力と等しくなる，すなわち，自分自身を出力するNNを考える（図**2.31**）。隠れ層の出力$\boldsymbol{h}$は

$$\boldsymbol{h} = \boldsymbol{f}(\boldsymbol{W}_1\boldsymbol{x} + \boldsymbol{b}_1) \tag{2.93}$$

となり，出力層の出力$\boldsymbol{y}$が$\boldsymbol{x}$となるように，重みを学習する†。

$$\boldsymbol{x} \quad \leftarrow \quad \boldsymbol{y} = \boldsymbol{f}(\boldsymbol{W}_2\boldsymbol{h} + \boldsymbol{b}_2) = \boldsymbol{f}(\boldsymbol{W}_2\boldsymbol{f}(\boldsymbol{W}_1\boldsymbol{x} + \boldsymbol{b}_1) + \boldsymbol{b}_2) \tag{2.94}$$

推定パラメータ数を削減するため，$\boldsymbol{W}_2 = \boldsymbol{W}_1^\top$という制約を課すことも多い。このように構築された3層のAEに対し，今度は，隠れ層の出力$\boldsymbol{h}$を入力とする3層AEを構築する。この手順を繰り返して隠れ層を増やし，もともとの入力$\boldsymbol{x}$を出力する多層のAEを構築する。この多層AEに対して新たに出力層を追加したもの（接続重みはランダムに初期化することが多い）を初期DNNとし，そのパラメータ値をBP法により更新する。

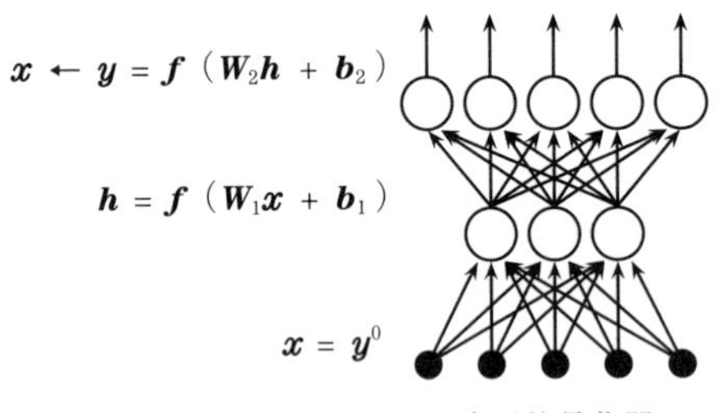

図**2.31**　自己符号化器

† 説明を簡単にするため，$\boldsymbol{x}$も$\boldsymbol{y}$も値域正規化されたベクトルとしている。なお，一般のAEは，出力層の活性化関数として恒等写像が使われる。

2.4.3 GMM-HMM から DNN-HMM へ

DNN を音声認識に適用する代表的な方法が，GMM-HMM 法の状態出力確率 $P(\boldsymbol{o}_t|S_i)$ を GMM ではなく，DNN で計算する方法である。GMM-HMM ではトップダウンクラスタリングにより数千個の異なり状態（senone とも呼ばれる）$\{S_i\}$ が定義されており，入力 $\boldsymbol{o}_t$ に対して各状態の出力確率 $P(\boldsymbol{o}_t|S_i)$ が，デコーディング処理に先立って計算される。DNN を使えば，$\boldsymbol{o}_t$ の状態 S_i に対する事後確率 $P(S_i|\boldsymbol{o}_t)$ が計算できるが，ベイズの定理を使えば両者は

$$P(\boldsymbol{o}_t|S_i)=\frac{P(S_i|\boldsymbol{o}_t)P(\boldsymbol{o}_t)}{P(S_i)} \tag{2.95}$$

$$\propto\frac{P(S_i|\boldsymbol{o}_t)}{P(S_i)} \tag{2.96}$$

の関係がある。式 (2.96) を用いてデコーディング処理を行う。ここで $P(\boldsymbol{o}_t)$ は式 (2.28) の最大化とは無関係なので省略している。また，$P(S_i)$ は学習データの正解ラベルの出現頻度から求めることができる。GMM-HMM と DNN-HMM を比較した図を図 **2.32** に示す。GMM-HMM では，生成モデルである GMM によって特徴量分布がモデル化され，入力 $\boldsymbol{o}_t$ に対する出力確率 $P(\boldsymbol{o}_t|S_i)$ を計算する。一方 DNN は線形変換＋非線形変換による変換を繰り返し，最終的に帰属確率 $P(S_i|\boldsymbol{o}_t)$ を計算する識別モデルとして学習されるため，もともとの特徴量空間は，識別に適した空間へと変換されると考えられる。なお，DNN-HMM では式 (2.96) によって変換された $P(\boldsymbol{o}_t|S_i)$ が尤度計算に用いられる。

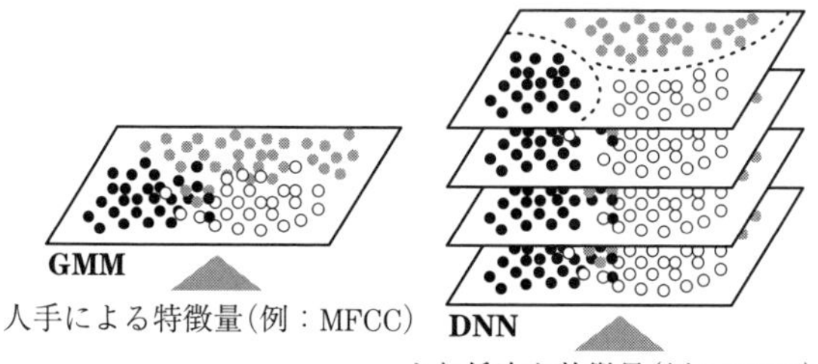

図 **2.32** GMM と DNN の比較

2.4.2 項に示したように，DNN の学習には学習サンプル $\boldsymbol{x}_n$ に対する正解ラベル $\boldsymbol{d}_n$ が必要である。より具体的には，$\boldsymbol{o}_t$ がどの状態に対応するのかの情報が必要である。これは DNN の学習に先立って（各種正規化技術を導入して高精度の）GMM-HMM を構築し，学習データに対するアライメント結果から正解ラベルを用意する。これを用いて DNN を学習することになるが，明示的に GMM-HMM を構築しない DNN 学習法も検討されている[34)]。

GMM-HMM 法では，MFCC とその動的特徴量が標準的な特徴量として用いられてきた。DNN-HMM 法においては，上記したように入力空間に対する写像を繰り返すため，MFCC よりもより低次な特徴量である，対数メルフィルタバンクの出力（LMFB）そのものを入力特徴量としたほうが認識精度が高くなることが報告されている。この考えをさらに推し進めれば（フィルタは音声サンプル列とフィルタ係数列との畳み込みとして実現できるため）音声サンプル列そのものを後述する畳み込み機能をもつ DNN（CNN）の入力とし，特徴抽出を完全に DNN の中に内包させる検討もある[35)]。現時点で標準的な特徴量の構成は，前後数フレームの LMFB とその動的特徴量となっている。

このように，DNN の入力側の数層は，対象とするタスクに適した特徴量を抽出する機能を有すると考えられている。2.4.2 項で述べた AE において隠れ層のノード数を少なく設定して DNN を学習すれば，その少ノード数の層（ボトルネック層）の出力は，高い識別力をもつ低次元特徴量と考えられ，この**ボトルネック特徴量**を GMM-HMM の特徴量として利用することも行われている。ボトルネック層を持った AE の応用として，雑音重畳音声特徴を無雑音なクリーン音声特徴へと変換する**雑音除去型自己符号化器**（denoising autoencoder, **DAE**）がある。AE は自分自身へ写像するが，DAE は雑音が除去された自身へと写像するように DNN を学習する。従来の生成モデルを用いた雑音抑制技術と比較して有意な精度向上が報告されている。

さて，2.4.1 項で述べたように，DNN にはさまざまな異なる特徴量を入力することが可能である。例えば雑音下音声の認識精度を上げるために，背景雑音の特徴を追加特徴量としたり，自動車内音声認識精度向上のために，車の速度やワイパーの状態，車種の情報を追加特徴量としたり，話者識別で広く使われるi-vector特徴量を追加特徴量とするなどの検討が行われている。GMM-HMMは生成モデルであるため，これらの要因がどのように特徴量を変形させるのかのモデルを考え，変形後の特徴量の出力分布を明示的に導出する必要があった。一方，DNNは識別モデル，しかも，適した特徴量空間を学習プロセスを通して獲得してくれるので，さまざまな追加特徴量が（比較的自由に）検討されている。

2.4.4　さまざまなネットワーク構造

（1）再帰型ニューラルネットワーク　　2.4.1項にて，音声処理はつねに時系列を扱う必要があることを述べた。音声認識で使われるDNNは，時刻tの音声特徴として，前後数フレームの特徴ベクトルを入力とすることが多いが，これは，音声が時系列であることを考慮した特徴量の構成法である。さらに，DNNのネットワーク構造を修正することで，より適切に時系列を扱うことができる。

1時刻前の隠れ層の出力を，その隠れ層への入力の一部とするNNを**再帰型ニューラルネットワーク**（recurrent neural network, **RNN**）と呼ぶ。**図2.33**に概略を示す。n時刻前の隠れ層は$n+1$時刻前の隠れ層の出力を受けるため，ある時刻の隠れ層の出力は，理論的には，無限長過去の隠れ層出力の影響を受けることになる（図2.33）。さらに対象とするタスクがオンライン処理を必要としない場合は，時刻tの隠れ層入力として，時刻$t+1$など未来の隠れ層出力からの影響も考慮すれば，双方向RNNとなる。例えば，テキスト音声合成を例

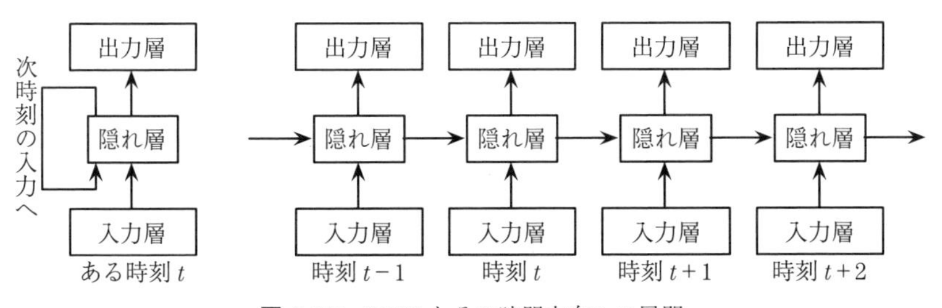

図2.33　RNNとその時間方向への展開

にとると，時刻 t の音素を音声化に対して，これまでどのような音素列を音声化してきたか，今後どのような音素列を音声化するのか，の両者が時刻 t の音声化に影響を与える（調音結合）。このような場合，双方向的な制御が効果的である。RNN は過去の隠れ層出力が現在の隠れ層に影響を与えるが，当然のことながらその影響は，時間軸に添って指数関数的に減衰する。これは 2.4.2 項で述べた勾配消失問題と基本的には等価な問題である。学習時にも，隠れ層が時間方向に多層化されたことに相当するため，勾配消失問題が起きやすい。

勾配消失問題を回避しつつ，時系列を適切に扱うことを目的として提案されたのが**長・短期記憶**（long short-term memory, **LSTM**）である。図 **2.34** に RNN の隠れ層と対比させた形で LSTM の構成図を示す。RNN の隠れ層に相当するのがメモリセルである。RNN 同様 1 時刻前の出力を入力として受け取る。また，LSTM 全体の出力が $\boldsymbol{m}_t$ であるが，$\boldsymbol{m}_{t-1}$ と入力 $\boldsymbol{o}_t$ とが 4 つの素子に入力される。ひとつはメモリセルへの入力に相当し，他 3 つは 3 種類のゲートの入力となる。メモリセルへの入力は，入力ゲートと呼ばれる素子の出力が制御する。メモリセルの再帰入力に対しては，忘却ゲートの出力が制御する。さらにメモリセルからの出力が，出力ゲートの出力によって制御される。ベクトル化されたシグモイド関数（$\boldsymbol{\sigma}$）が活性化関数として使われているため，3 種

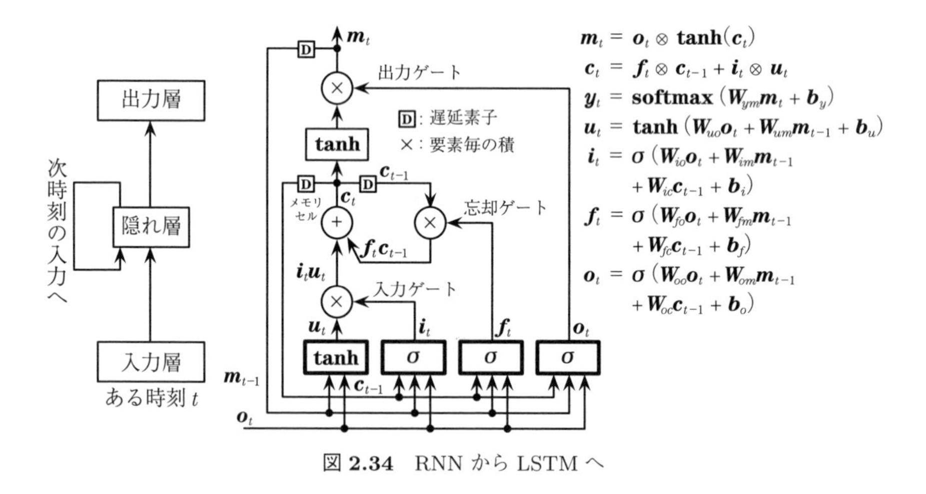

図 **2.34**　RNN から LSTM へ

類のゲート出力の各次元は0〜1の値をとり，結局，これらのゲート出力が情報の流れを制御していることがわかる。$\boldsymbol{m}_t$ をクラス分類に使う場合は，出力層を設け，その出力に対して softmax 関数を適用する。LSTM を多層にしたり，双方向に制御したりすることも行われている。

（２） **畳み込みニューラルネットワーク**　音声の時系列性からは外れるが，重み行列 $\boldsymbol{W}$ の範囲を絞った（局所化した）NN も使われている。図2.29に示した図では，第 l 層の各ニューロンは，第 $l-1$ 層の全ニューロンの出力を入力としている。**畳み込みニューラルネットワーク**（convolutional neural network, **CNN**）では，第 l 層の各ニューロンに影響を与える第 $l-1$ 層のニューロンを限定（局所化）させている。すなわち，第 $l-1$ 層のいくつかのニューロン出力の重み付き和に対して非線形変換したものが第 l 層の各ニューロンの出力となる。また，この重み行列はニューロンの場所によらず，共有化される。結局，共通の重み付き和を計算することとなり，これは finite impulse response (FIR) フィルタと解釈でき，畳み込みニューラルネットワークと呼ぶ（図**2.35**左）。CNN では一般に，複数の局所的行列 $\{\boldsymbol{W}_n\}$ を用意し，各 $\boldsymbol{W}_n$ を入力 $\boldsymbol{o}_t$ のすべての局所的領域に適用し，各領域から出力を得る。式 (2.86) と対比して

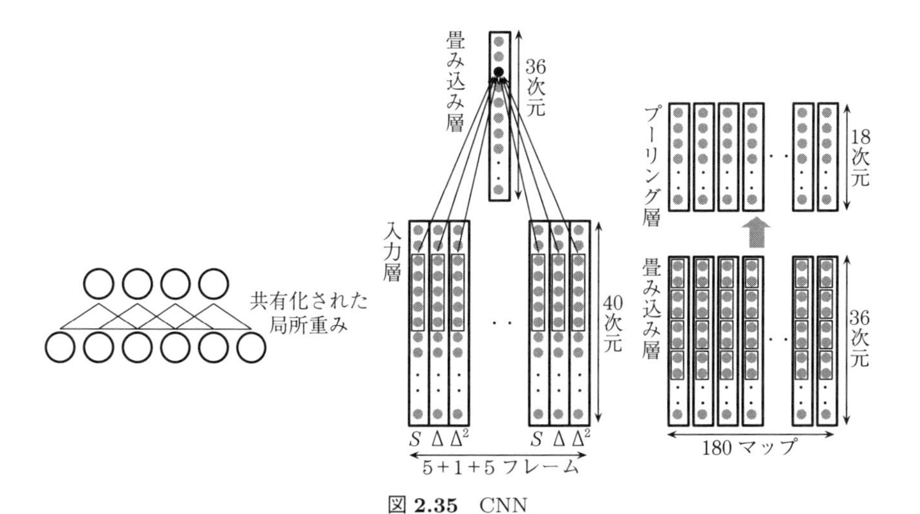

図 **2.35**　CNN

示せば

$$y_j = \sum_{j-\delta \leqq i \leqq j+\delta} w_{i-(j-\delta)} x_i \tag{2.97}$$

(フィルタ係数は j に非依存，サイズは $2\delta+1$)

となる。出力に対して，再度，適切な局所的領域を考え，その領域内での最大値や平均値を出力するプーリング層を導入する。この処理を $\boldsymbol{W}_n$ の数だけ行う。

音声認識で行われる CNN 処理の例を図 2.35 右に示す。11 フレームのスペクトル特徴量とその動的特徴（各 40 次元）に対し，3×11 個の 5 係数よりなるフィルタを用意し，これら全体の線形和を考える。このフィルタを 40 次元すべてに適用し，36 次元の畳み込み結果を得る。これを活性化関数に通した結果が畳み込み層の出力となる。このフィルタを例えば 180 種類用意すれば，180 種類の畳み込み層の出力が得られる。次に，これら畳み込み層のいくつかのノードの平均や最大をとるプーリング層を考える。図 2.35 では 2 ノードずつプーリングし，18 次元の層となっている。これが音声認識用 DNN の入力となる。なお図 2.35 では，フィルタは周波数方向のみで畳み込み処理を行っているが，時間方向への畳み込みを導入することもできる（図 3.22 が参考になるだろう）。

2.4.5　DNN/RNN/LSTM を用いた言語モデル

2.4.1 項で説明した DNN が可能にしている柔軟な写像推定は，言語モデルにも応用されている[36)]。N グラムは，$N-1$ 単語の認識単語履歴から，次に発声される単語を予測する確率モデルであった。DNN でも同様，単語履歴を入力として，次単語の確率分布（事後確率）を求めるタスクで使われる。過去の隠れ層の情報を考慮できる RNN や LSTM を使えば，直前の 1 単語が入力となる。

NN の入力として単語情報を入力する場合，単語をどのようにベクトル化すべきだろうか？語彙数を K とした場合，単語 k を，k 次元の要素だけ 1 で他が 0 となる K 次元の one-hot ベクトルを使って表現することがある。当然次元数が膨大となるため，より低次元のベクトルへと写像することが検討されている。

$\boldsymbol{w}_t$ を t 番目の単語 w_t の one-hot ベクトルとすると

$$\boldsymbol{e}_t = \boldsymbol{E}\boldsymbol{w}_t \tag{2.98}$$

で L 次元ベクトル（$L < K$）$\boldsymbol{e}_t$ へ変換する。$\boldsymbol{E}$ は $L \times K$ の行列であり †，各列ベクトルが単語の低次元ベクトル表現となっている。$\boldsymbol{w}_t$ はその定義よりスパースなベクトルであるが，$\boldsymbol{e}_t$ は単語を表現するための低次元空間を用意し，その中の 1 点として単語を表現している。これは単語の**分散表現**（distributional representation）あるいは**埋め込み**（embedding）と呼ばれる。具体的な $\boldsymbol{E}$ の算出は 3 章で述べるが，DNN/RNN/LSTM による言語モデルの特徴は，1) 離散的な単語情報を連続的なベクトルとして表現する，2)N グラムでは履歴長が $N-1$ と局所的だったが，RNN/LSTM を使えば，理論的には無限長の履歴を考慮可能になる，点が挙げられる。

DNN を使ったトライグラム言語モデルの実装例を図 **2.36** 左に示す。直前 2 単語の one-hot ベクトルを embedding 表現とし，それが隠れ層に入力され，出力層にて次単語の事後分布を計算する。出力層の次元数は K となる。

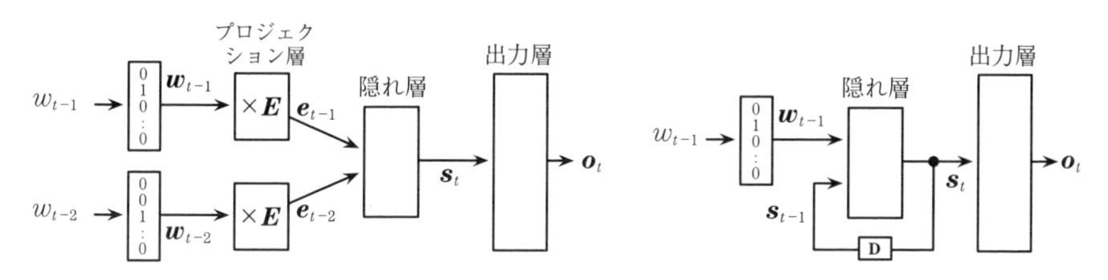

図 **2.36** DNN（左）と RNN（右）による言語モデル

RNN を使った言語モデルの実装例を図 2.36 右に示す。この場合入力は直前の $\boldsymbol{w}_{t-1}$ と，隠れ層出力 $\boldsymbol{s}_{t-1}$ である。隠れ層第一層の重み行列（の一部）が $\boldsymbol{w}_{t-1}$ を embedding 化し，また，$\boldsymbol{s}_{t-1}$ が，単語履歴 w_1^{t-2} の embedding に相当する。出力層にて次単語の事後分布を計算する。出力層の次元数は K となる。

2.4.3 項にて，さまざまな特徴量が DNN 音響モデルの入力として使われることを説明したが，DNN 言語モデルでも同様であり，語彙の選択が，話題，性

† K 個の L 次元基底ベクトル（列ベクトル）が並んだ行列である。

別，年代に依存することを考慮して，i-vectorを入力に加えたり，また，発話スタイルに依存することを考慮して，感情認識のために使われる音響特徴量を加えるなどの検討例がある。なお，デコーディング時のNN言語モデルの利用であるが，RNN言語モデルなどは文頭からのコンテキストにより確率値が変わるため，既存のデコーディング技術との統合が難しい。一般的な利用形態としては，Nグラム言語モデルによる認識仮説を複数用意し（N-best），これらをNN言語モデルを用いて再評価する方式（re-ranking）をとることが多い。

2.4.6 DNN/RNN/LSTMを用いた音声合成

DNNの入力をテキスト情報，出力を音声特徴とすれば，これはテキスト音声合成となる[37)]。HMM音声合成では，入力テキストに形態素解析を施し，多種多様なコンテキスト情報を抽出し，テキスト中の音素をきわめて多様なコンテキストラベルで修飾した。このコンテキスト依存音素を（トップダウンクラスタリングによって構築済みの）音素決定木に入力して所望のHMMを検索し，入力テキストをHMMの系列へと変換した。ここから尤度を最大化する（かつ，動的特徴を考慮して滑らかな）音声特徴列を導出し，それを波形化した。

このプロセスをDNNで置き換える場合，DNNはひとつの入力ベクトルからひとつのベクトルを出力するので，まず，テキスト（音素列）情報と音声特徴列の時間単位の違いを解消する必要がある。HMM音声合成の場合，HMMの遷移確率を使って各音素の継続長を計算し，必要な数の音声特徴ベクトルを出力した。DNN音声合成の場合，まず音素継続長を決定し，音素内の何フレーム目なのか（frame index）も，テキスト情報の一部として入力される。なお，コンテキストラベルの入力ベクトル化（符号化）は，トップダウンクラスタリングの各種質問（直前の音素は/a/であるか，単語中何番目の音素であるのか，など）は，Yes/No質問であれば1/0で，そうでない場合は連続値を使ってベクトルを構成する。音声認識時のDNN利用（状態事後確率の推定）とは異なり，音声合成時に使うDNNの出力層は，特徴量を出力する回帰層となる（**図2.37**）。学習データの音声特徴ベクトルを$\boldsymbol{o}_t$，対応する言語ラベルを$\boldsymbol{l}_t$とする

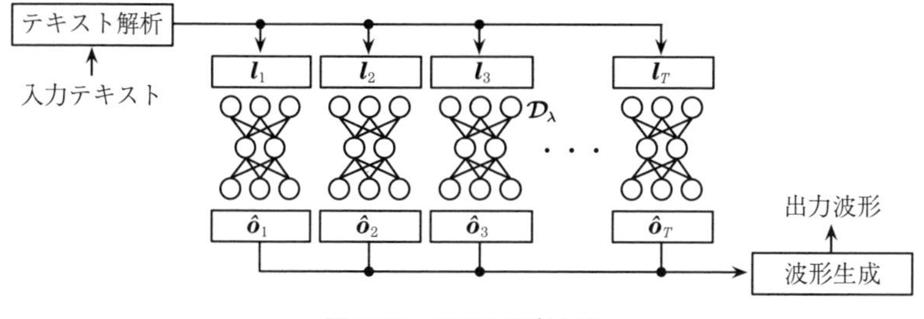

図 **2.37** DNN 音声合成

と，二乗誤差最小化基準で DNN は学習される。

$$\hat{\boldsymbol{\lambda}} = \arg\min_{\boldsymbol{\lambda}} \sum_t ||\boldsymbol{o}_t - \mathcal{D}_{\boldsymbol{\lambda}}(\boldsymbol{l}_t)||^2 \tag{2.99}$$

$\mathcal{D}_{\boldsymbol{\lambda}}$ は $\boldsymbol{\lambda}$ によって構成される DNN の非線形関数を意味する。なお，フレーム単位で音声特徴が合成されるため，得られる音声特徴ベクトル系列が不連続になることがある。HMM 音声合成と同様，動的特徴を考慮して DNN を学習することで品質は改善するが，過度の平滑化は逆効果になる。

HMM 音声合成の場合，個々のコンテキスト依存音素ごとに HMM を用意した。図 2.37 に示す DNN は，全音素に対応した共通の DNN を構成し，音素の種別は入力ベクトル（テキスト情報）中の音素 ID で指定する。HMM 音声合成で行われるトップダウンクラスタリングでは，ある音素 HMM は，該当する学習データのみで学習される。その結果，学習方法を工夫しなければ，HMM ごとに学習データ数の偏りが生じる可能性がある。一方，DNN 音声合成では全データで大規模な NN を学習するため，その意味でデータの利用効率が高い。

音声認識用の DNN 音響モデル，DNN 言語モデル同様，入力ベクトルに HMM 音声合成では利用されなかった情報を追加することが行われている。HMM 音声合成の場合，通常，特定話者の音声コーパスでその話者の音声合成器を構成した。DNN 音声合成の場合，話者 ID も入力ベクトルで表現し，多数話者コーパスで大規模な NN をひとつ学習することも行われている。この場合も，多数話者コーパスの効率的な利用が行われていると考えられる。

音声合成の場合も，音声の時系列としての特徴を考慮することで品質向上が確認されている。RNN/LSTM による音声合成，さらには，オンライン処理が不要であれば，未来の入力系列からの影響も考慮し，双方向の RNN/LSTM による音声合成も検討されている。音声特徴量を入力するのではなく，音声の波形そのものを入力する音声認識用 DNN が検討されていることを述べた（2.4.3 項）が，音声合成においても，音声特徴ではなく，音声波形（サンプル値）を生成する方式も検討されている（Wavenet[38]）。この場合，波形振幅を μ-law 量子化により 8bit 化し，波形生成を 256 種のクラスを対象とした識別問題として定式化している。過去の数サンプルから次の時刻のサンプル値を予測する枠組みとしては線形予測分析が知られているが，信号のガウス性（正規分布）を仮定して定式化されている。線形予測分析と同様，Wavenet の目的も過去から次のサンプル値を予測する枠組みである。しかし，分布を明示的に仮定せず，また，より長距離の過去のサンプルを（理論上は）参照することとなり，高精度なサンプル値予測を実現している。

コーヒーブレイク

音素って何？　深層ニューラルネットワークと古典的言語学

GMM-HMM 法では，音素 HMM の各状態 s から出力される特徴量 $\boldsymbol{o}$ の確率分布 $P(\boldsymbol{o}|s)$ をモデル化した。特徴量 $\boldsymbol{o}$ は当然話者にも依存する。そこで多人数話者から収集した大規模コーパスを使い，$\boldsymbol{o}$ を変動させる非言語的な要因を分布の中に隠す形でモデル化した（話者非依存モデル）。当然，話者依存モデルより，話者非依存モデルのほうが分布の広がりは大きくなる。

DNN-HMM 法ではモデル学習時に，内部的に（各種適応技術，正規化技術を駆使して）精緻な GMM-HMM を構築し，入力特徴量 $\boldsymbol{o}$ の HMM 状態 s に対する事後確率 $P(s|\boldsymbol{o})$ を，構築した GMM-HMM およびベイズの定理を使って計算し，この事後確率を出力するように DNN を学習する。

この両者を，古典的言語学の観点から考察したい。言語学の教科書を眺めて音素の定義を調べると，$P(\boldsymbol{o}|s)$ と $P(s|\boldsymbol{o})$ の対比に類似した記述に遭遇する。

音素とは何だろうか？文献39) によると，2 種類の定義が示されている。ひとつ目の定義では，音素を音響・音声学的に類似した音群につけた名称，クラスとして導入し，他方の定義では，ある音素とは，他の音素群と何某の関係を持って存在している音クラスとして導入している。$P(\boldsymbol{o}|c)$ は話者によって異なる音素

c の音響的実体 $\boldsymbol{o}$ を集めて，分布として音素 c をモデル化する。一方 $P(c|\boldsymbol{o})$ は，入力特徴量 $\boldsymbol{o}$ がどの音素らしいのか，それを確率として表現している。「どの音素らしいのか」を「どの音素と近い・遠いのか」と考えれば，$P(c|\boldsymbol{o})$ は，$\boldsymbol{o}$ が各音素クラス $\{c_i\}$ と，どれだけ離れているのかを示していることと等価である。

類似性に気付かれたことと思う。古典的言語学，音声工学，いずれの場合も，前者を（音素の）絶対的定義，後者を相対的定義と考えることができるだろう。音楽に素養のある読者なら，前者を音名的定義，後者を階名的定義と捉えるかもしれない。古典的言語学に素養のある読者なら，前者を音響音声学的定義，後者を構造音韻論的定義と捉えるかもしれない。

このように考えると，両定義を併用した技術実装が，TANDEM 特徴量[40] として知られる特徴量と位置づけられる。また，ある発声に対して時刻 t の特徴量 $\boldsymbol{o}_t$ と，それ以外の特徴量 $\boldsymbol{o}_\tau(\tau \neq t)$ との距離関係のみを抽出して発声を表現する，音声の構造的表象[41] は，相対的定義のみに基づいて発声を表現する方式と位置づけられる。構造的表象は，音声特徴から年齢や性別などの要因を削除することを目的として提唱されている。このように，新規技術として提案された各種技術も，言語学の古典論で主張されたことが（数十年を経て）技術的に実装された，と解釈できることは少なくない。次は何が実装されるのだろうか？

章　末　問　題

【1】 2 つの音をある関係 A で結び付ける。/だ/，/が/と関係 A で対応付けられる音は，おのおの/た/，/か/であった。すなわち /だ/ $\xrightarrow{A}$ /た/，/が/ $\xrightarrow{A}$ /か/ が成立する。/ば/と関係 A で対応付けられる音は何かを答えよ。

【2】 /い/から/え/まで連続的に舌の位置を動かせて音色を変えてみる。日本人はこの音色変化を「2 母音間の変化であり，/い/から/え/になった」と感じるだろう。アメリカ人はどう感じるだろうか，予想して答えよ。

【3】 声道長が 18cm の米語話者が [ɚ](bird の母音) を発声した。このときの F_1，F_2，F_3 はおよそいくらになると予想されるか，答えよ。ただし，音速 $c = 340$ m/s としてよい。

【4】 式 (2.4) の第 1 項，第 2 項を導出せよ。なお，第 3 項はヘルムホルツ共振周波数と呼ばれている。

【5】 式 (2.13) は，z 変換すると $H(z) = 1 - \alpha z^{-1}$ というディジタルフィルタとなる。標本化周波数 16kHz の音声データの場合，α として 0.97 が使われること

が多いが，このときの対数パワースペクトルの周波数特性を図示せよ。

【6】 時刻 t，第 i 次元のケプストラム係数を c_t^i とする。今，時刻 $t-L,..,t,..,t+L$ と $2L+1$ 個の係数が得られたとき，c^i の時間変化の線形結合として定義される $\varDelta$ ケプストラム，$\varDelta c_t^i$ を導出せよ。

【7】 式 (2.19) を導出せよ。

【8】 式 (2.22) に相当する漸化式を，図 2.15 の局所パス (B)～(D) について導出せよ。

【9】 図 **2.38** に示す離散 HMM を考える（アークの数値は遷移確率）。S_1，S_4 は初期状態，最終状態であり，分布未定義なダミー状態である。今，この HMM からシンボル列 abb が観測された。トレリススコアとビタビスコアを求めよ。

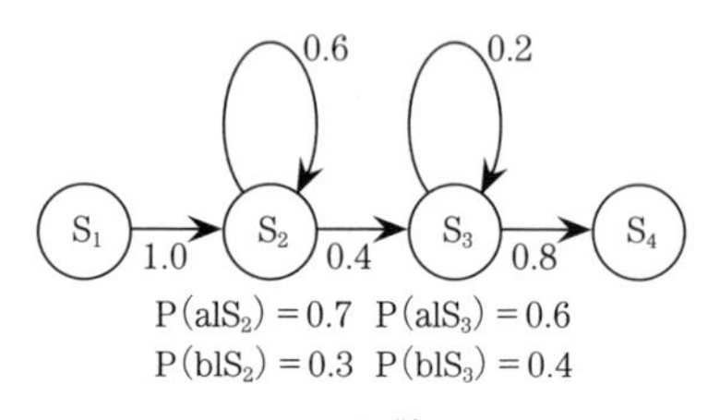

図 **2.38**　離散 HMM

【10】 DP マッチングの漸化式 (2.22) とビタビアルゴリズム式 (2.37) との関連性を述べよ。式 (2.37) の対数をとるとよい。

【11】 式 (2.44) において，$\sum_i \alpha_i(t)\beta_i(t)$ は何を意味するのかを答えよ。

【12】 図 2.22 において，すべての分岐は等確率で行われるものとする。このとき，1) 営業の/安藤/課長，2) 営業の/鈴木/さん/お願いします，3) 吉田/さん/お願いします，のおのおのの単語系列のエントロピーとパープレキシティを求めよ。

【13】 式 (2.62) を導出せよ。

【14】 図 2.23 はバイグラムを文法として示しているが，トライグラムを文法として解釈した場合，どのような文法となるのかを図示せよ。

【15】 東京方言（共通語）において，2 つの名詞 n_1，n_2 が連結して複合名詞 n_1n_2 を構成する場合を考える。n_1，n_2 を孤立発声した場合のアクセント型が既知であるとき，複合名詞のアクセント型はどのように導出できるのかを考えよ。

【16】 式 (2.24) では s を隠れ変数として扱い $P(\boldsymbol{o}|w)$ を論じた。式 (2.24) および式 (2.68) を参考に，観測特徴量系列 $\boldsymbol{o}$ から最適な単語列 w と話者 s を同時に識別するための定式化を導け。

【17】 $\varDelta \boldsymbol{c}_t$，$\varDelta^2 \boldsymbol{c}_t$ を式 (2.77)，(2.78) で定義した場合，式 (2.79) の K は具体的にどのような行列となるのかを答えよ。

【18】 DNN 出力層（第 L 層）の重み w_{ij}^{L} の更新式である式 (2.91) が，式 (2.92) となることを示せ。また，隠れ層の重み w_{ij}^{l} の更新式も同様に導出せよ。活性化関数はシグモイド関数とする。

【19】 自己符号化器の構築において，ノード数を少なくした隠れ層（特に $L/2$ 層）の出力（ボトルネック特徴量）は，どのような特性を有していると考えられるか？

【20】 波形を入力する認識用 DNN，および波形を出力する合成用 DNN について言及した。前者の場合，入力層側の隠れ層はどのような機能を有していると考えられるか？後者の場合，なぜ回帰器ではなく識別器として実装しているのか？

3 自然言語処理のモデル

自然言語処理 (natural language processing) におけるゴールのひとつは，自然言語で記述された文あるいは文章を入力として，何らかの意味的表現を出力することである。また，検索・質問応答 (4 章)，対話 (5 章)，機械翻訳 (6 章) といった応用技術においては，自然言語処理の各技術を要素技術として用いて，システム内部では何らかの意味的表現を取り扱いながら，各応用技術におけるゴールを達成している。

自然言語処理におけるまず最初のステップは，日本語文の場合には，文字列で連結された入力文を単語や形態素などの構成要素の列に分割して各構成要素の品詞を同定することであり，この処理のことを形態素解析と呼ぶ。次のステップは，文の構文構造を解析し，文中の構成要素の間の修飾関係を同定することであり，この処理のことを構文解析と呼ぶ。そして，以上のステップの結果を踏まえて，文中の動詞を中心として，文の意味的な解釈を行うステップが意味処理となる。また，複数の文から構成される文章の場合には，代名詞の指示先を同定し，文と文の間の論理関係を同定するという文脈解析のステップを経て，文章全体の意味的な解釈が可能となる。さらに，近年では，ニューラルネットワークによる自然言語処理が大きな注目を集めており，これらの各ステップにおいて，従来技術を上回る性能を達成している。本章では，これらの各処理の内容について述べる。

3.1 形 態 素 解 析

3.1.1 形態素解析の枠組み

通常，自然言語の文は，何らかの文字によって表記されている。自然言語の文において，意味を担う最小の言語単位のことを**形態素**と呼ぶ。通常，形態素は，単語と同じかより小さい単位であり，ひとつまたは複数の形態素から単語が構成される。また，文字によって表記された自然言語の文において，その文を構成する形態素を同定する処理を**形態素解析** (morphological analysis) と呼ぶ。

日本語の形態素解析においては，まず，1 文中では単語と単語の間に空白を入れないため，文を形態素の列に分かち書きすることを行う。また，各形態素に対してその品詞を同定し，また，動詞，形容詞，助動詞などの活用する語の場合には，その活用型，活用形，基本形を同定する。例として，「すべては知らない」という日本語の文を形態素解析した結果を**図 3.1** に示す。この例では，文が 4 つの形態素に分割され，各形態素には品詞が付与される。また，動詞，助動詞といった活用語については，その活用形と基本形が付与される。

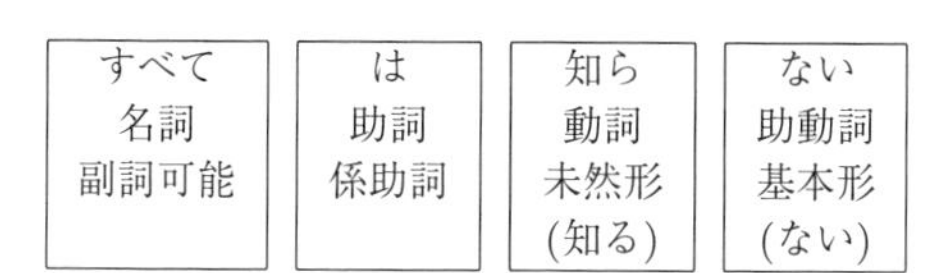

図 3.1　日本語文「すべては知らない」の形態素解析結果

(1) 文法知識と形態素辞書　形態素解析において用いる言語知識について以下で説明する。

まず，日本語の単語の集合に対して設定する品詞を定義する。日本語の粗い品詞体系の例を**表 3.1** に示す。この分類では，文を構成する際の働きを基準として，まず，日本語の語を**自立語**と**付属語**に大別する。これらの語は，さらに活用の有無によって細分化され，10 個の品詞に分類される†。

† 広く実利用されている形態素解析ツールにおいては，数十 ～ 数百種類の品詞を区別している。

表 3.1　日本語の粗い品詞体系の例

自立語	活用のある語 = 単独で述語になる語 (用言)		動 詞	(話す，寄せる，する)
			形容詞	(美しい，多い)
			形容動詞	(健やかだ，ご機嫌だ)
	活用のない語	主語になる語 (体言)	名 詞	(大学，鳥，彼，これ)
		修飾語になる語	副 詞	(たいてい，ほとんど)
			連体詞	(ある，大した)
		独立語になる語	接続詞	(だから，でも)
			感動詞	(ああ，さあ，へー)
付属語	活用のある語		助動詞	(れる，せる，らしい)
	活用のない語		助 詞	(が，に，を)

次に，動詞，形容詞，助動詞などの活用語がもつ活用型，および活用形，活用語尾を定義する。例として，日本語形態素解析ツール MeCab (8 章) で使用されている文法体系のうち，「情報処理振興事業協会 (IPA) 品詞体系」と呼ばれる品詞体系における形容詞 自立 (自立語として用いられる形容詞) の活用型の一覧を**表 3.2** に示す。また，一段動詞という活用型 (動詞「いる」などが該当する) がもつ活用形一覧を**表 3.3** に示す†。活用語の語形の中で，語形変化しない部分を**活用語幹**，語形変化する部部を**活用語尾**と呼ぶ。動詞「いる」の場合，「い」が活用語幹となり，基本形の場合は「る」が活用語尾となる。

表 3.2　形容詞 自立 の活用型の一覧

形容詞・アウオ段
形容詞・イ段
形容詞・文語
不変化型

さらに，各形態素について，その形態素の見出し語，読み，品詞，活用型などを記述した形態素辞書を用いる。この形態素辞書の内部構造は，形態素の見出し語を検索キーとして，読み，品詞，活用型などの形態素情報が効率よく検索できるように構築する。

最後に，形態素解析において用いる最も重要な言語知識として，文中でどのような形態素の次にどのような形態素が連続して現れうるかという知識がある。

† 表 3.3 で，「*」は活用語尾が付かず活用語幹だけで一形態素を構成することを意味する。

表 **3.3**　一段動詞の活用形一覧

活用形	活用語尾	例（「いる」）
語 幹	*	い
基本形	る	いる
未然形	*	い
未然ウ接続	よ	いよ
連用形	*	い
仮定形	れ	いれ
命令形 yo	よ	いよ
命令形 ro	ろ	いろ
仮定縮約 1	りゃ	いりゃ
体言接続特殊	ん	いん

この，品詞もしくは単語の間の連接可能性は，通常，表形式で記述され，**接続表**と呼ばれる。例として，2 形態素の連接可能性を記述した接続表の例を**表 3.4** に示す。この接続表は行列の形式で記述されており，各行の品詞，形態素が左側にある場合に，各列の品詞，形態素が右側に接続可能かどうかを 0 または 1 で記述している。通常は，この接続表のように，2 形態素の連接可能性を記述することが多いが，原理的には 3 形態素以上の連接可能性を記述することも可能である。

表 **3.4**　接続表の例

	文末	助詞 格助詞	助詞 副助詞	⋮	助詞 終助詞 か	助詞 終助詞 ね	⋮	助詞 接続助詞 し	助詞 接続助詞 つつ	⋮	動詞 接尾 一般 せる	動詞 接尾 一般 させる	⋮
文頭	0	0	0		0	0		0	0		0	0	
名詞	1	1	1		0	0		0	0		0	0	
動詞 基本形	1	0	0		1	1		1	0		0	0	
動詞 連用形	0	1	1		0	0		0	1		0	0	
動詞 未然形	0	0	0		0	0		0	0		1	1	
⋮				⋮			⋮			⋮			⋮

(2) 形態素解析アルゴリズム　日本語形態素解析の基本アルゴリズムを以下に示す。まず，入力文の前後に文頭，文末を表す特殊な文字を付加し，これらの文字の間を指すポインターを用意する。

1. **初期化：** ポインターを文頭の直後に置く。
2. **辞書検索：** 現在のポインター位置から始まる形態素を辞書検索する。
3. **連接チェック：** ポインター位置で終わる形態素とポインター位置から始まる形態素のあらゆる組みについて接続表を参照し，連接可能な組みの間にエッジを張る。
   ポインター位置で終わる形態素およびポインター位置から始まる形態素のうち，他のどの形態素との間にもエッジが張られていない形態素を消去する。
4. **ポインター移動：**
   (a) 現在のポインター位置が文末の直前ならば，5へ。
   (b) それ以外の場合は，現在のポインター位置の右側で，少なくともひとつの形態素の終端になりうる位置を探し，現在のポインター位置に最も近い位置にポインターを移動し，2へ。
5. 文頭から文末までのパスがラティス状の形態素解析結果となっている。

図 3.2 に，このアルゴリズムに従って「すべてはしらない」という文を形態素解析する様子を示す（「巣」，「酢」などは形態素辞書に登録されていないと仮定)。まず，初期化として，ポインターが文頭の直後の位置0に置かれる。次に，この位置0から辞書検索を行い，「すべて (名詞 副詞可能)」が検索され，ポインターが位置3に移動したとする。その後，位置3から始まるあらゆる形態素を辞書検索し，「すべて (名詞 副詞可能)」との間で連接可能性を参照し，連接可能な形態素に対してエッジを張る。そして，ポインターを位置4に移動する。このように辞書検索，連接チェック，ポインター移動を繰り返すことにより，文末までの解析を行う。最終的に得られるラティス状の形態素解析結果の例を図 **3.3** に示す。

なお，このアルゴリズムの計算量は，入力文の文字数に比例する。

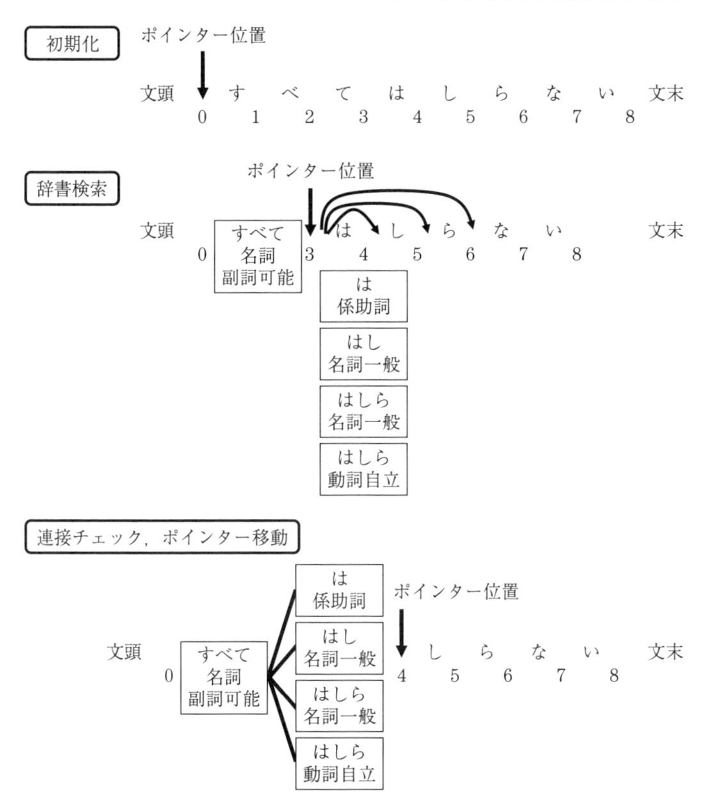

図 **3.2**　形態素解析アルゴリズムの動作例

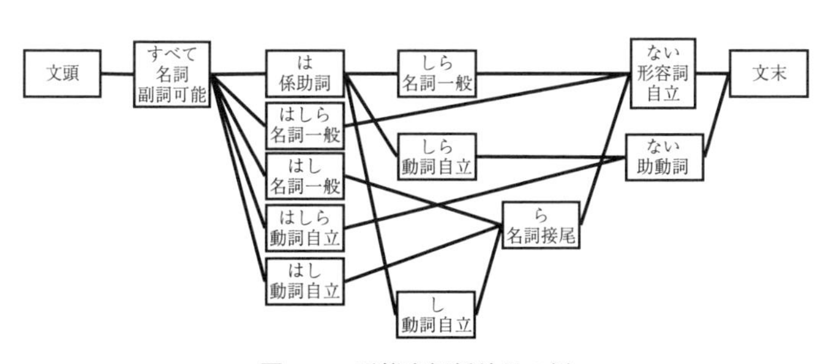

図 **3.3**　形態素解析結果の例

上述のアルゴリズムは，可能な解析結果をすべて求めるためのアルゴリズムであり，実際にはさまざまな経験的優先規則 (ヒューリスティックスと呼ばれる) によって，形態素解析結果を一意に絞り込む必要がある。これまで用いられてきたおもな優先規則としては，以下のものがあげられる。

i) 現在のポインター位置から辞書検索できる複数の形態素のうち，最長のものを優先しながら深さ優先探索で文全体の形態素解析を行う**最長一致法**

ii) 文全体の形態素解析結果における形態素数が最も少ない解析結果を優先する**形態素数最小法**

iii) 文全体の形態素解析結果における文節数が最も少ない解析結果を優先する**文節数最小法**

また，これらの 3 つの規則を包含する考え方として，形態素や形態素間の連接にコストを与え，総コストの少ない解析結果を優先する**最小コスト法**という方法がよく用いられる。最小コスト法においては，形態素や形態素間の連接に与えるコストを調整することにより，上述の 3 つの規則を容易に実現することができる。

最小コスト法によって効率よく最小コスト解を求めるアルゴリズムとしては，最小コスト解の探索に**動的計画法**を適用したアルゴリズムが用いられる。同様の方法は，音声認識や統計的モデルに基づく形態素解析 (3.1.2 項) においては，**ビタビアルゴリズム** (Viterbi algorithm) として広く知られている (2.2.3 項)。今，形態素解析結果の形態素列を

$$M_0(\text{文頭}), M_1, \cdots, M_n, M_{n+1}(\text{文末}) \tag{3.1}$$

として，形態素 M_i と M_{i+1} の間の連接コストを “連接コスト (M_i, M_{i+1})”，形態素 M_i の形態素コストを “形態素コスト (M_i)” とする。ここで，最小コスト法として，形態素間の連接コストと各形態素の形態素コストの総和

$$\sum_{i=1}^{n}(\text{形態素コスト } (M_i)) + \sum_{i=0}^{n}(\text{連接コスト } (M_i, M_{i+1})) \tag{3.2}$$

を最小にする解を最適解として求めるとする。このとき，上述のアルゴリズムの 3. **連接チェック**の部分を以下のように変更したアルゴリズムにより最小コスト解を求める。

3′. **連接チェック：**接続表において，ポインター位置から始まる語 Mf に左から連接可能な形態素を $Mb_1, \cdots, Mb_k$ とする。ここで，文頭から形態素 M までのコストの総和を "文頭からの総コスト (M)" とすると，Mb_i $(i = 1, \ldots, k)$ のうちで

$$\text{文頭からの総コスト}\,(Mb_i) \;+\; \text{連接コスト}\,(Mb_i, M_f) \tag{3.3}$$

が最小となる形態素 $\hat{Mb}$ だけを残し，Mf との間にエッジを張る。

ポインター位置で終わる語およびポインター位置から始まる形態素のうち，他のどの形態素との間にもエッジが張られていない形態素を消去する。

また，形態素解析ツールを実運用する局面においては，形態素辞書に未登録の語 (**未定義語**，**未知語**) を含む文に対しても，適切な形態素解析の処理を行う必要がある。未定義語の多くは，人名，地名，組織名などの固有名詞である。通常，あるポインター位置から辞書検索を行って，形態素が検索できなかった場合には，未定義語処理が起動され，片仮名列，記号列，アルファベット列や平仮名，漢字 1 文字などを未定義語として扱い，それらの文字や文字列が名詞であると仮定して処理が進められる。また，最小コスト法によって形態素解析を行う方式の場合は，未定義語に高いコストを与えることによって，アルゴリズムを修正することなく統一的に未定義語を取り扱うことができる。

(3) トライを用いた形態素辞書の検索　形態素解析において用いる形態素辞書の内部構造は，形態素の見出し語を検索キーとして，読み，品詞，活用型などの形態素情報が効率よく検索できるように構築する必要がある。特に，実運用されている形態素解析ツールにおいては，形態素解析の過程において，形態素の区切りが確定していない段階で，あるポインター位置から始まる単語を一度に効率よく検索できる辞書構造を用いることが不可欠である。そのような辞書構造のひとつとして，トライがよく知られている。

トライは，辞書に登録する各見出し語の共通接頭辞を併合することにより構成される木構造である。トライは，各見出し語の 1 文字目を木の根節点の直下の分岐に対応させ，さらに，2 文字目を 2 段目の分岐に対応させ，という操作

を再帰的に繰り返すことにより構成される。その際，各見出し語の共通接頭辞を併合して木が構成される。また，各節点から延びる分岐の最大数は，見出し語を構成する文字種の数となる。

トライを文字列の検索に用いる場合は，トライの根節点から葉節点に向かって，検索文字列の各文字を先頭から 1 文字ずつたどる。その際，トライの木構造を根節点から葉節点に向かって 1 回たどるだけで，入力文字列の先頭から始まるすべての接頭辞を探索することができる。トライのこの機能は，日本語文の形態素解析において，入力文の文字列のあらゆる部分文字列が形態素辞書に登録されている見出し語であると仮定して辞書検索を行う処理との親和性がきわめて高い。例として，トライを用いた辞書検索の例を図 **3.4** に示す。このトライを用いて,「すべてはしらない」という日本語文の部分文字列「はしらない」を先頭から検索する過程を以下に示す。まず，根節点 1 から “は” のラベルのエッジがたどられ，節点 3 で形態素「は」が検索される†。次に，“し” のラベ

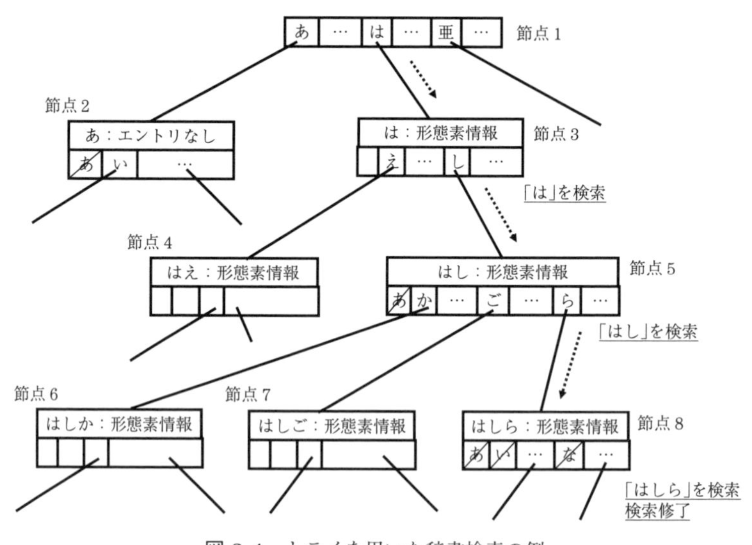

図 **3.4**　トライを用いた辞書検索の例

† ただし，ひとつの見出し語に対して複数の形態素が検索される場合もある。以下同様。

ルのエッジがたどられ，節点 5 で形態素「はし」が検索される。さらに，“ら”のラベルのエッジがたどられ，節点 8 で形態素「はしら」が検索される†。一方，節点 8 からは，“な” のラベルのエッジをたどることができない。そこで，最後に，「は」，「はし」，「はしら」という 3 種類の部分文字列を見出し語とする形態素を出力する。

トライによる辞書検索においては，各節点から次にたどるべきエッジを選ぶ際の計算時間が一定時間であるならば，トライ全体に格納されている見出し語の総数に関係なく，検索対象となる入力文字列の長さに比例した計算時間で検索が終了する。また，日本語文の形態素解析の辞書検索に用いる場合には，入力文の文字列中の検索開始位置から始まる最長の形態素の文字列長に比例する検索時間で，その位置から始まるすべての接頭辞が検索できる。ただし，実際にトライを構成するには，トライの各節点において文字種の数に比例したサイズの記憶容量が必要となる。したがって，日本語のように形態素を構成する文字の種類が多い (通常，6 000 種類以上) 言語では，記憶容量の問題が生じるため，記憶容量の点を考慮したトライの実装法も提案されている[1)]。

3.1.2 統計的モデルに基づく形態素解析

最小コスト法による形態素解析システムにおいては，連接コストや形態素コストを人手で調整することにより，システムの性能を最適化することが一般的である。しかし，この方式においては，多数のコストを人手で設定する必要がある点が大きな課題であった。これに対して，統計的モデルに基づく形態素解析モデル[2)] においては，ある程度の量の形態素解析例から自動的に最適なコスト (統計的モデルの場合はパラメータと呼ぶ) を学習する点に大きな利点がある。

以下では，統計的モデルに基づく形態素解析モデルの一例として，**品詞 2 つ組モデル**を紹介する。入力文の文字列を $S = c_1, \cdots, c_m$ として，形態素解析により，この入力文の形態素列 $W_S = w_1, \cdots, w_n$ および品詞列 $T_S = t_1, \cdots, t_n$

† この節点では，名詞の「はしら」と動詞「はしる」の未然形「はしら」の両方が検索される。

を求めるとする。このとき，統計的モデルに基づく形態素解析は，形態素列と品詞列の同時確率 $P(W_S, T_S)$ を最大化する組 $(\hat{W}, \hat{T})$ を求める問題として定式化される。

$$(\hat{W}, \hat{T}) = \mathop{\arg\max}_{W_S, T_S} P(W_S, T_S|S) = \mathop{\arg\max}_{W_S, T_S} P(W_S, T_S) \tag{3.4}$$

ここで，品詞 2 つ組みモデルのもとでは，近似として，連接確率としては品詞 2 つ組みの連接確率 $P(t_i|t_{i-1})$ を用い †1，品詞クラスからの形態素の生成確率としては，品詞 1 つ組みの形態素生成確率 $P(w_i|t_i)$ を用いる。そして，形態素列と品詞列の同時確率 $P(W_S, T_S)$ は次式で表現される †2。

$$P(W_S, T_S) = \prod_{i=1}^{n+1} P(t_i|t_{i-1}) P(w_i|t_i) \tag{3.5}$$

確率を最大化する形態素解析結果を求める際には，最小コスト法の場合と同様に，ビタビアルゴリズムが用いられる。また，パラメータ $P(t_i|t_{i-1})$ および $P(w_i|t_i)$ は，あらかじめ形態素解析の結果を付与したコーパスを対象として，品詞 t_i の頻度を $count(t_i)$，品詞 t_i を付与された形態素 w_i の頻度を $count(w_i, t_i)$，品詞 t_{i-1} と t_i が連続する頻度を $count(t_{i-1}, t_i)$ として，以下の推定値を用いる。

$$P(w_i|t_i) = \frac{count(w_i, t_i)}{count(t_i)} \tag{3.6}$$

$$P(t_i|t_{i-1}) = \frac{count(t_{i-1}, t_i)}{count(t_{i-1})} \tag{3.7}$$

この推定値は，与えられた形態素解析例全体の確率を最大化するという条件のもとで導き出されるもので，**最尤推定量** (maximum likelihood estimator) と呼ばれる (2.2.4 項)。

3.1.3 仮名漢字変換

仮名漢字変換は，平仮名列を仮名漢字列に変換するタスクであり，1960 年代から研究開発が行われるなど，日本語についての自然言語処理技術の中でも最

---

†1 連接確率として，品詞 3 つ組みの連接確率 $P(t_i|t_{i-2}, t_{i-1})$ を用いる品詞 3 つ組みモデルが採用される場合もある。

†2 ただし，形態素 w_0 を「文頭」，形態素 w_{n+1} を「文末」とする。

も歴史の長い研究分野である[3)]。仮名漢字変換の基本的なアルゴリズムにおいては，入力された平仮名列中の任意の部分平仮名列に対して仮名漢字表記の辞書の検索を行い，仮名漢字表記の列に変換された結果に対して何らかのコストを導入して，3.1.1 項で述べた**最小コスト法**の考え方に基づき仮名漢字変換候補を一意に絞り込む。一般に，仮名漢字変換の場合においても，3.1.1 項で述べた形態素解析の場合と同様に，仮名漢字変換の候補となる仮名漢字列の間に接続可能性の度合いを導入することができ，この度合いをコストと見なして，**ビタビアルゴリズム**により効率よく最小コスト解を求めることができる (2.2.3 項)。例として，平仮名列「あかいつき」の仮名漢字変換を行う場合の変換候補のラティス構造を図 **3.5** に示す。このラティス構造においては，変換候補の平仮名列が同一で，かつ，前後の変換候補との間の接続可能性も同一となる場合には，説明のため，“赤 / 垢” のように，ひとつの節点中に複数の変換候補を併記している。最終的に最小コスト解を求める際には，各節点における変換候補の併記のうち，最小コスト解を与える変換候補がひとつ選ばれる。

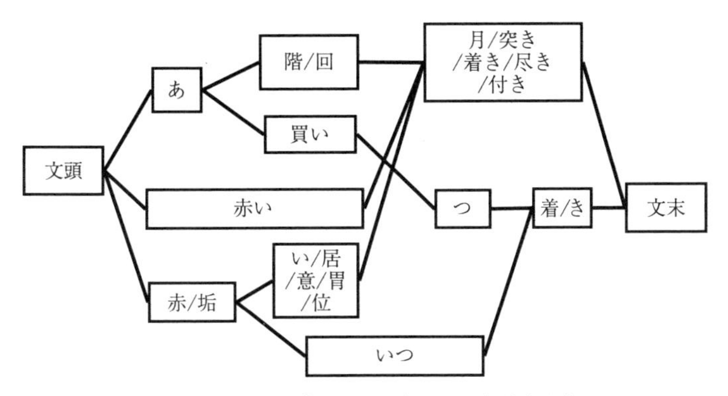

図 3.5　平仮名列「あかいつき」の仮名漢字変換における変換候補のラティス構造

また，形態素解析と比べると，利用者による直前までの仮名漢字変換の履歴を分析し，学習的に変換候補のコストを変更する機能，および，利用者によって仮名列が途中まで入力された段階で仮名漢字変換候補の補完を行う機能など，仮名漢字変換独自の機能についての研究開発が多数行われてきた。

さらに，3.1.2 項において述べた統計的モデルを用いた形態素解析の場合と同様に，仮名漢字変換においても，統計的な仮名漢字変換モデルを導入し，多様なコスト (統計的モデルにおいてはパラメータ) を自動的に最適化する統計的アプローチが主流になりつつある。以下では，統計的アプローチに基づく仮名漢字変換方式としてよく知られた グーグル日本語入力ソフトウェアのオープンソース版 Mozc[†1] について紹介する。

入力文の平仮名列を $K = k_1, \cdots, k_m$ として，仮名漢字変換により，単語列 $W_K = w_1, \cdots, w_n$ によって表記された仮名漢字列を求めるとする。このとき，統計的モデルに基づく仮名漢字変換は，条件付き確率 $P(W_K|K)$ を最大化する W_K を求める問題として定式化される。ここで，この最大化問題は，ベイズの定理により，単語列 W_K の確率に相当する**言語モデル** $P(W_K)$ と単語列 W_K を条件とする平仮名列 K の条件付き確率に相当する**仮名漢字モデル** $P(K|W_K)$ の積の最大化問題として表現できる。

$$\hat{W}_K = \arg\max_{W_K} P(W_K|K) = \arg\max_{W_K} P(W_K)P(K|W_K) \tag{3.8}$$

ここで，単語列 W_K の品詞列を $T_S = t_1, \cdots, t_n$ とすると，言語モデル $P(W_K)$ としては，品詞 2 つ組みの連接確率 $P(t_i|t_{i-1})$ と品詞 1 つ組みの単語生成確率 $P(w_i|t_i)$ の積を用いる。また，仮名漢字モデル $P(K|W_K)$ は，単語 w_i に対して仮名 r_i が読みとして付与される条件付き確率 $P(r_i|w_i)$ の積を用いる[†2]。

$$P(W_K) = \prod_{i=1}^{n+1} P(t_i|t_{i-1})P(w_i|t_i) \tag{3.9}$$

$$P(K|W_K) = \prod_{i=1}^{n+1} P(r_i|w_i) \tag{3.10}$$

統計的モデルに基づく形態素解析の場合と同様に，実際の解析においてはビタビアルゴリズムが適用される。言語モデルのパラメータ $P(t_i|t_{i-1})$ および

---

†1 `http://code.google.com/p/mozc/`
本書に掲載される URL については，編集当時のものであり，変更される場合がある。

†2 ただし，3.1.2 項の場合と同様に，形態素 w_0 を「文頭」，形態素 w_{n+1} を「文末」とする。

$P(w_i|t_i)$ は，約130億文から構成される大規模ウェブコーパスに対して日本語形態素解析ツール MeCab を適用して作成した形態素解析済みコーパスを対象として最尤推定を適用し求める。一方，仮名漢字モデルのパラメータ $P(r_i|w_i)$ は，読み r_i と w_i の組みをウェブから収集した結果に対して，以下の最尤推定量を用いる。

$$P(r_i|w_i) = \frac{count(r_i, w_i)}{count(w_i)} \quad (3.11)$$

3.2 構 文 解 析

構文解析 (syntactic analysis) とは，文の構文構造に関する文法知識に基づいて，与えられた文の構文構造を同定する処理である。本節では，主として，英語などの構文構造における句のとらえ方との親和性が高い言語の構文解析において用いられる**句構造解析** (phrase structure analysis)，および，日本語など，構文構造における制約が比較的少ない言語の構文解析において用いられる**係り受け解析**または**依存構造解析** (dependency structure analysis) について説明する。

3.2.1 句 構 造 解 析

句構造解析においては，一般に，文の構文構造を，**図 3.6** に示すような**句構造**の形式で表現する。図 3.6 においては，文 “I saw a girl with a telescope” に対して，文中の各単語が木構造の葉の位置に配置され，根の位置には，文全体を表す句の記号 S が配置されている。根から葉までの間の各節点には，ひとつ以上の単語列から構成される句が配置され，名詞句を表す記号 NP や動詞句を表す記号 VP によって表現されている。このような句構造は，図 3.7 に示すような生成規則の形式で表現された文法規則に基づいて解析される。

以下では，句構造解析において用いられる代表的な文法規則の表現形式である文脈自由文法，および，代表的な句構造解析アルゴリズムについて述べる。な

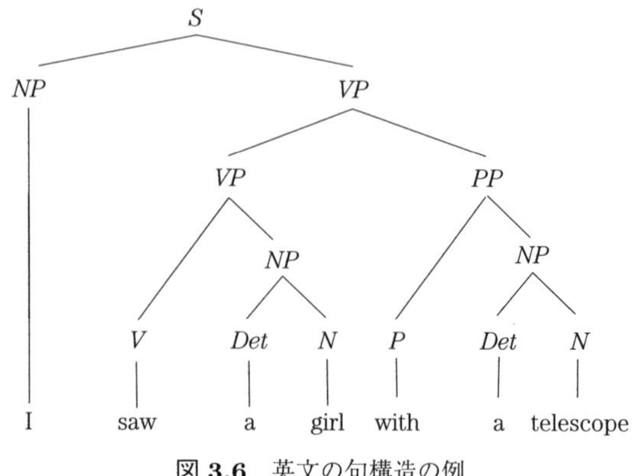

図 3.6　英文の句構造の例

お，句構造解析の詳細な解説については，文献4) などを参照されたい。

（1） 文脈自由文法　　**図 3.7** に示したような生成規則は，形式言語理論においては，形式文法と呼ばれる。一般に，形式文法 G は

$$G=\langle V_N, V_T, P, S\rangle \tag{3.12}$$

の 4 項組みで表される。ここで，形式文法においては，**文**を構成する最小単位の要素を**終端記号**と呼び，終端記号の集合を V_T と記す。一方，図 3.6 に示したような句構造は，図 3.7 の生成規則を用いて文を生成する過程を示したもの

(1)	S	$\rightarrow$	$NP\ \ VP$
(2)	NP	$\rightarrow$	$Det\ \ N$
(3)	NP	$\rightarrow$	$NP\ \ PP$
(4)	VP	$\rightarrow$	$V\ \ NP$
(5)	VP	$\rightarrow$	$V\ \ P\ \ PP$
(6)	PP	$\rightarrow$	$P\ \ NP$
(7)	NP	$\rightarrow$	I
(8)	N	$\rightarrow$	girl
(9)	N	$\rightarrow$	telescope
(10)	Det	$\rightarrow$	a
(11)	V	$\rightarrow$	saw
(12)	P	$\rightarrow$	with

S, NP, VP, N, V, Det, P, $PP \in V_N$ (非終端記号の集合)
I, girl, telescope, a, saw, with $\in V_T$ (終端記号の集合)

図 3.7　英語の文脈自由文法の例

と見なすこともでき，その生成過程において句構造の葉節点以外に現れ，ひとつの文の中の部分的句構造に相当する文法概念を示す記号は，**非終端記号**と呼ばれる。また，非終端記号の集合を V_N と記す。さらに，文を生成するための生成規則の集合を P，図 3.6 の句構造の根節点に対応し，文の生成の開始点となる記号 S $(S \in V_N)$ を**開始記号**と呼ぶ。

形式言語理論においては，形式文法は，どのような構造をもった言語の文を解析する表現能力をもっているか，という点に関して，厳密なクラス分けがなされている。最も表現能力の高い形式文法のクラスは，**句構造文法** (phrase structure grammar) と呼ばれ，以降，表現能力に制限が増えるに従って，それぞれのクラスは順に，**文脈依存文法** (context sensitive grammar)，**文脈自由文法** (context free grammar)，**正規文法** (regular grammar) と呼ばれる。

一般に，自然言語文の構文構造の多くの部分については，文脈自由文法の表現能力の範囲で記述できる場合が多く，また，文脈自由文法の範囲においては，これまでにも，数多くの構文解析アルゴリズムが提案されている。したがって，ここでは，構文解析の基礎となる形式文法の一例として，文脈自由文法について簡単に説明する。

文脈自由文法の生成規則は

$$A \rightarrow \alpha \left(\text{ただし，} A \in V_N, \ \alpha \in (V_N \cup V_T)^{+} \right) \tag{3.13}$$

の形式になっている。ただし，'+' は，記号が 1 回以上繰り返すことを表す。図 3.7 の生成規則は，いずれも，文脈自由文法の条件を満たしている。

文脈自由文法および形式言語理論の詳細については，例えば，文献5) を参照されたい。

(2) 縦型句構造解析アルゴリズム　ここでは，まず，句構造解析のアルゴリズムにおいて最もナイーブなアルゴリズムである，バックトラックを用いる縦型句構造解析アルゴリズムを紹介する。句構造解析の目的は，与えられた文の単語列に対して，その全体から過不足なく構成される句 S を求めることである。一般に，構文解析アルゴリズムは，大別すると，根から葉に向かって句構造を成長させていく下降型 (トップダウン) のアルゴリズムと，逆に，葉から根に向かって句構造を成長させていく上昇型 (ボトムアップ) のアルゴリズムとに分けられる。下降型のアルゴリズムにおいては，最初に開始記号 S が与えられ，図 3.7 の各生成規則中の左辺の非終端記号を照合させて，右辺の非終端記号 (列) に書き換えるという手順を再帰的に繰り返すことにより，与えられた文の単語列の全体を過不足なく構成する句構造を求める。一方，上昇型のアルゴリズムにおいては，最初に文の単語列が与えられ，図 3.7 の各生成規則中の右辺の非終端・終端記号 (列) を照合させて，左辺の非終端記号に書き換えるという手順を再帰的に繰り返し，与えられた文の単語列の全体が過不足なく開始記号 S に対応するような句構造を求める。

以下では，図 3.7 の文脈自由文法を用いて文 “I saw a girl with a telescope” の句構造解析を行う場合を例にとり，上昇型の縦型句構造解析アルゴリズムを説明する (**図 3.8**)。一般に，縦型句構造解析アルゴリズムにおいては，図 3.7 の文脈自由文法の生成規則に対して，上の規則から下の規則へと順に適用を試みる。また，上昇型の場合，与えられた単語列の先頭から順に規則の適用を試みる。その結果，図 3.8 第 1 行に示すように，規則 (7)，(11)，(10)，(8)，(2)，(4) の順で規則が適用され，句構造が部分的に構成される。ここで，図 3.8 第 2 行に示すように，次に，規則 (1) が適用され，単語列 “I saw a girl” に対して開始記号 S を根とする句構造が構成されるが，与えられた文の残りの単語列 “with a telescope” を残しているため，この構文解析結果は失敗となる。そこで，バックトラックが起動され，規則 (1) の適用が破棄されて，その他の規則の適用を試みる。その結果，規則 (12)，(10)，(9)，(2)，(6)，(3)，(1) の順で規則が適用されて，与えられた文 “I saw a girl with a telescope” の全体が過不足なく開始記号 S に対応する句構造が構成され，句構造解析が成功する。

この縦型句構造解析アルゴリズムにおいては，バックトラックのたびに部分的に成功した句構造解析の結果を破棄するため，まったく同一の句構造の解析を何回も行うという欠点があり，この欠点のため，入力文の単語数 n に対して，指数オーダ $O(K^n)$ の計算量を必要とする。

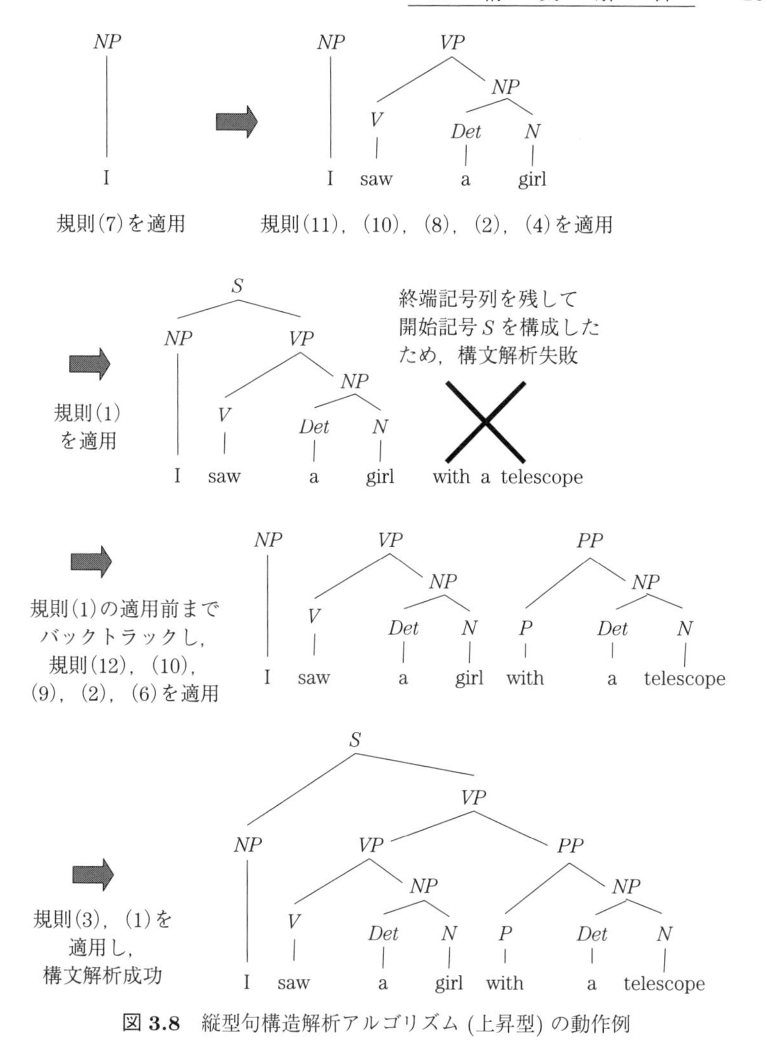

図 3.8　縦型句構造解析アルゴリズム (上昇型) の動作例

(3) CKY 法　上昇型の縦型句構造解析アルゴリズムの説明においては，文 “I saw a girl with a telescope” に対して，図 3.7 の文脈自由文法によって，可能な句構造のうちのひとつとして，図 3.6 の句構造を求める手順を述べたが，実は，この文に対しては，図 3.7 の文脈自由文法によって，図 3.6 の句構造とは別に**図 3.9** に示す句構造解析結果を得ることができる。このように，文

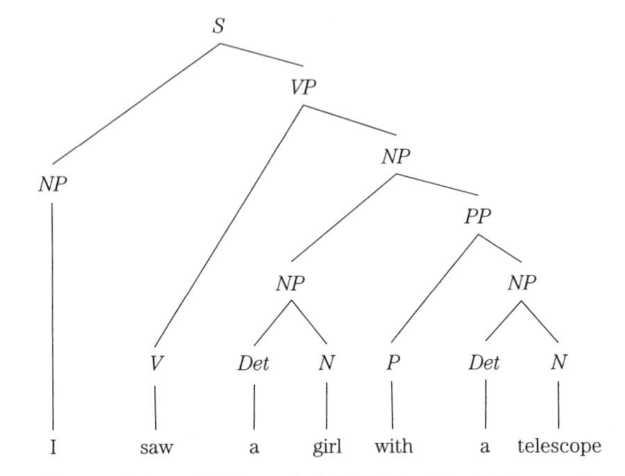

図 3.9　図 3.6 と同一の入力単語列に対して図 3.6 の句構造との間で曖昧性をもつ句構造の例

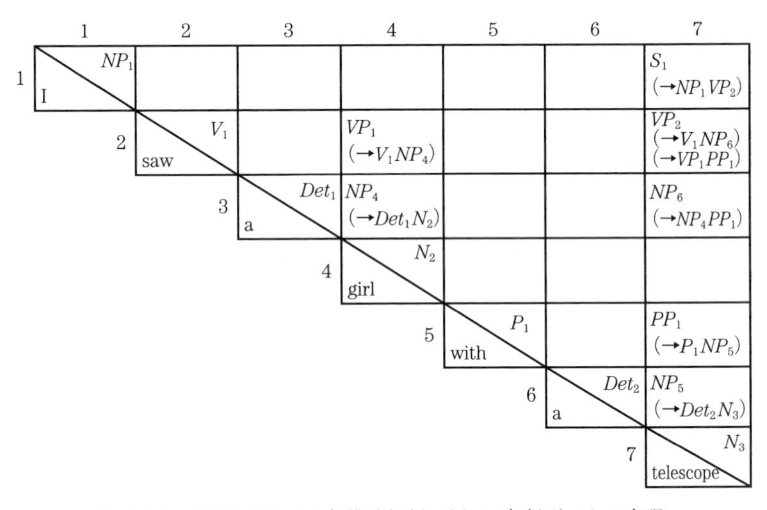

図 3.10　CKY 法による句構造解析の例 (三角行列による表現)

に対して複数の構文解析結果が得られる場合に，その文は構文解析における**曖昧性** (ambiguity) をもつという。このような場合，バックトラックを用いる縦型句構造解析アルゴリズムによって可能な句構造解析結果をすべて求めるためには，ひとつの構文解析結果を求めた後，強制的に解析を失敗させてバックトラックを起こすという方法によって，複数の構文解析結果を求める必要がある。

これに対して，以下では，文脈自由文法を用いた句構造解析の代表的アルゴリズムのひとつであり，入力文の単語数 n に対して，$O(n^3)$ の計算量で可能なすべての構文解析結果を求めることができる横型の構文解析アルゴリズムである **CKY** (Cocke-Kasami-Younger) **法**を紹介する。CKY 法は，上昇型の構文解析アルゴリズムであり，文脈自由文法の生成規則の形式を**チョムスキー標準形**に限定することにより，構文解析の途中結果を三角行列の形式 (**図 3.10**) で見やすく提示することができる。チョムスキー標準形の文脈自由文法とは，生成規則が以下のいずれかの形式に制限された文脈自由文法を指す。

$$A \to BC \ (\text{ただし，} A,\ B,\ C \in V_N) \tag{3.14}$$

$$A \to a \quad (\text{ただし，} A \in V_N,\ a \in V_T) \tag{3.15}$$

ただし，任意の文脈自由文法 $G = \langle V_N, V_T, P, S \rangle$ は，それと等価なチョムスキー標準形の文脈自由文法に変形できる。

CKY 法においては，まず，入力単語列を $w_1, \cdots, w_n$ とする。そして，初期状態として，図 3.10 に示すように，三角行列の葉の位置の i 行 i 列の要素 t_{ii} に単語 w_i が対応していると考える。

1. $i = 1 \sim n$ について，$A \to a$ (ただし，$A \in V_N$，$a \in V_T$) の形式の規則を用いて，三角行列の葉の位置の i 行 i 列の要素 t_{ii} に，非終端記号 A を埋める。

$$t_{ii} = \left\{ A \middle| A \to w_i \right\} \tag{3.16}$$

2. $A \to BC$ (ただし，A, B, $C \in V_N$) の形式の規則を用いて，部分単語列 $w_i, \cdots, w_k$ に対応する非終端記号 B と，部分単語列 $w_{k+1}, \cdots, w_j$ (ただし，$j = i + d$) に対応する非終端記号 C とから，三角行列の i 行 j 列の要素 t_{ij} に，単語数 $d + 1$ の部分単語列 $w_i, \cdots, w_j$ に対応する非終端記号 A を埋める。

   このとき，**図 3.11** に示すように，部分単語列 $w_i, \cdots, w_j$ の単語数 $d + 1$ は，$2 \sim n$ の範囲の値をとるので，d は，$d = 1 \sim n - 1$ の範囲の値をと

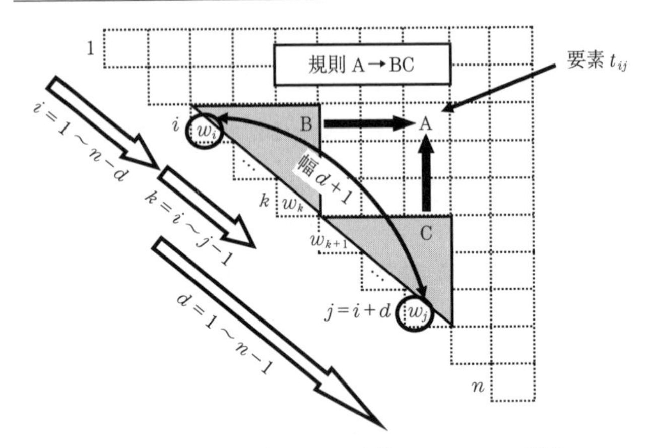

図 **3.11**　CKY 法における変数 d, i, j, k の説明

る。一方，部分単語列 $w_i, \cdots, w_k$ の開始位置 i は，$i=1\sim n-d$ の範囲の値をとり，部分単語列 $w_i, \cdots, w_k$ の終了位置 k は，$k=i\sim j-1$ (ただし，j は，部分単語列 $w_{k+1}, \cdots, w_j$ の終了位置) の範囲の値をとる。以上をまとめると，以下の手順となる。

$d=1\sim n-1$ について

　　$i=1\sim n-d$ について

　　　　$j=i+d$

　　　　$k=i\sim j-1$ について

$$t_{ij}=t_{ij}\cup\left\{A\middle|A\to BC,\ B\in t_{ik},\ C\in t_{k+1j}\right\} \tag{3.17}$$

3. 開始記号を S として，三角行列の 1 行 n 列の頂点 t_{1n} に，入力単語列 $w_1, \cdots, w_n$ に対応し，かつ開始記号 S である非終端記号が埋め込まれていれば (すなわち，$S\in t_{1n}$)，入力単語列 $w_1, \cdots, w_n$ の句構造解析は成功である。

図 3.10 の三角行列においては，i 行 j 列の要素 t_{ij} に非終端記号 A を埋める際には，アルゴリズムの手順に沿って非終端記号 A が生成される順に，非終端記号 A の種類ごとに通し番号を付与している。また，各要素 t_{ij} においては，非終端記号 A を生成する際に構成要素となった非終端記号の列を括弧書きで示す

(ただし，単語数が 1 の場合の非終端記号は，省略してある)。また，この三角行列において句構造の曖昧性を表現する場合には，三角行列の各要素に埋められた非終端記号に対して，その非終端記号の構成要素の非終端記号列としては，複数の組合せが存在するという形で表現する。例えば，図 3.10 の三角行列の例の場合は，図 3.6 の句構造と図 3.9 の句構造の間の曖昧性が存在するが，この曖昧性については，単語列 “saw a girl with a telescope” の句構造に相当する 2 行 7 列の要素 t_{27} の位置に埋められた非終端記号 VP_2 に対して，構成要素となる非終端記号列として，“V_1 NP_6” および “VP_1 PP_1” の 2 通りが存在するという形で表現されている。なお，CKY 法の計算量については，式 (3.17) の更新式が，3 変数 d，i，k についての三重の繰返し処理の中で呼び出されていることからわかるように，入力単語列の単語数を n とすると $O(n^3)$ となる †1。

(4)　統計的手法　1990 年代前半より，英語では Penn Treebank における Wall Street Journal の構文解析済みコーパス[7)]，日本語では EDR コーパス †2や京都テキストコーパス †3などが整備されるのに伴って，統計に基づく構文解析の研究が盛んになり，2000 年代前半に至るまで，性能の向上のためのモデル改良が多数試みられた。本節では特に，主として英語において研究されてきた**確率文脈自由文法** (probabilistic context free grammar) に基づくモデルについて説明する。

入力文の単語列を $S = w_1, \cdots, w_n$ とし，構文解析によってこの入力文の句構造 T を求めるとする。このとき，統計的手法による句構造解析は，確率 $P(T, S)$ を最大化する句構造 T を求める問題として定義される。

$$\hat{T} = \arg\max_{T} P(T \mid S) = \arg\max_{T} P(T, S) \tag{3.18}$$

ここで，確率的文脈自由文法においては，句構造 T 中の各構成素を c として，

---

†1　ただし，式 (3.17) においては，各要素 t_{ij} において，同一の非終端記号の構成要素となる非終端記号列として複数の組合せが存在する場合でも，1 文全体の句構造の数が指数オーダ $O(K^n)$ となるのを避けるため，各要素 t_{ij} には同一の非終端記号はただひとつしか含まない。

†2　`http://www2.nict.go.jp/r/r312/EDR/J_index.html`

†3　`http://nlp.ist.i.kyoto-u.ac.jp/`

構成素 c の文法カテゴリー A を展開する際に，左辺を A とする文法規則 $A \to \alpha$ の相対的な重みに相当する条件付き確率 $P(A \to \alpha \mid A)$ の積によって句構造 T (および入力文 S) の確率値を計算する。

$$P(T, S) = \prod_{c \in T} P(A \to \alpha \mid A) \tag{3.19}$$

例えば，**図 3.12** に示す英語の確率文脈自由文法の例においては，文脈自由

(1)	S	$\to$	$NP \quad VP$		0.80
(2)	S	$\to$	$Aux \quad NP \quad VP$		0.15
(3)	S	$\to$	VP		0.05
(4)	NP	$\to$	$Pron$		0.35
(5)	NP	$\to$	PN		0.30
(6)	NP	$\to$	$Det \quad Nom$		0.20
(7)	NP	$\to$	Nom		0.15
(8)	Nom	$\to$	N		0.75
(9)	Nom	$\to$	$Nom \quad N$		0.20
(10)	Nom	$\to$	$Nom \quad PP$		0.05
(11)	VP	$\to$	V		0.35
(12)	VP	$\to$	$V \quad NP$		0.20
(13)	VP	$\to$	$V \quad NP \quad PP$		0.10
(14)	VP	$\to$	$V \quad PP$		0.15
(15)	VP	$\to$	$V \quad NP \quad NP$		0.05
(16)	VP	$\to$	$VP \quad PP$		0.15
(17)	PP	$\to$	$P \quad NP$		1.0
(18)	Det	$\to$	that		0.10
(19)	Det	$\to$	a		0.30
(20)	Det	$\to$	the		0.60
(21)	N	$\to$	book		0.10
(22)	N	$\to$	flight		0.30
⋯	⋯	⋯	⋯	⋯	⋯
(26)	N	$\to$	dinner		0.10
(27)	V	$\to$	book		0.30
⋯	⋯	⋯	⋯	⋯	⋯
(42)	P	$\to$	through		0.05

S, NP, VP, PP, Nom, N, V, PN, $Pron$, Det, Aux, P
$\in V_N$ (非終端記号の集合)
that, a, the, book, flight, meal, money, flights, dinner, book, include, I, she, me, you, Houston, NWA, does, can, from, to, on, near, through
$\in V_T$ (終端記号の集合)

図 3.12　英語の確率文脈自由文法の例 (文献6) より引用・抜粋)

文法の各生成規則 $A \to \alpha$ に対して，確率値 $P(A \to \alpha \mid A)$ が付与されている。これらの確率値を推定するための最も容易な方法は，構文解析済みコーパスにおいて，各生成規則 $A \to \alpha$ が適用されている頻度 $count(A \to \alpha)$，および，非終端記号 A が出現する頻度 $count(A)$ を求め，各生成規則の確率値を以下の最尤推定量として求める方法である[†1,†2]。

$$P(A \to \alpha \mid A) = \frac{count(A \to \alpha)}{count(A)} \tag{3.20}$$

図 3.12 の確率文脈自由文法を用いることにより，文 “Book the dinner flight” について，**図 3.13** において得られる 2 通りの句構造の曖昧性を解消することができる。図 3.13 の上半分の句構造は，「夕食付のフライトを予約せよ」という文意に対応する句構造となっているのに対して，図 3.13 の下半分の句構造は，

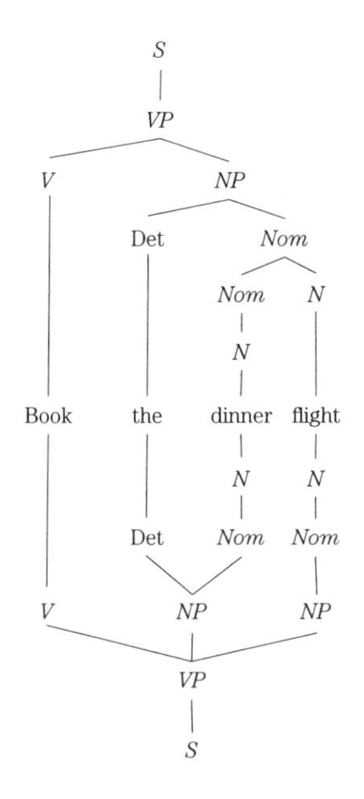

図 3.13　文 “Book the dinner flight” の 2 通りの句構造の例 (文献6) より引用)

†1　人手による構文解析結果が付与されていないコーパスを用いる方法，あるいは，人手による構文解析結果が付与されていないコーパスと構文解析済みコーパスを併用する方法としては，inside-outside アルゴリズム[15)] が知られている。

†2　図 3.12 の各生成規則に付与されている確率値は，文献6) において人手で決めたものである。

「“夕食” が利用するためのフライトを予約せよ」という不適切な文意に対応する句構造となっている。図 3.13 に示す確率文脈自由文法の各生成規則を用いて実際にこれらの句構造の確率値を求めると，上半分の句構造 $T_{上}$ の確率値は

$$\begin{aligned} & P(T_{上}, \text{“Book the dinner flight”}) \\ = \; & 0.05 \times 0.20 \times 0.20 \times 0.20 \times 0.75 \times 0.30 \times 0.60 \times 0.10 \times 0.30 \\ = \; & 1.6 \times 10^{-6} \end{aligned} \tag{3.21}$$

となり，下半分の句構造 $T_{下}$ の確率値は

$$\begin{aligned} & P(T_{下}, \text{“Book the dinner flight”}) \\ = \; & 0.05 \times 0.05 \times 0.20 \times 0.15 \times 0.75 \times 0.75 \times 0.30 \times 0.60 \times 0.10 \times 0.30 \\ = \; & 2.3 \times 10^{-7} \end{aligned} \tag{3.22}$$

となる。このように，$T_{上}$ の確率値は不適切な句構造 $T_{下}$ の確率値を上回っていることから，確率値を最大化する句構造を選択することによって，文 “Book the dinner flight” の句構造の曖昧性を解消できることがわかる。

このように，確率文脈自由文法は，各非終端記号の主辞†の語彙などの情報を用いず，非終端記号の文法カテゴリーだけを用いた簡易なモデルである。これに対して，各生成規則のもつ条件付確率 $P(A \to \alpha \mid A)$ の条件部分に，構成素 c の主辞となる語彙 h を追加した以下のモデルのように，確率パラメータにおいて単語を考慮するモデルを**語彙化確率文脈自由文法** (lexicalized probabilistic context free grammar) と呼ぶ。

$$P(T, S) = \prod_{c \in T} P(A \to \alpha \mid A(h)) \tag{3.23}$$

確率文脈自由文法の場合には解消が困難な曖昧性であっても，語彙化確率文脈自由文法を用いることにより解消が可能となる場合がある。

なお，これらの統計的句構造解析手法は文献8),9) などにおいても解説されている。また，統計に基づく自然言語処理については，全体的な変遷について

† 句の中心的意味を担う語彙。

の解説[10),11)]，および1990年代までの動向についての教科書[6),12)~16)]において詳しく解説されている。

3.2.2 係り受け解析

前項までで，おもに英語文に対して句構造解析により構文解析を行う方式について紹介した。その一方で，日本語文のように語順の制約が比較的緩く，格要素が省略されやすい言語の文の構文解析においては，係り受け解析が用いられることが多い。本節では，日本語文を対象とした係り受け解析の仕組み，および句構造解析と係り受け解析の間の関係について述べる。

表 3.5　日本語文の文節まとめ上げ規則および文節係り受け規則

(a) 日本語単文の文節まとめ上げ規則 (文脈自由文法形式)

(1)	述語文節 ($VSeg$)	→	動詞　(助動詞 ⋯ 助動詞)		
(2)	述語文節 ($VSeg$)	→	名詞 ⋯ 名詞	助動詞「で」	助動詞「ある」の活用形
(3)	連用修飾文節 ($AVSeg$)	→	名詞 ⋯ 名詞	格助詞	
(4)	連体修飾文節 ($ANSeg$)	→	名詞 ⋯ 名詞	助詞-連体化の「の」	

(b) 主要な文節係り受け規則　("$X \xrightarrow{dep} Y$" の形式により，文節 X が文節 Y に係る (文節 X が文節 Y を修飾する) ことを表す)

	文節係り受け規則			解釈
(1)	連用修飾文節 ($AVSeg$)	$\xrightarrow{dep}$	述語文節 ($VSeg$)	連用修飾文節 ($AVSeg$) が述語文節 ($VSeg$) に係る
(2)	連体修飾文節 ($ANSeg$)	$\xrightarrow{dep}$	連用修飾文節 ($AVSeg$)	連体修飾文節 ($ANSeg$) が連用修飾文節 ($AVSeg$) に係る

(c)　上記 (b)「主要な文節係り受け規則」に対応する文脈自由文法

	文脈自由文法の規則				文節間の係り受け規則としての解釈
(1)	S	→	VP		
(2)	VP	→	$VSeg$		
(3)	VP	→	AVP	VP	連用修飾文節 ($AVSeg$) が述語文節 ($VSeg$) に係る
(4)	AVP	→	$AVSeg$		
(5)	AVP	→	ANP	AVP	連体修飾文節 ($ANSeg$) が連用修飾文節 ($AVSeg$) に係る
(6)	ANP	→	$ANSeg$		

(1) 係り受け規則と係り受け解析　日本語文の係り受け解析においては，まず，準備として文の文節まとめ上げを行う。**表 3.5**(a) に，日本語単文の文節まとめ上げを行うための規則を簡略化したものを示す。単文の係り受け解析において主要な役割を担う文節のタイプは，動詞句や名詞句＋「である」といった述語を中心とする「述語文節」，述語文節を修飾する格要素と助詞などから構成される「連用修飾文節」，および連用修飾文節を修飾する「連体修飾文節」である。これらの文節タイプの間で主要な文節係り受け規則を記述したものを表 3.5(b) に示す。これからわかるように，主要な文節係り受け規則は，「連用修飾文節」が「述語文節」を修飾するための規則，および「連体修飾文節」が「連用修飾文節」を修飾するための規則の合計 2 種類のみである。これらの係り受け規則を用いて行った日本語単文の係り受け解析結果の例を，**図 3.14** に示す。

文献17) で述べられているように，一般に，図 3.14 に示すような，文内の文節間の係り受け関係の木構造 (依存構造) に対して，等価な句構造を求めるため

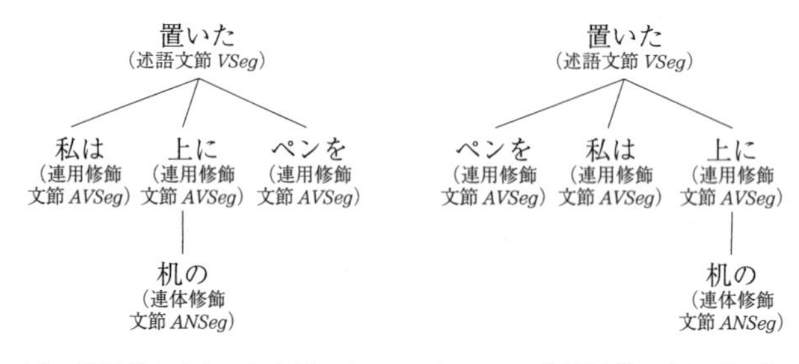

(a)　私は机の上にペンを置いた　　(b)　ペンを私は机の上に置いた

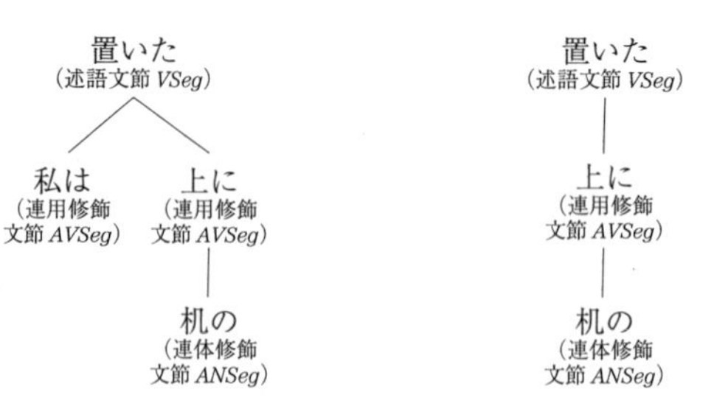

(c)　私は机の上に置いた　　(d)　机の上に置いた

図 3.14　日本語単文の係り受け構造の例

の文脈自由文法を規定することができる。上述の係り受け規則に対応する文脈自由文法を表 3.5(c) に示す。また，図 3.14 に示す 4 種類の例文に対して，表 3.5(c) の文脈自由文法によって句構造解析を行った結果を**図 3.15** に示す。また，図中には，各文における係り受け関係も併せて示す (一般に，日本語文における係り受けの関係は，互いに交差せず，文中において左から右の方向への係り受けとなる)。この結果のうち，特に，文 (a) に対する結果と文 (b) に対する結果を比較するとわかるように，係り受け関係においては，本質的に同じ内容を表す 2 つの文の間においては，係り受け関係は語順の違いを吸収したほぼ同等の

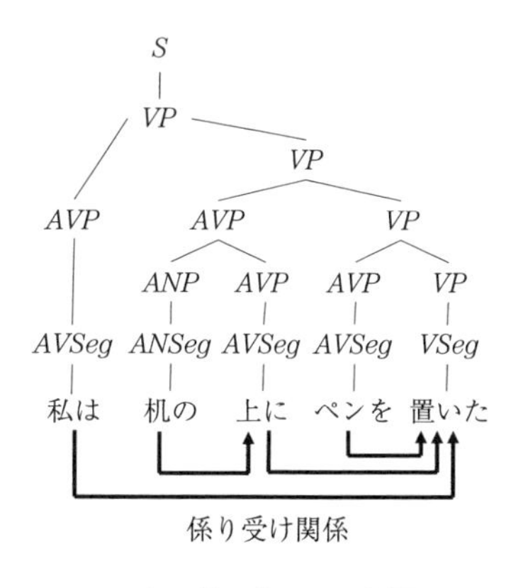

(a)　私は机の上にペンを置いた

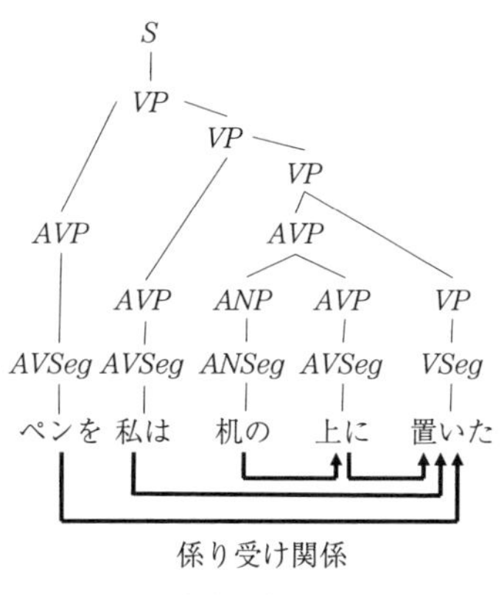

(b)　ペンを私は机の上に置いた

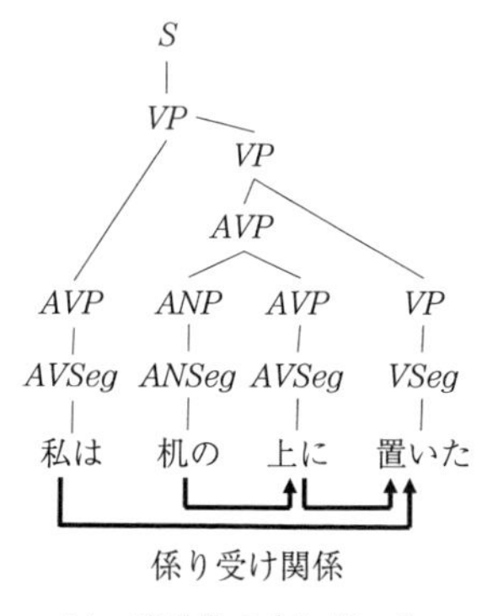

(c)　私は机の上に置いた

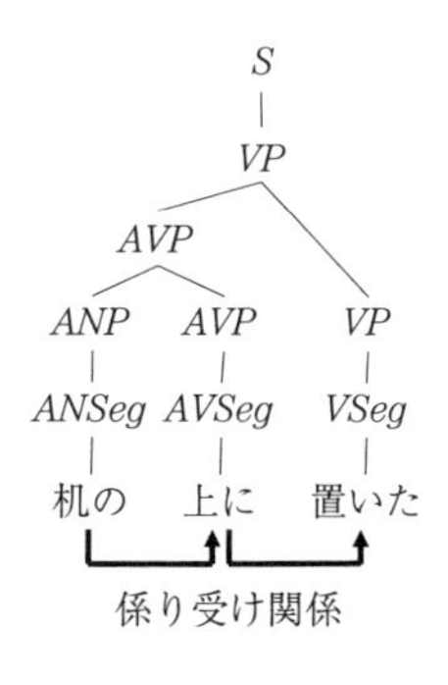

(d)　机の上に置いた

図 3.15　係り受け構造と句構造の対応の例

関係を表現している。一方，両者の文の句構造は相互に異なる内部構造を多くもっており，内容面での類似関係を見いだすことは容易ではない。以上の理由により，日本語文の構文解析においては，係り受け解析方式が多く用いられる。

(2) 統計的手法　1990年代前半より，日本語においてもEDRコーパスや京都テキストコーパスなどの人手で構文構造が付与されたコーパスが整備されるのに伴って，統計に基づく係り受け解析の研究が行われた。係り受け構造の例として，「記者が合併した会社を取材した」という文の4つの文節「記者が」,「合併した」,「会社を」,「取材した」の間の係り受け関係を**図3.16**に示す。

記者が 合併した 会社を 取材した

図 **3.16**　係り受け構造の例

多くの場合，統計的係り受け解析のモデルでは，1文の係り受け構造を文中の個々の係り受け構造の集合としてとらえる。そして，図3.16の係り受け構造をDとして，文中の個々の文節b_i(以下，係り元文節)が文節b_j(以下，係り先文節)に係る確率$P(b_i \overset{dep}{\longrightarrow} b_j)$の積によって$D$の確率を定義する。

$$
\begin{aligned}
P(D) &= \prod_{b_i \overset{dep}{\longrightarrow} b_j \in D} P(b_i \overset{dep}{\longrightarrow} b_j) \\
&= P(\text{「記者が」} \overset{dep}{\longrightarrow} \text{「取材した」}) \qquad (3.24) \\
&\quad \times P(\text{「合併した」} \overset{dep}{\longrightarrow} \text{「会社を」}) \times P(\text{「会社を」} \overset{dep}{\longrightarrow} \text{「取材した」})
\end{aligned}
$$

この際，各文節b_iおよびb_jやそれらに関連した情報としてどのような情報を考慮して確率値$P(b_i \overset{dep}{\longrightarrow} b_j)$を推定するかが問題となるが，決定リスト学習，決定木学習，最大エントロピー法，SVM(support vector machine)など，さまざまな機械学習手法により用いる情報や重みを自動学習する手法が提案されている。

3.3 意　味　解　析

意味解析 (semantic analysis) とは，通常，何らかの構文解析の過程を経て構文構造を与えられた文に対して，システムにあらかじめ用意された意味的知識の範囲で文の意味的整合性を判定し，文に対して整合性のとれた意味的解釈を与える処理である。標準的な意味解析において用いられる意味的知識は，何らかの**辞書**の形で蓄積されているのが一般的であるが，本節では，そのような意味的知識として，**意味素**，**シソーラス**，および**格フレーム** (case frame) について説明し，格フレームを用いた**格解析**について説明する。さらに，複数の語義をもつ多義語に対して，文書中における各語の出現位置に応じて，適切な語義を選択する処理である**語義曖昧性解消**について説明する。

3.3.1 意味素とシソーラス

意味素とは，主として名詞を対象として，意味の基本的分類を体系化し，個々の名詞に意味の分類を与えたものである。比較的粗い意味素の例として，「計算機用日本語基本辞書 IPAL —動詞・形容詞・名詞—」[†] において用いられたものを**表 3.6** に示す。この例では，名詞全体をまず粗く 3 つの意味素に分類し，そのうちの ⟨concret⟩(具体名詞)，および ⟨abstract⟩(抽象名詞) をさらに詳細な意味素に分割している。結果的に，最も詳細なレベルにおいては，合計 16 個の意味素を設定し，日本語の名詞に対してそれらの意味素を付与している。

一方，シソーラス (広義には語に関する概念体系辞書を含む) も，語を意味によって分類したもので，よく知られているシソーラスの多くにおいては，意味や概念の体系が木構造の形式で与えられる。一般に，意味素と比べると，シソーラスのほうがより詳細な意味分類の体系として構築される場合が多い。木構造の形式のシソーラスを大別すると，意味や概念の体系と個々の語とが分離されて配列されており，木構造における葉節点の位置にのみ語が配置されている分

[†] http://www.gsk.or.jp/catalog/GSK2007-D/catalog.html

表 3.6　意味素の例 (「計算機用日本語基本辞書 IPAL ―動詞・形容詞・名詞―」の意味素)

意味素		名詞の例
⟨concrete⟩ (具体名詞)	⟨animal⟩ (動物)	犬，馬，鳥，猿
	⟨human⟩ (人間)	姉，先生，男性，学生
	⟨organization⟩ (組織・機関)	国，企業，警察，研究所
	⟨plant⟩ (植物)	花，桜，松，バラ
	⟨parts⟩ (生物の部分)	頭，足，腕，腰，根，羽
	⟨natural⟩ (自然物)	山，空，石，川，丘
	⟨products⟩ (生産物・道具)	紙，車，パン，布，鋏
⟨phenomenon⟩ (現象名詞)		光，音，火，風，雨，涙，匂い
⟨abstract⟩ (抽象名詞)	⟨action⟩ (動作・作用)	勉強，練習，見学，散歩
	⟨mental⟩ (精神)	心，意識，思い出，悩み
	⟨linguistic products⟩ (言語作品)	名前，ニュース，説教
	⟨character⟩ (性質)	美，欠点，見掛け，寛容
	⟨relation⟩ (関係)	縁，原因，条件，根拠
	⟨location⟩ (空間・方角)	外，公園，東，右
	⟨time⟩ (時間)	昨日，日曜日，夕方
	⟨quantity⟩ (数量)	3 日，3 人，全部，1 人ずつ

類シソーラスと，木構造の体系中のすべての節点において語が配置されている**上位・下位シソーラス**とに分けられる。シソーラスの事例としては，英語においては，Roget のシソーラス †1，WordNet†2 がよく利用される。一方，日本語においては，分類語彙表 †3，日本語語彙大系 †4，日本語 WordNet†5，EDR 電子化辞書の概念辞書 †6 などがよく知られている。このうち，分類シソーラスとしては，Roget のシソーラスや分類語彙表がよく知られており，上位・下位シソーラスとしては WordNet がよく知られている。

図 3.17 に，分類シソーラスの例として，分類語彙表における「体の類」(名詞) の分類体系，および登録されている語の一例を示す。分類語彙表には，延べ約 95 000 語が登録されており，そのうち，延べ約 64 000 語の名詞が登録されている。分類語彙表の語の体系は 6 階層の木構造によって構成されており，

†1　http://www.gutenberg.org/ebooks/10681
†2　http://wordnet.princeton.edu/
†3　http://www.ninjal.ac.jp/products-k/kanko/goihyo/
†4　http://www.kecl.ntt.co.jp/icl/lirg/resources/GoiTaikei/
†5　http://nlpwww.nict.go.jp/wn-ja/
†6　http://www2.nict.go.jp/r/r312/EDR/J_index.html

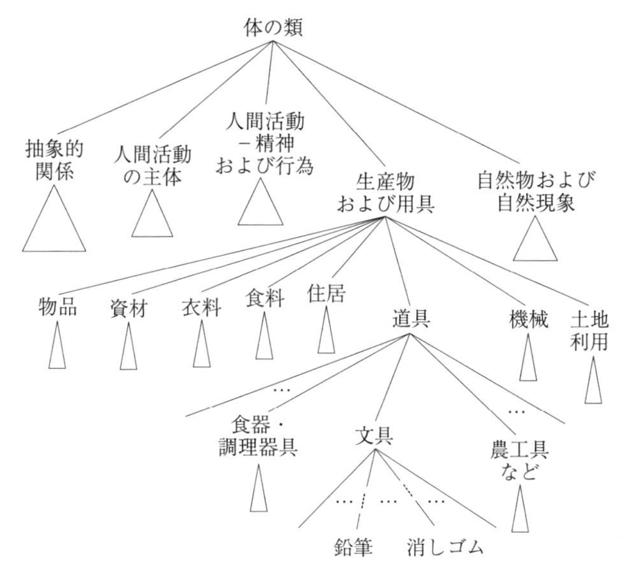

図 **3.17**　分類語彙表における「体の類」(名詞) の分類体系，
および登録語の一例

その木構造の葉節点の位置に各語が配置されている。名詞の場合は，図 3.17 に示すように，その全体が，抽象的関係，人間活動の主体，人間活動―精神および行為，生産物および用具，自然物および自然現象の 5 個に分類され，それぞれの分類がさらに階層的に分類される。鉛筆や消しゴムといった文具に分類される名詞の場合には，2 階層目が「生産物および用具」の分類，3 階層目が「道具」の分類，4 階層目が「文具」の分類，というように階層的に分類される。

3.3.2 格　　解　　析

格解析は，フィルモア (Fillmore) による**格文法**の考え方に基づき，動詞を中心として文中の語と語の間の意味関係を同定する意味解析手法である。動詞に対して，文中の各語がもつ役割を**格**と呼ぶ。特に，英語文における主語の位置や目的語の位置，あるいは日本語文において格助詞「が」や「を」などをとる位置のように，動詞に対する構文的な関係を**表層格** (surface case，例は表 3.8 参照) と呼ぶ。一方，**表 3.7** に示すように，動詞に対して文中の各語がもつ意味的な関

表 **3.7**　深層格の例および例文 (文献6), 18) より引用・抜粋)

深層格	定義 (例文 … 当該格要素に下線)
動作主格 (AGENT)	動作を引き起こす主体を表す (The waiter spilled the soup.) (太郎 が 花子 を 殴っ た 。)
経験者格 (EXPERIENCER)	心理的影響を受ける実体を表す (John has a headache.) (花子 が 悲しん で いる 。)
対象格 (THEME)	移動・変化・判断・想像といった事象の対象物・内容を表す (Paul broke the ice.) (太郎 が 花子 に 花 を 渡し た 。)
道具格 (INSTRUMENT)	事象の原因や反応の刺激を表す (He stunned catfish with a shocking device.) (花子 が 石 で ガラス を 割っ た 。)
源泉格 (SOURCE)	移動事象の始点や状態変化・形状変化の初期状態・形状を表す (I flew in from Boston.) (花子 が 札幌 を 出発 し た 。)
目標格 (GOAL)	移動事象の終点や状態変化・形状変化の最終状態・形状を表す (I drove to Portland.) (太郎 が 花子 に 花 を 渡し た 。)

係を**深層格** (deep case, thematic role) と呼ぶ†。ここで，例文 (3.25)〜(3.28)，および，例文 (3.29)〜(3.31) に示すように，文中の主語，目的語といった表層格の割当てと，動詞との意味的な関係である深層格の割当ては，1 対 1 の関係にはない。例文 (3.25)，(3.29) に示すように，“John” あるいは「花子」のような人名が，深層格として動作主格の役割を担い，表層格としては主語の位置に来る場合，動詞 “break” の対象となる “the window”，あるいは，動詞「ひらく」の対象となる「戸」が深層格として対象格の役割を担い，表層格としては目的語の位置に来る。ところが，これらの場合と同一の事象に対して，例文 (3.27)，(3.31) の場合には，動詞 “break” の対象格である “the window”，あるいは動詞「ひらく」の対象格である「戸」が，表層格としては主語の位置に来ており，例文 (3.25)，(3.29) とは異なる表層格となっていることがわかる (例

† 動詞に対して，文中に必ず出現しなければならない格を**必須格** (obligatory case)，逆に，必ずしも文中に出現する必要はなく，省略可能な格を**任意格** (optional case) と呼ぶ。なお，話し言葉では，必須格を示す助詞 (「が」，「を」，「に」など) が脱落することが多い。

文 (3.25)~(3.28)： 文献6) より引用, 例文 (3.29)~(3.31)： 文献18) より引用)。

John（動作主格） broke the window（対象格） with a rock（道具格）. (3.25)

The rock（道具格） broke the window（対象格）. (3.26)

The window（対象格） broke. (3.27)

The window（対象格） was broken by John（動作主格）. (3.28)

花子（動作主格） が 鍵（道具格） で 戸（対象格） を ひらい た 。 (3.29)

花子 の 鍵（道具格） が 戸（対象格） を ひらい た 。 (3.30)

戸（対象格） が ひらい た 。 (3.31)

ここで，実際に，動詞と名詞のとの間の格関係に関する知識を用いて意味解析を行うために，動詞の用法ごとに格要素となりうる名詞の意味的制約を記述した**格フレーム** (case frame) を用意し，この格フレームとの整合性に基づいて意味解析を行う。この意味解析の過程を**格解析**と呼ぶ。例として，日本語動詞「かける」について，日本語語彙大系 †1 に登録されている格フレームの抜粋を**表 3.8** に示す †2。日本語語彙大系は，前節で述べた代表的シソーラスのひとつであり，名詞辞書においては，約 30 万語の名詞が 12 階層から構成される 3 000 個の意味カテゴリーに分類されている。また，動詞格フレーム辞書には，各動

†1 `http://www.kecl.ntt.co.jp/icl/lirg/resources/GoiTaikei/`

†2 表 3.8 に示すように，ガ格やヲ格といった表層格の格要素となる名詞に対する意味的制約のみを記述した格フレームを**表層格フレーム**と呼ぶ。一方，表層格の情報のみにとどまらず，各表層格要素に対して，対応する深層格の情報を付与した格フレームを**深層格フレーム**と呼ぶ。表 3.8 の例の場合には，日本語側は表層格フレームの情報のみが掲載されているが，実際に英訳を行う際には深層格の情報が不可欠であり，日本語語彙大系の格フレーム自体には，英訳を行うための深層格の情報が併せて付与されている。

表 3.8　日本語動詞「かける」の格フレーム (日本語語彙大系から抜粋)

	ガ格の 名詞カテゴリー	ヲ格の 名詞カテゴリー	ニ格の 名詞カテゴリー	英語文型
(1)	カテゴリー 「主体」	カテゴリー「美術」, 「衣料」···	カテゴリー 「住居」,「枝」	∼ hang ∼ on ∼
(2)	カテゴリー 「主体」	カテゴリー「橋」	カテゴリー 「場所」	∼ build ∼ over ∼
(3)	カテゴリー 「人」	カテゴリー「腰」	カテゴリー 「椅子」	∼ sit down on/in ∼
(4)	カテゴリー 「主体」	カテゴリー 「機械」	—	∼ start ∼

詞の用法ごとに区別された合計 14 000 個の格フレームが登録されている。おのおのの格フレームにおいては，名詞辞書の意味カテゴリーを用いて，表層格要素に対する意味的制約が記述されている †。そして，実際に格解析を行う際には，入力文における格要素の名詞の意味分類と格フレームにおいて記述されている意味的制約との整合性を判定し，ひとつの動詞の多数の用法の中から最も適切な用法を選択する。このように，格フレームにおいて格要素の名詞に対して記述された意味的制約のことを**選択制限** (selectional restriction) と呼ぶ。

以下に，文

$$\text{太郎 が 絵 を 壁 に かけた} \tag{3.32}$$

に対して，表 3.8 の格フレームを用いて格解析を行う様子を示す。この場合，ガ格，ヲ格，ニ格のすべての格要素に対する選択制限を満たす格フレームは，表 3.8 の格フレーム (1) のみであり，他の格フレーム (2)∼(4) においては，いずれも，選択制限を満たさない格要素がひとつ以上存在する。以上の結果から，格解析の結果として，格フレーム (1) のみが選ばれる。

† 格フレームにおいて，表層格要素の名詞に対して意味的制約を記述する場合には，3.3.1 項で述べた意味素を用いる場合もあるが，意味素としては十分詳細な分類の体系を備えたものが必要である。

$$\text{太郎} \in \text{カテゴリー「主体」}, \text{絵} \in \text{カテゴリー「美術」}, \text{壁} \in \text{カテゴリー「住居」} \Longrightarrow \text{英語文型} = \sim \text{hang} \sim \text{on} \sim \qquad (3.33)$$

$$\text{絵} \notin \text{カテゴリー「橋」} \Longrightarrow \text{英語文型} \neq \sim \text{build} \sim \text{over} \sim \qquad (3.34)$$

$$\text{絵} \notin \text{カテゴリー「腰」}, \text{壁} \notin \text{カテゴリー「椅子」} \Longrightarrow \text{英語文型} \neq \sim \text{sit down on/in} \sim \qquad (3.35)$$

$$\text{絵} \notin \text{カテゴリー「機械」} \Longrightarrow \text{英語文型} \neq \sim \text{start} \sim \qquad (3.36)$$

また，近年では，表 3.7 に示す粗い深層格のレベルにとどまらず，文中の動詞を中心として，名詞や節が動詞に対してより詳細に分類された**意味役割**[†1]をもつとして，文中の名詞，節と動詞との間の関係に対して**意味役割付与**を行う方式が研究されている。これらの研究分野においては，人手で意味役割付与を行った意味役割付与済みコーパスの開発 (FrameNet[†2]，PropBank[†3] などがよく知られている)，および，それらのコーパスを訓練事例として，教師あり学習手法を適用する方式などの研究が盛んであり，評価型コンテスト (SENSEVAL-3, CoNLL-2004/2005) も開催されている。

3.3.3 語義曖昧性解消

語義曖昧性解消とは，文中の多義語に対して，多義語が出現する文における正しい**語義**を決定するタスクである。例えば，英語の単語 “bank” は，例文 (3.37) においては，**表 3.9**(a) の “bank^1” の「銀行」の意味の語義であるが，一方，例文 (3.38) においては，表 3.9(a) の “bank^2” の「土手」の意味の語義である。

---

†1 表 3.7 に挙げた深層格は，意味役割のうちの最も代表的なものであり，それ以外の意味役割の例としては，様態 (MANNER)，原因 (CAUSE)，程度 (EXTENT) などが挙げられる。

†2 `https://framenet.icsi.berkeley.edu`

†3 `http://verbs.colorado.edu/~mpalmer/projects/ace.html`

表 3.9 多義語の語義および例文

(a) 英単語 “bank” の例 (出典: WordNet)

bank^1 (「銀行」の意味)	語義	a financial institution that accepts deposits and channels the money into lending activities
	例文	“He cashed a check at the bank.” “That bank holds the mortgage on my home.”
bank^2 (「土手」の意味)	語義	sloping land (especially the slope beside a body of water)
	例文	“They pulled the canoe up on the bank.” “He sat on the bank of the river and watched the currents.”

(b) 日本語単語 「核」の例 (出典: 岩波国語辞典)

核^1	語義	物事の中心 (となるもの)。かなめ。
	例文	「核になる」
核^2	語義	原子核。また，核兵器。
	例文	「核のもち込み」

The <u>bank</u> can guarantee deposits will eventually cover future tuition costs. (3.37)

They saw a bear on the <u>bank</u> of the river. (3.38)

また, 以下の例では, 日本語の単語「核」は, 例文 (3.39) においては, 表 3.9(b) の “核^1” の語義であるが, 一方, 例文 (3.40) においては, 表 3.9(b) の “核^2” の語義である。

これ は 我が 社 の <u>核</u> と なる プロジェクト だ 。 (3.39)

<u>核</u> および 生物 化学 兵器 の 拡散 を 防ごう 。 (3.40)

語義曖昧性解消のタスクにおいては，このような多義語を含む文において，多義語の語義を決定する。このタスクは，古くからよく研究されており，これまでに，辞書の定義文を知識源とする手法, (半) 教師あり/なし学習技術を適用する手法など，いくつかの手法が提案されてきた。それらの手法は，いずれも「確率/確立」のような同音異義語の判別タスク，あるいは機械翻訳における訳語選択タスクといった類似タスクに対しても容易に適用可能である。

それらの手法のうち，辞書の定義文を知識源とする手法は，比較的初期の頃の研究において提案された手法である。この手法においては，表3.9に示すような辞書の定義文における語義の説明文および例文を利用し，それらの文に出現する名詞，動詞，形容詞などの内容語を手掛かりとする。そして，多義語が出現する文において，それらの内容語がどの程度共有されているかによって多義語の語義を決定する。例えば，例文(3.37)においては，表3.9(a)の“bank^1”の語義説明文との間で名詞“deposits”が共有されており，このことが手掛かりとなって，「銀行」の意味の語義と判断できる。一方，例文(3.38)においては，表3.9(a)の“bank^2”の例文との間で名詞“river”が共有されており，このことが手掛かりとなって，「土手」の意味の語義と判断できる。

一方，その後の，過去十数年前から現在に至っては，多義語に対して人手で適切な語義を付与したコーパスをあらかじめ用意して，それらのコーパスを訓練事例として各種の機械学習手法を適用するアプローチが主流となっている。それらのアプローチにおいては，通常，多義語の前後20語程度の文脈に出現する語を手掛かりとして，機械学習における素性として用いる場合が多い。例として，新聞記事，科学系論文のアブストラクト，小説，百科事典，カナダ議会議事録，電子メールなどから構成されるコーパスを訓練・評価事例として，機械学習手法として決定リスト学習を適用した研究事例[19)]において，英単語“bass”がもつ2つの語義(ベース・ギターや音域のバスなどの音楽分野の語義，および魚種としてのバスの語義)の語義曖昧性解消において重要な手掛かりとなる素性の抜粋を**表3.10**に示す。

表3.10　英単語“bass”の語義曖昧性解消における重要な素性の例(文献19)より引用・抜粋)

音楽分野の語義	前後20語以内の単語	guitar, piano, tenor, play(動詞), violin
	前後1語の単語	bass *player*, *on* bass
魚種としての語義	前後20語以内の単語	fish, river, salmon
	前後1語の単語	*striped* bass, *sea* bass, bass *are*

なお，語義曖昧性解消タスクの研究分野においては，英語，日本語を含む多様な言語を対象として評価型コンテストが過去十数年にわたって行われてきた†。

† http://www.senseval.org/

3.3.4 語彙知識の獲得

従来，1980 年代までは，自然言語文を処理するために必要な文法，辞書，シソーラスなどの言語知識は，人間が手作業で作成することが多かった。しかし，1990 年代以降，コンピュータの処理能力や記憶装置の容量が飛躍的に増大し，それに伴ってさまざまなコーパスが整備され，また，2000 年以降は，ウェブ上の自然言語テキストなども大量に利用可能となるのに伴って，コーパスから言語知識を獲得する技術の研究が活発になった。本節では，自然言語テキストから多様な言語知識，特に語彙に関する知識を獲得する手法について述べる。なお，本節で紹介する技術の動向は，文献20)～22) などにおいて詳しく解説されている。

語彙知識獲得の最も初期の研究は，コーパス中で数単語程度の近さで共起する 2 つの単語の間の相互情報量を計算し，相互情報量の値が大きい 2 単語の組みを調査して，統計的な観点から意味のある言語現象を検出する[23] というものである。この研究以降，名詞に関する知識，動詞・事象に関する知識，特定の言語解析タスクで用いるための知識など，多様な語彙知識をコーパスから獲得する手法が研究されている。また，語彙知識獲得の源となる言語資源としては，1990 年代までは，適用範囲は狭いが比較的良質な資源である辞書の定義文や人手による構文解析済みコーパスが用いられたが，2000 年以降は，十数年分の新聞記事やウェブから収集した言語テキストに代表されるように，人手による解析が施されていない言語資源も利用されるようになった。

（1） 共起知識の獲得　コーパス中の単語の共起の度合いを測定する初期の研究としては，相互情報量を用いた研究[23] がよく知られている。事象 x および y の生起確率がそれぞれ $P(x)$，$P(y)$ であり，x と y の共起確率が $P(x,y)$ であるときに，x と y の相互情報量 $I(x,y)$ は以下のように定義される。

$$I(x,y) \equiv \log_2 \frac{P(x,y)}{P(x)P(y)} \tag{3.41}$$

事象 x および y の共起における相関の度合いに応じて，この相互情報量の値は以下の傾向をもつ。

1. x と y が正の相関関係を示す場合には，$P(x,y) \gg P(x)P(y)$，および $I(x,y) \gg 0$ となる。
2. x と y の間に意味のある相関がない場合には，$P(x,y) \approx P(x)P(y)$，および $I(x,y) \approx 0$ となる。
3. x と y が負の相関を示す場合には，$P(x,y) \ll P(x)P(y)$，および $I(x,y) \ll 0$ となる。

特に，コーパス中において単語間の共起を測定する際には，コーパス中で単語 x および y が出現することを，事象 x および y の生起として扱う。また，コーパス中で単語 x と y が共起することを，事象 x と y が共起したとして扱う。確率 $P(x), P(y)$, および $P(x,y)$ の値は，最尤推定法に従い，コーパス中での頻度 $f(x), f(y)$, および $f(x,y)$ をコーパスの総単語数 N で割ったものを用いる。

$$P(x) = \frac{f(x)}{N}, \quad P(y) = \frac{f(y)}{N}, \quad P(x,y) = \frac{f(x,y)}{N} \tag{3.42}$$

一例として，文献23) においては，1988 年版 Associated Press ニューステキストコーパス (AP コーパス) を自動的に構文解析して N =4 112 943 組みの主語，動詞，目的語 3 項組を抽出し，動詞と目的語の間の相互情報量について分析した。この結果において，動詞 “drink” と共起性の高かった目的語の事例を**表 3.11** に示す。

表 3.11　動詞 “drink” と目的語の間の共起度測定結果 (文献23) より引用)

動詞	目的語	$I(x,y)$	$f(x,y)$
drink/V	martinis/O	12.6	3
drink/V	champagne /O	10.9	3
drink/V	beverage/O	10.8	8
drink/V	beer/O	9.9	29
drink/V	alcohol/O	9.4	20
drink/V	wine/O	9.3	10
drink/V	milk/O	8.7	8
drink/V	juice/O	8.3	4
drink/V	water/O	7.2	43

また，このような共起知識の獲得の考え方を発展させた研究事例として，例えば，動詞に関する格フレームの知識をウェブから収集した大規模テキストから獲得した京都大学格フレーム† などがよく知られている。

（2） 名詞間の類似度の測定 文献24) においては

同一の動詞と共起しやすい名詞の類似度は高い

という考え方に基づいて，名詞間の類似度を測定する方式を提案している。この方式においては，まず，コーパスから主語，動詞，目的語3項組みを抽出する。そして，目的語となる名詞と動詞との間の相互情報量 I_{obj}，および主語となる名詞と動詞との間の相互情報量 I_{subj} をそれぞれ計算する。次に，動詞 v_i の目的語となる名詞 n_j および n_k の類似度 $SIM_{obj}(v_i, n_j, n_k)$ を次式で定義する。

$$SIM_{obj}(v_i, n_j, n_k) = \begin{cases} \min(I_{obj}(v_i, n_j), I_{obj}(v_i, n_k)) & (I_{obj}(v_i, n_j) > 0 \text{ かつ } I_{obj}(v_i, n_k) > 0 \text{ の場合}) \\ |\max(I_{obj}(v_i, n_j), I_{obj}(v_i, n_k))| & (I_{obj}(v_i, n_j) < 0 \text{ かつ } I_{obj}(v_i, n_k) < 0 \text{ の場合}) \\ 0 & (\text{それ以外の場合}) \end{cases} \tag{3.43}$$

この類似度の値は，n_j，n_k ともに v_i に対して正の共起性もしくは負の共起性を示すときにのみ共起スコアの絶対値の最小値をとる。一方，n_j と n_k の共起性が正と負で食い違う場合には0となる。動詞 v_i の主語となる名詞 n_j，および n_k の類似度 $SIM_{subj}(v_i, n_j, n_k)$ も同様に定義する。そして，すべての動詞について SIM_{subj} と SIM_{obj} の総和を求め，2つの名詞 n_1 と n_2 の間の類似度 $SIM(n_1, n_2)$ とする。

$$SIM(n_1, n_2) = \sum_{i=0}^{N} \Big\{ SIM_{subj}(v_i, n_1, n_2) + SIM_{obj}(v_i, n_1, n_2) \Big\} \tag{3.44}$$

例として，1987年版APコーパスを自動的に構文解析して N =274 613組みの

† http://www.gsk.or.jp/catalog/GSK2008-B/catalog.html

主語，動詞，目的語 3 項組みを抽出し，名詞 “boat” との間の類似度を測定した。その結果において，“boat” との間の類似度が高かった名詞 7 個を**表 3.12** に示す。これらはいずれも乗物であり，“boat” の同義語に近い語も含まれている。

表 3.12 “boat” との間で高い類似度を示す名詞の例 (文献24) より引用)

名詞	$f(n)$	動詞数	類似度 SIM
boat	153	79	370.16
ship	353	25	79.02
plane	445	26	68.85
bus	104	20	64.49
jet	153	17	62.77
vessel	172	18	57.14
truck	146	21	56.71
car	414	24	52.22

また，このような名詞間の類似度の測定の考え方を発展させた研究事例として，例えば，100 万語の名詞に対して，約 1 億ページのウェブ文書上での文脈が類似している名詞を列挙した文脈類似語データベース† などが知られている。

(3) 用言間の関係の獲得　一方，文献25) においては

同一の名詞と共起しやすい表現の類似度は高い

という考え方を適用して，多様な表現間の類似度を測定し，この類似度を用いて 2 つの用言の間の推論関係や言い換え関係などの知識を獲得している。

まず，“X solves Y” や “X addresses Y” といった表現を

$$\text{表現}\ p_i = X_i\ expression_i\ Y_i \quad (i = 1, 2, \cdots) \tag{3.45}$$

と記述する。表現 $p_i = X_i\ expression_i\ Y_i$ について，$expression_i$ と変数 X_i の位置に出現する名詞 n との間の共起の強さを表現するために，両者の相互情報量を測定し，変数 X_i の位置における名詞 n と表現 p_i との間の相互情報量 $I_{X_i}(p_i, n)$ として記述する。ここで，表現 p_i において，変数 X_i の位置に出現した名詞の集合を $N(p_i, X_i)$ とする。すると，2 つの表現 p_i および p_j につ

† http://alaginrc.nict.go.jp/resources/nictmastar/resource-info/abstract.html#A-1

いて，変数 X_i の位置と変数 X_j の位置の間の類似度 $sim(X_i, X_j)$ は，「共起性の強い共通の名詞が多いほど $sim(X_i, X_j)$ が大きい」という考え方に基づいて次式で定義される。

$$sim(X_i, X_j) = \frac{\displaystyle\sum_{n \in N(p_i, X_i) \cap N(p_j, X_j)} (I_{X_i}(p_i, n) + I_{X_j}(p_j, n))}{\displaystyle\sum_{n \in N(p_i, X_i)} I_{X_i}(p_i, n) \ + \sum_{n \in N(p_j, X_j)} I_{X_j}(p_j, n)} \tag{3.46}$$

最後に，表現 p_i と p_j の間の類似度 $SIM(p_i, p_j)$ は，位置 X_i，X_j の類似度，および位置 Y_i，Y_j の類似度の幾何平均として定義される。

$$SIM(p_i, p_j) = \sqrt{sim(X_i, X_j) \times sim(Y_i, Y_j)} \tag{3.47}$$

文献25) では，1 GB（ギガバイト）の英文新聞記事テキストから，延べ $N=$ 7 000 000 組みの表現を自動抽出し，表現 “X solves Y” との類似度を測定した。この結果において，類似度の高かった上位の表現を**表 3.13**(a) に示す。さらに，質問応答において，回答を探索する範囲を効果的に拡大 (質問拡張) するという目的のもとで，質問中の表現の言い換えを行っている。この結果につい

表 3.13　用言間の関係の獲得例 (文献25) より引用)

(a) “X solves Y” との類似性が高い上位の表現

Y is solved by X	X resolves Y	X finds a solution to Y
X tries to solve Y	X deals with Y	Y is resolved by X
X addresses Y	X seeks a solution to Y	

(b) 質問中の表現の言い換え例

(例 1) 質問中の表現: “X is author of Y”	
人手による言い換え例	自動獲得された言い換え例
Y is the work of X; X is the writer of Y; X penned Y; X produced Y; X coauthored Y; X chronicled Y; X wrote Y;	X co-authors Y; X is co-author of Y; X writes Y; X edits Y; Y is co-authored by X; Y is authored by X; X tells story in Y; X writes in Y;

(例 2) 質問中の表現: “X manufactures Y”	
人手による言い換え例	自動獲得された言い換え例
X makes Y; X produce Y; X is in Y business; Y is manufactured by X; Y is provided by X; Y is X's product; Y is product from X; Y is X product;	X produces Y; X markets Y; X develops Y; X is supplier of Y; X ships Y; X supplies Y; Y is manufactured by X; X is maker of Y; X introduces Y;

て，表 3.13(b) においては，人間が手動で行った言い換え例と，本節の手法によって自動獲得された言い換え例を比較しているが，両者の重複は比較的小さい。つまり，人間が思い付きやすい言い換え例の傾向と，自動獲得が容易な言い換え例の傾向は異なっているといえる。このことから，自動獲得した言い換え例を人間に提示し，さらにそれを人間が拡張して言い換え例の規模を拡大するという相補的な方式が有効であるといえる。

また，近年では，このような用言間の関係の知識を発展させて，事象間の含意関係 (例えば,「試乗する」は「運転する」を含意する,「チンする」は「加熱する」を含意する) を認識する手法[26) に関する研究が国内，海外において盛んに行われている。例えば，国内においては，含意関係が成立している動詞数万組みについての動詞含意関係データベース† なども公開されている。

3.4 文 脈 解 析

通常，自然言語で記述されたひとつの文は，複数の文から構成される文章の中に含まれており，文章全体の中において，何らかの意味的な役割を担っている。自然言語処理においては，処理対象となる文が実際に含まれている文章全体における言語現象を踏まえて，文章中における言語表現の意味的なつながりの関係や各文の意味的な役割を分析し同定する処理を**文脈解析** (contextual analysis) と呼ぶ。文脈解析における具体的な処理としては，これまでにも多種多様なものが研究されてきたが，本節では特に，代名詞や名詞句による指示先を同定する**照応解析** (anaphora resolution)，および文章中における各文や節の間の論理関係を同定する**修辞構造解析** (rhetorical structure analysis) について説明する。

3.4.1 照 応 解 析

ある言語表現が文脈内の他の言語表現，あるいは文脈を超えた言語外の場面の

† http://alaginrc.nict.go.jp/resources/nictmastar/resource-info/abstract.html#A-2

中に存在する事物と同一の内容あるいは同じ対象を指す場合に，これらの言語表現あるいは事物は，**照応関係**にあると呼ぶ[27)]。この場合，指し示される対象となる言語表現を**先行詞**，先行詞を指し示すために用いられる言語表現を**照応詞**と呼ぶ。このうち，特に，先行詞が言語的文脈の中に存在する言語表現である場合の照応現象のことを**文脈照応**と呼ぶ。文脈照応のうち，例文 (3.48) のように，先行詞 (「手紙 $_i$」) が照応詞 (「それ $_i$」) [†]よりも前にある場合を**前方照応**，逆に例文 (3.49) のように，先行詞 ([夕食の後にケーキを食べる]$_i$」) が照応詞 (「そう $_i$」) よりも後にある場合を**後方照応**と呼ぶ (例文 (3.48)，(3.49)：文献27) より引用)。

先生 は 手紙$_i$ を とり出し ,それ$_i$ を 生徒 に わたした 。 (3.48)

いつも そう$_i$ なん だ が ， (3.49)

彼女 は [夕食 の 後 に ケーキ を 食べる]$_i$ 。

一方，例文 (3.50) のように，照応詞が指す対象が，文脈内の他の言語表現ではなく，文脈を超えた言語外の場面の中に存在する事物となる場合の照応現象のことを**外界照応**と呼ぶ (例文 (3.50)： 文献27) より引用)。

僕 が この まえ 買っ た 本 は どこ か なあ 。 (3.50)

昨日 は たしかに ここ$_i$ に 置い て あっ た はずだ けど 。

一般に，照応関係において用いられる言語表現としては，代名詞，名詞句による参照などがあげられるが，日本語のように相対的に統語的制約が緩い言語においては，主語や目的語などが省略される言語現象である**ゼロ代名詞** (zero pronoun)(**省略** (ellipsis) とも呼ばれる) も多用される。

言語学の分野においては，文脈照応を対象として，照応詞の指示先を決定するための照応解析のモデルがいくつか提案されてきた[28)]。そのうち，以下では，

† 「手紙 $_i$」および「それ $_i$」における共通の添字 i は，文によって描写される場面において，「手紙 $_i$」と「それ $_i$」が同一の事物を指していることを示す。一方，添字 i と添字 j のように異なる添字は，文によって描写される場面において，異なる事物を指していることを示す。

中心化理論 (centering theory) を取り上げ，日本語のゼロ代名詞の指示先となる先行詞を同定する仕組み[29] を説明する。

中心化理論は，複数の文や発話から構成される文脈における局所的な話題や注意点 (**焦点**あるいは**中心**とも呼ばれる) の移り変わりをモデル化するための理論である。それらの焦点の遷移においては，代名詞 (日本語のゼロ代名詞を含む) などの照応現象が大きく関係している。中心化理論においては，例文 (3.51)(b) のガ格の位置におけるゼロ代名詞の照応先の曖昧性について，例文 (3.51)(a) の文法主題 [†1] である「太郎」となる解釈 (例文 (3.51)（b）(i)) が，例文 (3.51)(a) のヲ格である「花子」となる解釈 (例文 (3.51)（b）(ii))[†2] よりも優先される (例文 (3.51)： 文献28),29) より引用)。

(a)　太郎$_i$ は 花子$_j$ を 映画 に 誘い まし た 。　(3.51)

(b)　(i)　($\phi_{i\ ガ}$) が 1 日 中 何 も 手 に つき ませんでし た 。

　　(ii)　? ($\phi_{j\ ガ}$) が 1 日 中 何 も 手 に つき ませんでし た 。

このような照応現象を説明するために，中心化理論のモデル化においては，文脈中の各文あるいは発話 U_i に対して，U_i に出現する要素から構成されるリストを導入し，これを**前向き中心** (forward-looking center) Cf(U_i) と呼ぶ。Cf は，現在の文あるいは発話 U_i に出現する要素に対して，次の文あるいは発話 U_{i+1} において，その内容の中心となる可能性の高い順に順序付けられている。特に，日本語の場合は以下の順序付け [†3]が提案されている[29]。

文法主題・ゼロ主題 ＞ 視点 ＞ ガ格 ＞ ニ格 ＞ ヲ格 ＞ その他　(3.52)

Cf の要素のうち最も序列が高い要素を**優先中心** (preferred center)Cp(U_i) と呼ぶ。優先中心 Cp(U_i) は，次の文あるいは発話において，その内容の中心と

---

†1　文法主題とは，文中で助詞「は」を伴っている要素を指す。

†2　例文 (3.51)（b）(ii) の文頭の “?” は，明確な非文とはいえないが，適切な文として成立するとは言い難いことを表す。

†3　中心化理論におけるゼロ主題付与規則[29] により，主題として認定されたゼロ代名詞のことをゼロ主題と呼ぶ。また，授与 (補助) 動詞「(～ して) やる」のガ格や「(～ して) くれる」のニ格のように，話し手の共感がおかれる対象を視点と呼ぶ。

なる可能性が最も高い要素である。一方，Cf の要素のうち，現在の文あるいは発話 U_i において，その内容の中心となっている特別な要素を**後ろ向き中心** (backward-looking center) $\mathrm{Cb}(U_i)$ と呼ぶ。これらの中心は, 以下の制約 (3.53)

文または発話の列 $U_1, \cdots, U_m$ 中の各 U_i について
以下の制約が成り立つ。
1. ただひとつの後ろ向き中心 $\mathrm{Cb}(U_i)$ が存在する。
2. 前向き中心 $\mathrm{Cf}(U_i)$ のどの要素も，U_i 中に出現する。　　(3.53)
3. $\mathrm{Cb}(U_i)$ は，$\mathrm{Cf}(U_{i-1})$ の要素のうち U_i に出現し，
かつ，$\mathrm{Cf}(U_{i-1})$ 中の序列が最も高かった要素である。

および規則 (3.54) に従って遷移する。

文または発話の列 $U_1, \cdots, U_m$ 中の各 U_i について
以下の規則が適用される。
1. $\mathrm{Cf}(U_{i-1})$ 中のある要素が U_i において代名詞として
出現するなら，$\mathrm{Cb}(U_i)$ も代名詞として出現する。　　(3.54)
2. Cb の遷移としては，**表 3.14** の 4 種類があるが,
それらの優先順序は CONTINUE > RETAIN
> SMOOTH-SHIFT > ROUGH-SHIFT となる。

これより，例文 (3.51) における Cf および Cb の遷移は**表 3.15** となり (談話冒頭の文法主題「太郎は」は，それ自身で後ろ向き中心)，例文 (3.51)(a) と (b) の間で Cb が変化する SMOOTH-SHIFT としての解釈 (b.ii) よりも，Cb が保持される CONTINUE としての解釈 (b.i) のほうが優先されることがわかる。

その他，照応解析の分野においては，言語表現間の照応関係を人手で付与したコーパスが利用可能となるのに伴って，機械学習手法によって照応解析を行

表 3.14　中心の遷移パターン (文献28), 29) より引用)

	$\mathrm{Cb}(U_i) = \mathrm{Cb}(U_{i-1})$ または $\mathrm{Cb}(U_{i-1})$ = 不定	$\mathrm{Cb}(U_i) \neq \mathrm{Cb}(U_{i-1})$
$\mathrm{Cb}(U_i) = \mathrm{Cp}(U_i)$	CONTINUE	SMOOTH-SHIFT
$\mathrm{Cb}(U_i) \neq \mathrm{Cp}(U_i)$	RETAIN	ROUGH-SHIFT

表 **3.15** 例文 (3.51) における中心の遷移 (文献28), 29) より引用)

文	Cb	Cf	遷移パターン
a.	太郎	[太郎 (文法主題), 映画 (ニ格), 花子 (ヲ格)]	
b.i	太郎	[太郎 (ガ格)]	CONTINUE
b.ii	花子	[花子 (ガ格)]	SMOOTH-SHIFT

う方式についての研究[30)] が進められている。

3.4.2 修辞構造解析

文章中における各文や節の間の論理関係を同定し，文章全体の修辞構造を解析する理論として，**修辞構造理論** (rhetorical structure theory, **RST**) [31), 32)] について述べる。RST においては，文や節など，文章中の論理的な単位を認定したうえで，それらの論理的な単位の間に約 20〜 数十種類程度の**修辞関係**†を定義する。例えば，4 つの節から構成される例文 (3.55) に対して，RST に基づいて各節の間の修辞関係を記述すると**図 3.18** となる (例文 (3.55)： 文献32) より引用)。

A. Because John is such a generous man (3.55)

(ジョンは本当に気前のよい男です。)

B. — whenever he is asked for money,

(— 例えば，彼は，お金をせがまれれば，どんなときでも，)

C. he will give whatever he has, for example

(自分のもっている物を何でも提供するでしょう。)

D. — he deserves the “Citizen of the Year” award.

(だから，彼は「年間市民表彰」にふさわしいのです。)

図 3.18 の修辞構造において，個々の修辞関係は向きをもった弧の形式で表現されており，**衛星**と呼ばれる単位から中心となる**核**と呼ばれる単位に向かう矢印

† 図 3.18 に挙げたもの以外の典型的な修辞関係の例としては，条件 (condition)，目的 (purpose)，原因 (cause) などがある。

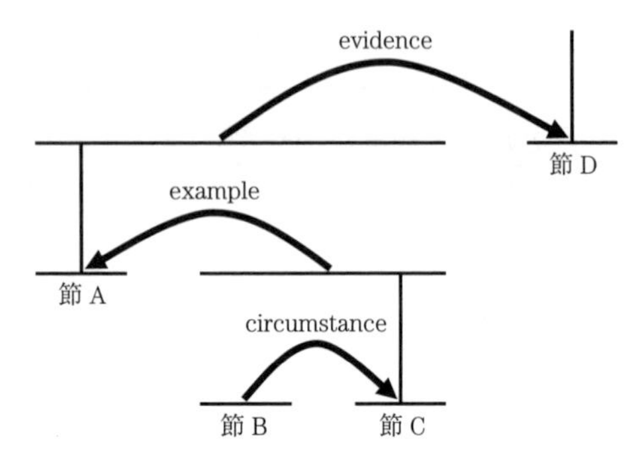

図 **3.18**　修辞構造理論に基づき解析した例文 (3.55) の修辞構造 (文献32) より引用)

によって，特定の修辞関係のもとで衛星が核を修飾する関係を表す。例文 (3.55) の場合は，最も中心となる節は最後の節 D であり，この節を核として，evidence (証拠) となる修辞関係をもつ衛星として節 A，節 B，節 C が修飾する。具体的には，「ジョンが年間市民表彰にふさわしい」ことの「証拠」として，「ジョンは気前がよい」ことを述べている。次に，節 A，節 B，節 C の間では，節 A が核となり，example(例示) となる修辞関係をもつ衛星として節 B，節 C が修飾する。具体的には，「ジョンは気前がよい」ことの「例示」として，「お金をせがまれれば，いつでも，自分のもっているものを提供する」ことを述べている。最後に，節 B，節 C の間では，節 C が核となり，circumstance(状況) となる修辞関係をもつ衛星として節 B が修飾する。具体的には，「自分のもっているものを提供する」際の状況として，「お金をせがまれれば，いつでも」という状況を設定している。

3.5　ニューラルネットワークによる自然言語処理

近年，ニューラルネットワークによる自然言語処理は，自然言語におけるほぼすべての研究分野に浸透しており，いくつかの代表的な技術が，タスク横断的にあらゆるタスクにおいて適用され，各タスクにおける従来技術の性能を凌駕しつつある。本節では特に，その中でも，あらゆるアプローチにおける基盤として用いられる単語の分散表現について述べた後，これを用いた典型的応用例として，順伝搬型 (feedforward) ニューラルネットワークを用いた依存構造解析，および，畳み込みニューラルネットワークを用いた文の分類方式について解説する。

3.5.1　単語の分散表現

単語の意味を**分散表現** (distributed representation) [33] によって表現する方式を学習する手法としては，いくつか提案されているが，word2vec[34] における skip-gram [35] によるモデル化について述べる。

skip-gram においては，学習コーパスを単語列 $w_1, w_2, \ldots, w_T$ で表し，位置 t の単語 w_t のベクトルを入力として，前後各 c 単語のベクトルを予測するための目的関数として次式を最大化することにより単語ベクトルを学習する。

$$\frac{1}{T}\sum_{t=1}^{T} \sum_{\substack{-c \le j \le c \\ j \ne 0}} \log P(w_{t+j}|w_t) \tag{3.56}$$

ここで，skip-gram によるモデル化においては，各単語 w に対して，“input” ベクトル v_w および “output” ベクトル v'_w の 2 種類のベクトルが定義される。“input” ベクトルは，前後の単語を予測する際の入力として用いられる単語ベクトルであり，一方，“output” ベクトルは，前後の単語の予測における予測対象の出力として用いられる単語ベクトルである。単語 w_t から前後の単語 w_{t+j} を予測する条件付き確率 $P(w_{t+j}|w_t)$ は，コーパス中の語彙数を W とし，入力単語を w_I，出力単語を w_O として，softmax 関数を用いることによって次式 $P(w_O|w_I)$ で定義される。

$$P(w_O|w_I) \;=\; \frac{\exp\bigl((v'_{w_O})^\top v_{w_I}\bigr)}{\displaystyle\sum_{w=1}^{W} \exp\bigl((v'_w)^\top v_{w_I}\bigr)} \tag{3.57}$$

ここで，単語 w の one-hot ベクトル (単語 w に対応する次元の要素のみ 1 でそれ以外の次元の要素は 0) を $\boldsymbol{w}$ として，ベクトル v_w および v'_w は，行列 $\boldsymbol{E}$ お

よび $\boldsymbol{Z}$ を用いて，次式

$$v_w = \boldsymbol{E}w \tag{3.58}$$

$$v'_w = \boldsymbol{Z}w \tag{3.59}$$

によって表される。以上をふまえて，式 (3.56) を最大化する行列 $\boldsymbol{E}$ および $\boldsymbol{Z}$ を求めることにより，ベクトル v_w および v'_w を得る。

なお, word2vec においては, skip-gram によるモデル化の他に, CBOW（continuous bag-of-words）によるモデル化も知られている。図 **3.19** に示すように，skip-gram においては，位置 t の単語 w_t のベクトルを入力として，前後の単語のベクトルを予測するのに対して，CBOW においては，位置 t の前後の単語のベクトルを入力として，位置 t の単語 w_t のベクトルを予測する。

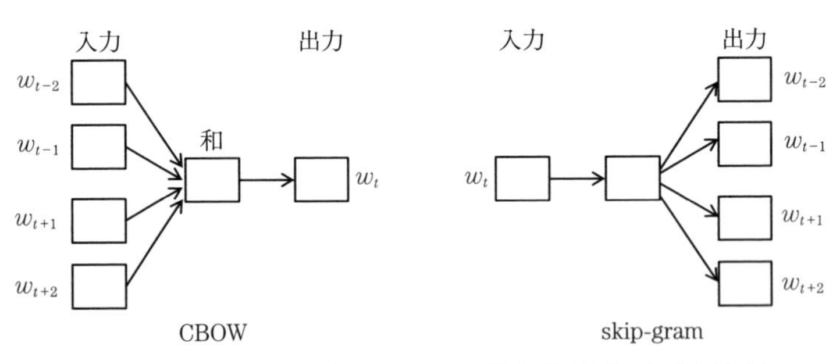

図 **3.19**　CBOW および skip-gram の模式図 (文献36) より抜粋)

また，分散表現のベクトル[37),38)] においては，表 **3.16** の例に示すように，「王」のベクトルから「男」のベクトルを減算し，「女」のベクトルを加算した結果のベクトルと，「女帝」，「女王」，「クイーン」，「后」などの類似度が高くなることから，意味の加減算演算が表現できることが知られている。

なお，単語の分散表現は，ニューラルネットワークを用いる自然言語処理全般をはじめとして，ニューラルネットワークを用いる言語モデル (2.4.5 項)，および，ニューラル機械翻訳 (6.4 節) などにおいて必須の基盤技術としてきわめて重要である．また，分散表現を付与する対象も，単語のみならず，文・パラグラフ・文書など多様な対象に対して分散表現を付与することが一般的となっ

表 3.16 分散表現によるベクトルの加減算の例

(a) 朝日新聞約 800 万記事 (23 億語) を用いて学習した「朝日新聞単語ベクトル」[37] より抜粋

x	$v_{王} - v_{男} + v_{女}$ と v_x の類似度
女帝	0.606
女王	0.601
クイーン	0.584
后	0.582

(b) 日本語版 Wikipedia の本文全文を用いて，単語および Wikipedia のエントリタイトルとなっているエンティティの分散表現を学習した「日本語 Wikipedia エンティティベクトル」[38] より抜粋

x	$v_{札幌市} - v_{北海道} + v_{沖縄県}$ と v_x の類似度
那覇市	0.774
沖縄市	0.704
石垣市	0.683
宜野湾市	0.677

ており，この点においても，分散表現技術はきわめて重要な基盤技術となっている。

3.5.2 依存構造解析

3.2 節で解説した構文解析は，自然言語処理における最も基盤的な解析技術のひとつであり，ニューラルネットワークを適用した方式についても，木構造再帰型ニューラルネットワーク (recursive neural network) を用いる方式[39] や順伝搬型ニューラルネットワークを用いる方式[40] などが提案されている。その中でも，本節では，遷移に基づく依存構造解析[41] に対して順伝搬型ニューラルネットワークを適用する方式[40] について解説する。

遷移に基づく依存構造解析においては，**図 3.20** 左に示す例文 “He has good control.” の依存構造を求めるにあたって，**表 3.17** の遷移列のバッファ中の先頭の単語をシフト操作によってスタックにプッシュしていきながら，適切なタ

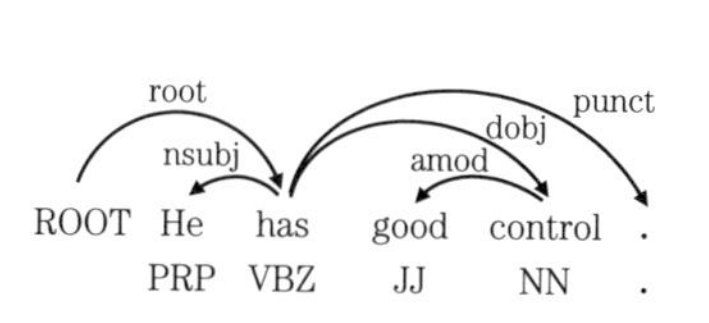

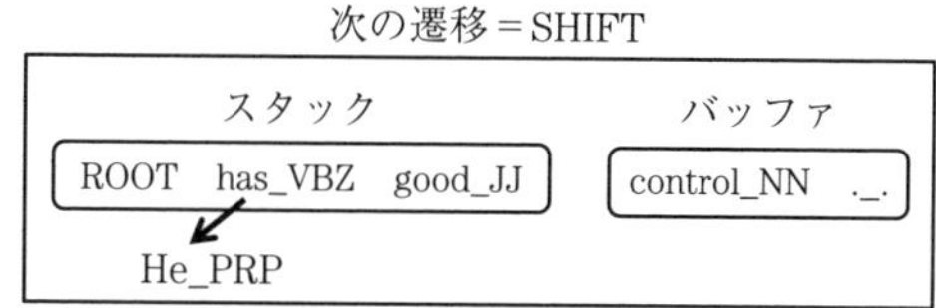

図 3.20 依存構造の例，および遷移途中のスタックおよびバッファの例 (文献40) より抜粋)

表 **3.17**　遷移列の抜粋 (文献40) より抜粋)

遷移	スタック	バッファ	「被修飾語 → 修飾語」間の依存関係の集合 A
	[ROOT]	[He has good control .]	$\emptyset$
SHIFT	[ROOT He]	[has good control .]	
SHIFT	[ROOT He has]	[good control .]	
LEFT-ARC(nsubj)	[ROOT has]	[good control .]	$A \cup$ {nsubj(has, He)}
SHIFT	[ROOT has good]	[control .]	
SHIFT	[ROOT has good control]	[.]	
LEFT-ARC(amod)	[ROOT has control]	[.]	$A \cup$ {amod(control, good)}
RIGHT-ARC(dobj)	[ROOT has]	[.]	$A \cup$ {dobj(has, control)}
...	...	...	...
RIGHT-ARC(root)	[ROOT]	[]	$A \cup$ {dobj(ROOT, has)}

イミングで被修飾語 (例えば，“has”) から修飾語 (例えば，“He”) へとラベル (例えば，“nsubj”(主語)) 付き依存関係の有向枝を張り，修飾語をスタックからポップする。被修飾語から修飾語への依存関係の有向枝のラベルを l とすると，遷移に基づく依存構造解析における遷移は，大別すると以下の三種類である。

1. SHIFT: バッファの先頭の単語をスタックにプッシュする。
2. LEFT-ARC(l): 被修飾語 (文末側) から修飾語 (文頭側) へとラベル l の依存関係の有向枝 (左方向) を張り，修飾語をスタックからポップする。
3. RIGHT-ARC(l): 被修飾語 (文頭側) から修飾語 (文末側) へとラベル l の依存関係の有向枝 (右方向) を張り，修飾語をスタックからポップする。

ただし，文献40) の評価実験においては，依存関係のラベル l の種類数が 10~40 程度であり，依存関係の方向性が左右両方向で二種類あるため，遷移の種類数は合計で $2 \times (10 \sim 40) + 1 = 21 \sim 81$ 程度となる。

遷移に基づく依存構造解析のタスクに対して，入力層，隠れ層一層，および，出力層から構成される図 **3.21** の順伝搬型ニューラルネットワークを適用する。入力層には，以下の 18+18+12=48 個の要素の各々 50 次元の分散表現が入力される。

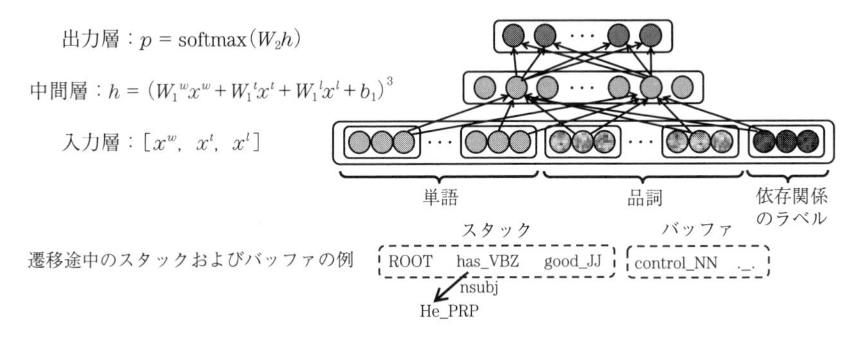

図 3.21　遷移に基づく依存構造解析のためのニューラルネットワークの構成図 (文献40) より抜粋)

1. スタックおよびバッファの先頭各 3 単語，スタックの先頭 2 単語の最左修飾語 2 語および最右修飾語 2 語，スタックの先頭 2 単語の最左修飾語の最左修飾語 1 語・最右修飾語の最右修飾語 1 語，合計 18 語。
2. 上記の 18 語の合計 18 品詞。
3. 上記の 18 語のうちスタックおよびバッファの先頭各 3 単語の合計 6 単語を除く 12 単語への依存関係のラベル 12 個。

隠れ層の次元数は $h = 200$ であり，入力層から隠れ層への結合における活性化関数としては 3 次関数 ($f(u) = u^3$，評価実験においては，シグモイド関数など，通常用いられる他の活性化関数よりも高い性能を示した) が用いられる。最後に，隠れ層から出力層への結合においては，遷移の種類数の合計 21~81 程度を出力の次元数とする softmax 関数が用いられる。パラメータ学習時の目的関数としては，交差エントロピーに L2 正則化 (L2 regularization) 項を加えたものが用いられる。新聞記事を対象とした英語および中国語の Penn Treebank コーパスにおける評価実験においては，ラベルあり/なしの依存関係の同定において約 90%(英語) および約 83%(中国語) の精度を達成した。

3.5.3 文　の　分　類

文の分類タスクは，商品・サービス・人物などに対する意見の肯定・否定極性分類において文・文章の主観を分類する基盤的タスクである。このタスクは，ニューラルネットワークによる自然言語処理の有力なターゲットのひとつであり，2 章で学んだ再帰型ニューラルネットワーク (recurrent neural network, RNN)，長・短期記憶 (long short-term memory, LSTM)，畳み込みニューラルネットワーク (convolutional neural network, CNN) など，さまざまなモデルが適用されている。その中でも，本節では，特徴抽出において大きな成功をおさめている畳み込みニューラルネットワーク (2.4.4 項 (2) 参照) を用いた文の分類の方式について述べる。

文の分類タスクにおいて用いられる畳み込みニューラルネットワークの構造の構成図を図 **3.22** に示す。畳み込みニューラルネットワークにおいては，図に示す過程を経ることによって，入力文中の任意の位置における主観表現を検出するためのモデルの学習を実現している。

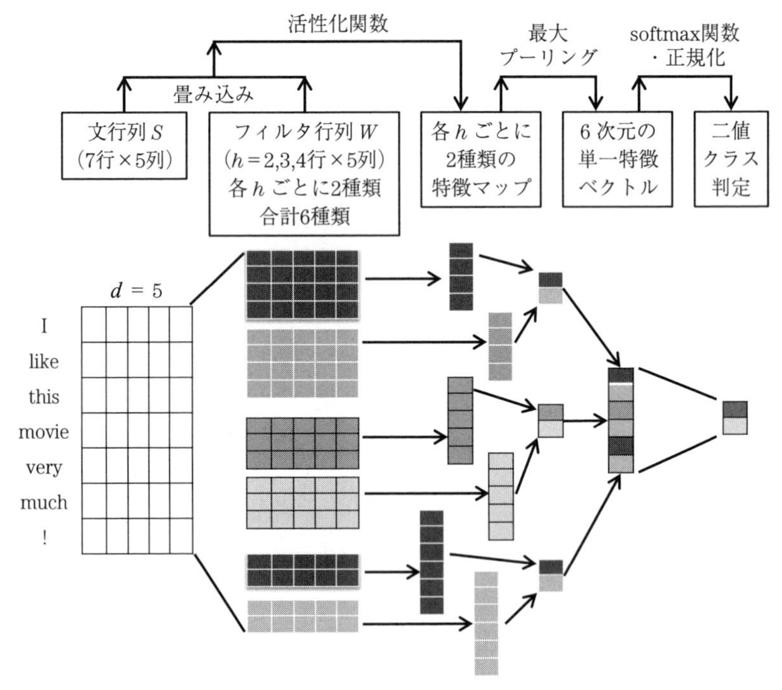

図 **3.22**　文の分類のための畳み込みニューラルネットワークの構造の構成図 (文献42) より抜粋)

図 3.22 においては，単語長 $m = 7$ 単語の入力文 “I like this movie very much !” の各単語に対して，$d = 5$ 次元の単語分散表現ベクトル (3.5.1 項参照。文の分類で実際に用いられるモデルでは d は数百次元となる) を求め，これを用いて「文行列 $\boldsymbol{S}$(m 行 $\times\, d$ 列)」を構成する。次に,「フィルタ行列 $\boldsymbol{W}$(h 行 $\times\, d$ 列)」において，$h = 2, 3, 4$ の 3 種類の長さの単語列を検出するためのフィルタ行列を用意する。「特徴マップ」において，一単語ずつずらしながらフィルタをかけて $m - h + 1$ 次元ベクトルで表現される特徴マップ (feature map) を求める (図 3.22 では，フィルタ行列 $\boldsymbol{W}$ の行数 $h = 2, 3, 4$ の各行数において二種類の特徴マップを用意している)。次に,「最大プーリング」において，フィルタの長さ $h = 2, 3, 4$ の各々において各 2 個ずつ，合計 6 個の特徴マップのそれぞれにおいて，文長に依存しないように最大要素を求め，6 個の特徴マップのそれぞれにおいて最も極性の大きい単語列を選定し,「6 次元の単一特徴ベクトル」を構成する。最後に,「softmax 関数・正規化」において，特徴ベクトルの正規化，学習時における過適合を避ける技法のひとつであるドロップアウト (dropout) による一部の次元の無効化などを行うとともに，softmax 関数によって，二値主観極性判定のための二値化を行い,「二値クラス判定」において二値主観極性判定を行う。

文献43) においては，図 3.22 と同様の構造の畳み込みニューラルネットワーク [†1] を用いて，Stanford Sentiment Treebank[†2] の映画レビュー文を対象として文分類モデルの学習・評価を行い，肯定・否定の二値極性分類において約 87%の性能を達成している。このモデルのひとつ目の階層の単語長 7 単語 ($h = 7$) の畳み込み層においては，出力値の大小によって単語 7 グラムを順位付けすることができるが，その結果のうちの極性=肯定的のもの上位 5 例を**表 3.18(a)** に，極性=否定的のもの上位 5 例を**表 3.18(b)** に，それぞれ示す。このように，肯定的・否定的極性の強い単語列の事例が観測されており，このモデルによる文

†1　ただし，図 3.22 と同様の構造が 2 階層繰り返す構造を用いており，畳み込みの際の単語長は 7 単語および 5 単語であり，最大プーリングの際には，上位の値を 4 つまで残しており，畳み込み後，活性化関数を経て得られる特徴マップ数は 6 および 14 である。

†2　`https://nlp.stanford.edu/sentiment/treebank.html`

表 **3.18**　映画レビュー中の文の主観分類タスクにおいて主観の強さが上位 (5 位以内) であると判定された単語 7 グラムの例 (文献43) より抜粋)

(a) 極性=肯定的

lovely	comedic	moments	and	several	fine	performances
good	script	,	good	dialogue	,	funny
sustains	throughout	is	daring	,	inventive	and
well	written	,	nicely	acted	and	beautifully
remarkably	solid	and	subtly	satirical	tour	de

(b) 極性=否定的

,	nonexistent	plot	and	pretentious	visual	style
it	fails	the	most	basic	test	as
so	stupid	,	so	ill	conceived	,
,	too	dull	and	pretentious	to	be
hood	rats	butt	their	ugly	heads	in

の主観分類の精度が高いことを裏付けていると言える。

コーヒーブレイク

自然言語処理の各技術における中心的な知識源は，文法，辞書などの言語資源である。1980 年代までは，人手によってこれらの言語資源を構築し，さらに，自然言語処理の各タスクにおいてこれらの言語資源の使い方を巧妙に調整しながら，一定レベルの性能を達成していた。この人手によって言語知識を構築，調整するアプローチの基本的な枠組みを把握することは比較的容易である。しかし，実際に人間が使用している自然言語における言語現象は多種多様であり，そのような多種多様な言語現象に対応して，一定レベルの性能の壁を超えられるように，人手による調整方式のもとでモデルを改善し続けることは非常に困難であった。

その一方で，1990 年前後よりコンピュータの処理能力や記憶装置の容量が飛躍的に増大し，それに伴って，多種多様な言語現象を豊富に含むコーパスが整備され始めた。また，当時，音声認識研究において統計的方式が広く用いられていたという背景もあり，自然言語処理の分野においても，アメリカを中心に統計的方式を適用する試みが開始された。これらの方式の基本的な考え方は，人間が手作業で文法や辞書を構築したり，人手の調整によって自然言語処理の性能を改善するのではなく，大規模なコーパスにおける統計的相関を検出することにより辞書を自動獲得する，あるいは，あらかじめ教師情報を付与したコーパスを利用した教師あり学習により数学的に最適なモデルを自動学習する，というものである。さらに，2010 年代に入ると，人工知能分野全体にわたってニューラルネットワークに基づく方式の研究が重要な位置を占めるようになり，自然言語処理もその例外ではなく，今日では大きなパラダイムシフトが起きている。

このような歴史的変遷を踏まえたうえで，本章では 1980 年代までの人手によるアプローチを中心に説明し，各技術における本質を的確に把握することを最優先とした。そのうえで，各技術について統計的アプローチによるモデル化の要点と研究動向の現状を簡潔に説明した。また，ニューラルネットワークによる自然言語処理へのパラダイムシフトについても，代表的な事例を挙げて解説した。各技術に対する統計的手法についてのより詳しい内容，および，ニューラルネットワークによる自然言語処理の詳細[44)]については，巻末にあげた各文献において詳述されているので，そちらを参照されたい。

章　末　問　題

【1】 図 3.3 の形態素解析結果を参考にして，入力文が「すべては知らない」であった場合の形態素解析結果を示せ。

【2】 図 3.3 の形態素解析結果において，i) 最長一致法，ii) 形態素数最小法，iii) 文節数最小法，の 3 通りの経験的優先規則を用いた場合の形態素解析結果をそれぞれ示せ。

【3】 ひとつの文節を構成する形態素のうち，自立語はただひとつだけであると近似した場合，最小コスト法の枠組みにおいて，ii) 形態素数最小法，および iii) 文節数最小法，を実現するための形態素コスト，連接コストの付与方法を示せ。

【4】 トライにおいて，木構造全体の記憶容量を削減するための方法を示せ。

【5】 式 (3.8) を用いた統計的モデルに基づく仮名漢字変換において，仮名列「あかいつき」の仮名漢字変換結果として，「赤い月」および「赤い突き」を比較し，特に，仮名漢字モデルの確率値がどのような値になると予想されるかを示せ。

【6】 図 3.7 の (6) の文法規則 $VP \rightarrow VP\ PP$ は，左再帰の書換え規則となっており，この規則を下降型の構文解析アルゴリズムにおいて用いると，右辺の左端の非終端記号 VP を無限に展開してしまい，終端記号の導出ができなくなる。この場合の対処法を示せ。

【7】 図 3.10 の三角行列においては，図 3.6 および図 3.9 の構文木の曖昧性が表現されている。このとき，図 3.6 の構文木のみを構成する終端記号および非終端記号の情報だけを残した三角行列を示せ。同様に，図 3.9 の構文木のみを構成

する終端記号および非終端記号の情報だけを残した三角行列を示せ。

【8】 a および b を終端記号とすると，正規文法は $\left\{a^n b^m \middle| n \geqq 1,\ m \geqq 1\right\}$ の文集合を生成することは可能であるが，$\left\{a^n b^n \middle| n \geqq 1\right\}$ の文集合を生成することはできず，$\left\{a^n b^n \middle| n \geqq 1\right\}$ の文集合を生成するためには文脈自由文法の表現能力が必要である[5)]。ここで，自然言語の引用節埋込み文を生成するための日本語および英語の文法規則を示し，それらの規則においては文脈自由文法の表現能力が必要であることを説明せよ。また，日本語および英語における引用節埋込み文の例文を示せ。

【9】 自然言語文を受理できる文脈自由文法を考える場合，長距離間の依存性を表す時制の一致 (あるいは，性の一致や単数複数の一致)，呼応関係 (例：「まったく，～ない」など) を考慮しなければならない。以下のような文脈自由文法から生成できる自然言語文を考える。

$$
\begin{array}{lll}
S & \rightarrow & DATEP \quad NP \quad V \\
DATEP & \rightarrow & DATE \quad PP\_HA \\
NP & \rightarrow & N \quad PP\_GA \\
DATE & \rightarrow & \text{明日} \mid \text{今日} \mid \text{昨日} \\
PP\_HA & \rightarrow & \text{は} \\
N & \rightarrow & \text{雨} \mid \text{雪} \\
PP\_GA & \rightarrow & \text{が} \\
V & \rightarrow & \text{降る} \mid \text{降っている} \mid \text{降っていた} \mid \text{降った}
\end{array}
$$

この文脈自由文法から「S1: 明日は雪が降る」「S2: 今日は雨が降っている」「S3: ∗明日は雪が降った」などの文が生成可能である。ところで，文 S3 は日本語としては不自然な文である。文 S3 のような文 (この場合は，時制を考慮すると不自然な文) を，上記の文脈自由文法を拡張して非文として生成できないようにするにはどうすればよいか検討せよ。

【10】 文脈自由文法を用いた音声認識において，CKY 法により音声照合スコアの最適解を求めるアルゴリズムについて考える。終端記号である単語 w が音声照合スコア $U(w)$ をもつとし，文法規則 $A \rightarrow a$，あるいは $A \rightarrow BC$ の適用の際には，構成要素となる終端記号 a，あるいは非終端記号 B および C の音声照合スコアの和を非終端記号 A に付与するとする ($U(A) = U(a)$，あるいは $U(A) = U(B) + U(C)$)。このとき，CKY アルゴリズムにより，音声照合スコア最大の音声認識結果を求める方法を示せ。

【11】 図 3.7 の文脈自由文法に対して語彙化確率文脈自由文法を設計し，図 3.9 の構文木に対して図 3.6 の構文木が優先されるかどうか考察せよ。

【12】 表 3.5 (a) の文節まとめ上げ規則を参考にして，例文「太郎　が　チョコレートケーキ　を　たくさん　食べる」において文節のまとめ上げを行い，各文節を構成する形態素の品詞列を示せ。また，この文において最も頻度の多い品詞ひとつ組み (ユニグラム)，および品詞 2 つ組み (バイグラム) を答えよ。

【13】 日本語の倒置文の例として，「私 は ペン を 置い た ， 机 の 上 に 。」，および，「 私 は ペン を 上 に 置い た ， 机 の 。」を考える。これらの文の係り受け解析の方式として，倒置部分を適当に移動して，表 3.5 の文節係り受け規則を適用するという方式により係り受け解析が可能かどうかを示せ。

【14】 表 3.8 の格フレームを用いて，文「A 社 が 海峡 に 橋 を かけ た」，「太郎 が ソファ に 腰 を かけ た」，「次郎 が エンジン を かけ た」の格解析を行え。

【15】 本書の「まえがき」において，2 つの語が同一文中に出現する場合を共起とみなして，3 つの複合語「音声言語」「文字言語」「自然言語」に対して，任意の 2 つの複合語の間の相互情報量を求め，どの 2 つの複合語の間の共起関係が最も強いかを考察せよ。ただし，「音声言語処理」は「音声言語」と「処理」から構成されるとし，「まえがき」の総単語数を N とせよ。

【16】 大規模日本語テキストを対象として，語彙知識の一例である ⟨ 述語, 動作主, 対象 ⟩ (例: ⟨ 機種変更する, 主婦, スマートフォン ⟩) の 3 項組みの関係を獲得する手法について考察せよ。

【17】 以下の例文 (3.60) における前向き中心 Cf，後向き中心 Cb，および，中心の遷移パターンを示せ (例文 (3.60)： 文献28) より引用・抜粋・改変)。

a.　太郎$_i$ は 十年 ぶり に 故郷 の 楽器 店$_j$ へ 行っ た 。　(3.60)

b.　i.　彼$_i$ は 何年間 も その 店$_j$ に よく 通っ た 。

　　ii.　その 店$_j$ は 太郎$_i$ が 何年間 も よく 通っ た 店 だっ た 。

c.　彼$_i$ は その 店$_j$ の こと が とても 懐かしかっ た 。

【18】 単語「父」，「母」，「男」，「女」，「親」，「子」の分散表現を試行錯誤的に考えて二次元ベクトルで表し，表 3.16 のような加減算が可能かを調べよ。また，分散表現と 3.3.1 項で述べた意味素との違いを述べよ。

4 検索・質問応答システム

人間の**情報要求**に合致する何らかの情報の単位を，あらかじめ蓄えられた組織化されていない大規模な**データベース**から見つけ出す技術を，一般に情報検索という。どのような情報要求を扱うか，見つける情報の単位の粒度，詳細度，対象とするデータベースの種類，組織化の程度，などによってさまざまな情報検索システムが考えられる。

本章では，言語情報を含むデータベース†を対象とした情報検索手法を述べる。まず 4.1〜4.3 節で，主要な言語情報メディアであるテキストを対象とした情報検索手法について説明する。テキストは，文字の列をそのまま記録したデータ構造であり，コンピュータで言語情報を扱う場合の最も直接的なメディアである。そのため，テキストを対象とした情報検索は，言語情報に対する情報検索技術の基盤となる。情報要求および検索される情報の単位の観点から，文字列照合 (4.1 節)，文書検索 (4.2 節)，質問応答 (4.3 節)，の 3 つに分類して説明する。続く 4.4 節では，音声データを対象とした情報検索について，前節の手法がどのように適用できるかという視点から説明する。

4.1 文字列照合

まずは，テキストを対象とした最も具体性の高い情報要求「特定の文字列がテ

† 言語情報以外のデータベースとしては，画像，動画，物体の 3 次元形状などの視覚情報データベースや，歌声，楽器音，楽曲，自然や社会の環境音などの聴覚・音響情報データベースがある。これらを対象とした情報検索にも，付随する言語情報を手掛かりに本章の情報検索手法が利用できることが多い。

キスト中に出現しているのはどこか」を解くことを考える。この問題を**文字列照合**と呼ぶ。文字列照合問題は，相対的に長い文字列 (**テキスト**と呼ぶ) と短い文字列 (**パターン**と呼ぶ) が与えられたとき，パターンと一致するテキストの部分文字列を見つける問題と定義できる。文字列照合問題は，問題の定義が明確であるので，十分な処理時間があれば必ず解ける問題である。したがって，問題の焦点は，与えられた制約条件のもとで高速に問題を解く効率性にある。この問題に対する 2 つの視点から制約条件を考えると，問題は以下のクラスに分類される[1),2)]。

- 前処理の有無による分類

  オンライン手法　：テキストを前処理しない。

  オフライン手法　：テキストを前処理しておき照合を効率化する。

- 一致の定義による分類

  （完全一致）文字列照合　：パターンとの完全一致を見つける。

  近似文字列照合　：ある程度の誤りを許した一致を見つける。

4.1.1 完全一致文字列照合のオンライン手法

文字列照合のオンライン手法は，テキストを前処理できないような状況での文字列照合問題への解法を与える。検索対象のテキストが照合の時点ではじめて明らかになるような場合や，対象テキストに対して少数回だけ文字列照合問題を解くため，前処理時間が相対的に高コストになる場合などの利用場面で使用される。

一般に文字列照合問題では，パターンの長さに対してテキストの長さが十分に大きいことを仮定する。したがって，たとえオンライン手法であっても，パターンを前処理することは可能である (長いテキストを照合する時間に対して，短いパターンを前処理するのにかかる時間は無視できる)。パターンの前処理に基づく効率的な手法が知られている。

（1）ナイーブな手法　文字列照合問題に対する最も単純な手法は，テキ

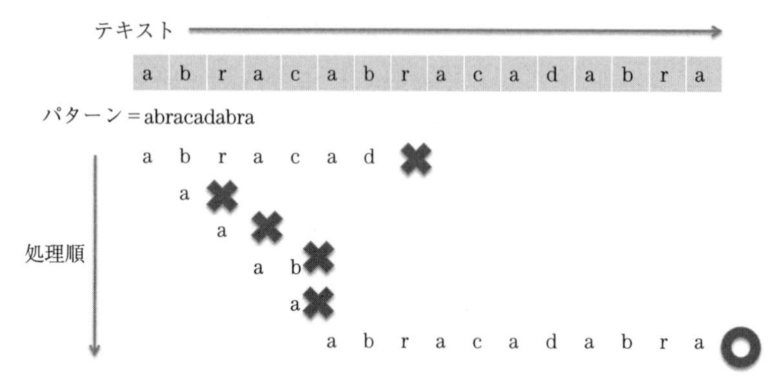

図 **4.1**　ナイーブな手法の照合手順

スト中の部分列に対して総当たりで一致判定を行うことである。**図 4.1** に，テキストを左から右に照合する場合について，ナイーブな手法の照合手順を示す。テキストの各位値にパターンを当てはめ，左から右に 1 文字ずつ照合を進め，照合に失敗した時点で次の位置にパターンを移動することを繰り返す。

（**2**）**BM法**　ボイヤー-ムーア (Boyer-Moore, BM) 法は，テキストに対してパターンを右から左に照合することでテキストをスキップしながら照合することを可能にする方法である[3),4)]。BM 法の基本的な動作は，以下のとおりである。テキストを左から右に向かってパターンとの照合を進めるが，テキストに対してパターンの範囲を当てはめた後，BM 法ではパターンを右から左へ，すなわち $p_m, p_{m-1}, \cdots, p_1$ の順に文字の照合を行っていく。照合が失敗すると，失敗までに得た手掛かりを使って，パターンを次の照合位置へと右方向へ移動させる (シフトと呼ぶ)。このとき，シフトが長く取れるほど，テキスト中で照合しなくてよい文字が多く取れるため効率が改善する (**図 4.2**)。

今，テキスト $t_{j+1} \cdots t_{j+m}$ とパターン $p_1 \cdots p_m$ を重ね，パターンを p_m から照合したところ，$p_{i+1} \cdots p_m$ まで成功し，p_i で失敗したとする。シフトの決定には，照合に成功したパターンの接尾部分列 $p_{i+1} \cdots p_m$ を手がかりにする方法 (match heuristic と呼ぶ)，照合したテキスト中の文字 $t_{j+i} \cdots t_{j+m}$ を手がかりにする方法 (occurrence heuristic と呼ぶ)，の 2 種類が考えられるが，経

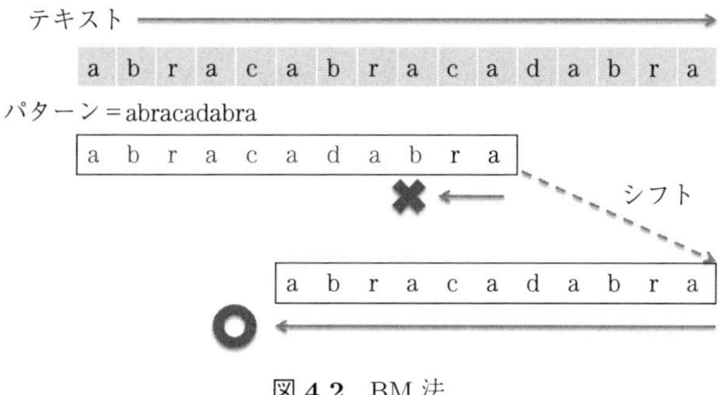

図 **4.2** BM 法

験上は後者の occurrence heuristic だけを用いるのが効果的であることが知られている (このアルゴリズムの妥当性を各自考えよ)。

occurrence heuristic では，照合したテキスト中の文字 $t_{j+i}\cdots t_{j+m}$(あるいは以下で示すように，BMS(BM-Sunday) 法ではもうひとつ右側の文字 t_{j+m+1}) のいずれかひとつ $\hat{t}$ を使って，パターン中でこれと一致する文字 $p_l = \hat{t}$ (ただし，$l < i$) を探し，これが $\hat{t}$ のテキスト位置と重なるようにシフトを決定する。パターン中に 2 つ以上一致する文字がある場合は，シフトの小さいほう (より右側にある文字) を採用する。このような p_l を効率的に見つけるため，パターンをあらかじめ前処理しておき，文字の種類ごとに出現位置を記録しておく。パターン中に文字 $\hat{t}$ が出現しない場合は，$\hat{t}$ のすぐ右の文字位置まで (例えば $\hat{t} = t_{j+i}$ とした場合，文字 t_{j+i+1} とパターン先頭文字 p_1 を重ねるように) パターンをシフトできる。

$\hat{t}$ として照合に失敗した文字 t_{j+i} を用いるのが最初の BM 法であったが，より右側のテキスト文字を使ったほうが平均的にシフトを大きくとれることがわかっ

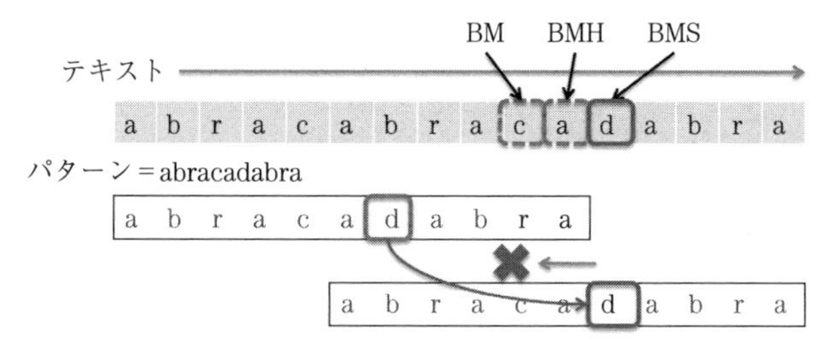

図 **4.3** BM 法，BMH 法，BMS 法

ている。BMH(BM-Horspool) 法は，パターンと重なる最も右側の文字 t_{j+m} を用いる手法である。BMS 法は，最も右側の文字のさらにもうひとつ右側の文字 t_{j+m+1} を用いる手法である。BM 法，BMH 法，BMS 法の違いを図 **4.3** に示す (この例では，BM 法，BMS 法はシフト幅 5，BMH 法はシフト幅 3，となる)。

4.1.2 近似文字列照合のオンライン手法

次に，完全一致するだけではなくパターンと近い (類似した) テキスト中の部分列を求める近似文字列照合問題を考える。近似文字列照合問題を定式化するために，まずは 2 つの文字列の間の近さ (類似度)，あるいは正反対の尺度として異なり度 (距離)，を定義する必要がある。2 つの文字列の間の距離尺度として，以下のような距離が知られている[1)]。

編集距離 (edit distance あるいは Levenshtein distance): 一方の文字列から他方の文字列へ変換するのに要する最小編集操作の回数で距離を定義する。編集操作としては，挿入，削除，置換の 3 種類を考える。最も基本的な編集距離は，挿入，削除，置換のコストを等しく 1 とするものであるが，それぞれ異なるコストを割り当てた変形も考えられる。

ハミング距離 (Hamming distance): 編集操作として，置換のみを許した (挿入，削除のコストを無限大に設定した) 編集距離に相当する。2 つの文字列が同じ長さであることを要求する。

LCS(longest common subsequence) distance: 編集操作として，挿入，削除のみを許した編集距離に相当する。2 つの文字列の「最も長い共通の文字系列†(LCS)」を求めることと等価である。ただし，距離は LCS を除いた一致しない文字の数で定義する。

Damerau distance: 編集操作として，挿入，削除，置換に加えて「隣接する文字の入換え」も考える。人間がキーボード入力する場合，文字を入れ替え

† 連続した文字の並びを表す「文字列」に対し，必ずしも連続していなくてもよい (途中で間隙を許した) 文字の並びを「文字系列」と呼ぶ。

る誤りを起こしやすいことから，タイピングした文字列の打ち間違え数をモデル化するために利用される。

以降では，文字列間の距離尺度として編集距離を用いることにする†。2つの文字列 $S = s_1 \cdots s_m$ と $Q = q_1 \cdots q_n$ の間の編集距離 $d(S, Q)$ は，次の再帰式による動的計画法 によって効率的に計算することができる。

$$D_{i,0}{=}i,\ D_{0,j} = j$$

$$D_{i,j}{=}\min\{D_{i-1,j-1} + 1 - \delta(s_i, q_j), D_{i-1,j} + 1, D_{i,j-1} + 1\} \tag{4.1}$$

ここで，$D_{i,j} = d(s_1 \cdots s_i, q_1 \cdots q_j)$，$\delta(s, q)$ は文字 s, q の間のデルタ関数 ($s = q$ ならば1，そうでないなら0を返す関数) である。最終的に $d(S, Q) = D_{m,n}$ と編集距離が求まる。この計算は図 **4.4** のように，左上から右下に表を埋めるように計算することで求めることができる。

		a	b	r	a	c	a
	0	1	2	3	4	5	6
a	1	0	1	2	3	4	5
r	2	1	1	1	2	3	4
a	3	2	2	2	1	2	3
b	4	3	2	3	2	2	3
c	5	4	3	3	3	2	3
a	6	5	4	4	3	3	2

図 4.4　編集距離の計算例: 式 (4.1) の右辺の min 演算で選ばれたセルから左辺のセルへ矢印を引いた。

d が与えられると，近似文字列照合問題は次のように定義される。

定義 4.1　(近似文字列照合) 文字列パターン $P = p_1 \cdots p_m$ およびテキスト $T = t_1 \cdots t_n$，文字列間の距離 d，正の数 k $(0 \leq k < m)$ が与えられて

---

† Damerau distance を除き，編集距離から編集操作のコストの変更を行うだけで他の距離尺度に変更可能であることから，以降の手法は他の距離尺度でも同様に適用可能である場合が多い。

いるとき，$d(P,T_{j,l}) \leqq k$ を満たす T の部分列 $T_{j,l} = t_j \cdots t_{j+l-1} (m-k \leqq l \leqq m+k)$ をすべて求める。

（1） 連続 DP マッチング　　近似文字列照合問題を解く最も一般的な手法は，テキストのすべての位置からパターンとの編集距離計算を行うことである。この計算は，編集距離計算の再帰式と類似した次の動的計画法によって行うことができる[1),3)]。この手法を**始端フリー DP マッチング**あるいは**連続 DP マッチング**と呼ぶ。

$$D_{i,0}=i,\ D_{0,j}=0$$

$$D_{i,j}=\min\{D_{i-1,j-1}+1-\delta(s_i,q_j), D_{i-1,j}+1, D_{i,j-1}+1\} \tag{4.2}$$

編集距離計算との違いは，$D_{0,j}$ の初期値 (j から 0 になった) だけであることに注意されたい。また，ここでの $D_{i,j}$ は，パターン $p_1 \cdots p_i$ と，t_j で終わるテキスト部分文字列 $t_r \cdots t_j$ の編集距離の最小値，すなわち

$$D_{i,j} = \min_r d(p_1 \cdots p_i, t_r \cdots t_j) \tag{4.3}$$

を表している。すなわち，この再帰式によって，あらゆるテキスト開始位置 r から始まる文字列候補とパターンの間の編集距離の最小値だけを効率よく計算していることになる。最終的に $D_{m,j} \leqq k$ を満たすような j が，求めるテキス

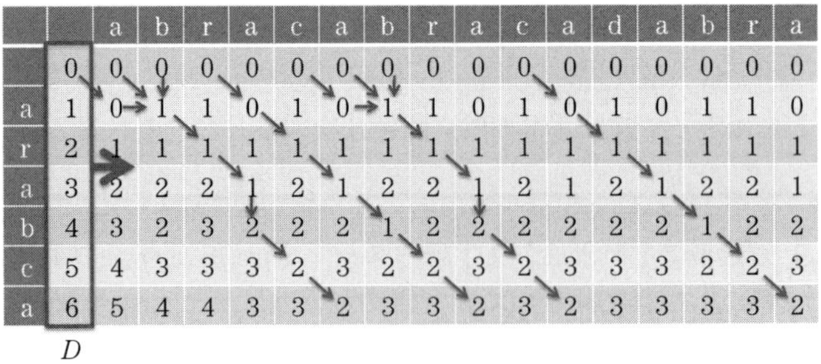

	D	a	b	r	a	c	a	b	r	a	c	a	d	a	b	r	a
	0	0	0	0	0	0	0	0	0	0	0	0	0	0	0	0	0
a	1	0	1	1	0	1	0	1	1	0	1	0	1	0	1	1	0
r	2	1	1	1	1	1	1	1	1	1	1	1	1	1	1	1	1
a	3	2	2	2	1	2	1	2	2	1	2	1	2	1	2	2	1
b	4	3	2	3	2	2	2	1	2	2	2	2	2	2	1	2	2
c	5	4	3	3	3	2	3	2	2	3	2	3	3	3	2	2	3
a	6	5	4	4	3	3	2	3	3	2	3	2	3	3	3	3	2

D

図 4.5　連続 DP マッチングの計算例 (誤り 2 での照合位置 4 ヶ所については，最小距離を導くパスを矢印で示した)

ト部分列の終端位置となる[†]。

この再帰式の計算も，編集距離の場合と同様に，図 **4.5** のような $m \times n$ の大きさの表を埋めるように計算して求めることができる。ただし，実際には巨大な表を用意する必要はなく，図の列ベクトル $\boldsymbol{D}$ だけを更新していけばよい。

4.1.3 文字列照合のオフライン手法

文字列照合のオンライン手法では，テキストに対する前処理は行わず，テキストを最も単純なデータ構造である文字の配列として扱ってきた。しかし，文字列照合の利用場面によっては，テキストは事前に入手可能であると仮定できる場合がある。そのような場合，任意のパターンに対する照合に対応できるようにテキストを構造化しておくことで，オンライン手法よりも格段に高速な文字列照合が可能になる。

文字列照合のためにテキストに対して前処理を行うことを索引付け (indexing)，また索引付けの単位となる文字列やそれらから構築するデータ構造を索引 (index) と呼ぶ。本節では，代表的な索引付け手法として，転置ファイルと，接尾辞木 (suffix tree)，および接尾辞配列 (suffix array) を説明する。

（1） 転置ファイル　　転置ファイル (inverted file) は，テキスト中に現れる文字列から，その文字列のテキスト中での出現位置のリストを参照できるように作成したデータ構造である[3)~5)]。転置ファイルの作成方法は以下のとおりである。

1. テキストに現れる部分文字列の集合をある基準で収集し，その部分文字列集合から辞書を構築する。
2. 辞書の各エントリ (文字列) に，その文字列が現れるテキスト位置のリストを記録する。

1 のテキストから部分文字列の集合 (索引) を選ぶ基準はさまざまである。最

---

† 各 $D_{i,j}$ の最小化計算の際に，選択した最小値となる直前の $D_{i',j'}$ の位置 (i', j') を記録しておけば，求めた (m, j) から逆にたどることでテキストの始端位置 $(1, r)$ も効率よく求めることができる。

も単純な選択は，すべての1文字を選ぶことである。同様に，連続する N 文字を索引とすることもできる。これらを文字 N グラム索引と呼ぶ。また，照合が行われるパターンは言語として意味のある文字列であることが期待できる場合は，単語を索引とすることも考えられる。辞書の構築には，入力される文字列から辞書エントリが効率よく探索できるデータ構造，例えば，ハッシュ法，トライ構造化辞書 (3.1.1 項)，辞書順にソートした配列を2分探索する方法などが利用される。**図 4.6** 左に，文字ユニグラム索引を用いた例を示す。

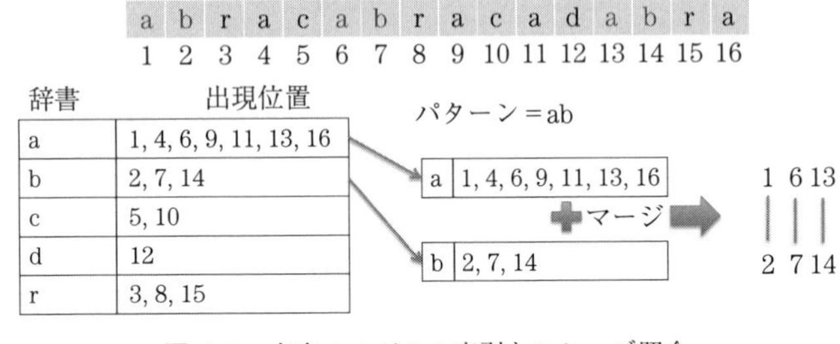

図 4.6　文字ユニグラム索引とフレーズ照合

2のテキスト位置リストは，索引よりも長い文字列の探索を容易にするために，出現位置順にソートしておく。照合を行う際には，パターンを分割して複数の索引を求め，得られた索引の位置リストの集合から実際のパターン出現位置を求める必要がある。これは，複数索引から得られた複数位置リストに対して，出現位置が連接しているかを判定するマージ操作を行うことで求めることができる。これをフレーズ照合と呼ぶ (図 4.6)。

テキスト中の詳細な出現位置まで照合で求める必要がない場合は，2のテキスト位置リストのかわりに，テキストをブロックで分割しその識別子を記録しておくこともできる。テキストが複数の文書から構成されている場合は，文書の識別子を記録しておいてもよい。この場合，文字列の詳細な出現位置が必要な場合は，ブロックに対してオンライン文字列照合手法を適用することで対応できる。

（2） 接尾辞木　転置ファイルが，テキスト中の部分文字列の (ある基準で選んだ) 部分集合に対する索引付け手法であったのに対し，接尾辞木 (suffix tree) はテキスト中のすべての部分文字列に対する索引付け手法である[3),4)]。

接尾辞木は，その名前のとおり，テキストの全接尾部分文字列 (接尾辞) を対象に索引付けすることを特徴とする。**図 4.7** の左半分のように，テキストは長い文字列であるので，可能なすべての接尾部分文字列の集合を考えることができる。接尾部分文字列は，テキスト長 n に対して n 個存在するが，これらの文字列から接頭部分文字列が共通するものをまとめることで木構造データを構築することができる。図 4.7 の左半分に示した接尾部分文字列集合から作成した木構造データを**図 4.8** に示す。木の根ノードは全接尾部分文字列の先頭を表す。また中間ノードは，接頭部分文字列の分岐点を表す。ノード間のエッジには，途中で分岐のない部分文字列がまとめて記述されている。根ノードから任意の葉ノードまでたどったひとつのパスが，ひとつの接尾部分文字列を表している。葉ノードには，対応する接尾部分文字列がテキスト中で現れる位置が記述されている。

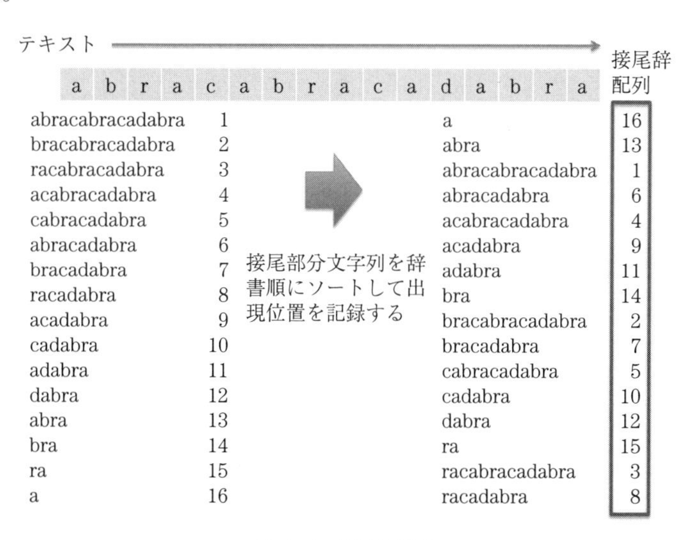

図 4.7　接尾辞配列

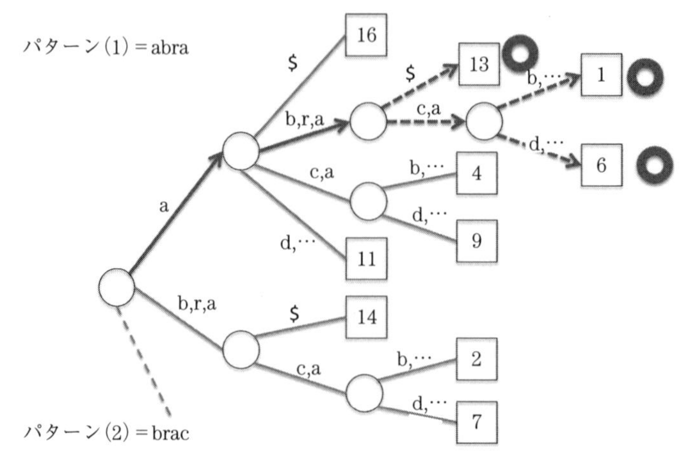

図 4.8　接尾辞木の探索

このように構築された接尾辞木を索引として用いることで，任意のパターンに対してテキスト中の出現位置を高速に求めることができる。これは，パターンの文字列に従って接尾辞木を根ノードから葉ノードに向けて探索することで実現できる。例えば，図 4.8 においてパターン “abra” が与えられたとき，根ノードから実線矢印のとおりたどることができる。このノードからたどり着くことができる葉ノードが 13，1，6 であることから，このパターンがテキストに現れるのはこの 3 ヶ所であることがわかる。同様にパターン “brac” の場合は，根ノードから実線矢印 “bra” をたどった後，“c” で始まる実線 “ca” をたどる†。このノードからたどり着ける葉ノード 2, 7 が出現位置である。

(3) 接尾辞配列　接尾辞木はテキスト中の任意の文字列を効率的に見つけることを可能にする一方，テキスト文字列に対して大規模な木構造データを構築し保持する必要があり，空間コストが高い。接尾辞配列 (suffix array) は，接尾辞木の空間コストの問題を改善し，かつ比較的高速な探索を可能にする索引付け手法である[3),4)]。

全テキスト接尾部分文字列について辞書順に昇順ソートする。このとき，ソート後の各接尾部分文字列に対応するテキスト中の出現位置だけを配列として記

† テキスト中の文字列 “brac” の直後には必ず “a” が続くことを表している。

録しておく。この出現位置の配列が接尾辞配列である (図 4.7)†。

接尾辞配列とテキストがあれば，接尾辞木と同様に任意のパターンに対してテキスト中の出現位置を比較的高速に求めることができる。これは，接尾辞配列が辞書順にソートされていることを利用して，与えられたパターンについて，接尾部分列集合を二分探索することで実現できる。例えば，図 4.7 の接尾辞配列を用いて，パターン “abra” を探索することを考える (**図 4.9**)。まず，接尾辞配列の中央の要素 (テキスト位置 2) を取り出す。テキストを参照することで，これが “b” から始まる接尾部分文字列であることがわかり，これよりパターン “abra” は辞書順に前に位置する。したがって，パターン “abra” と接頭部分が一致する接尾部分文字列があるとすれば，接尾辞配列の前半にあるはずである。そこで次に，接尾辞配列の前半について，その中央の要素 (テキスト位置 4) を取り出す。このように配列の二分探索を続けることで，最終的にパターンと接頭部分が一致するテキスト位置を探索することができる。

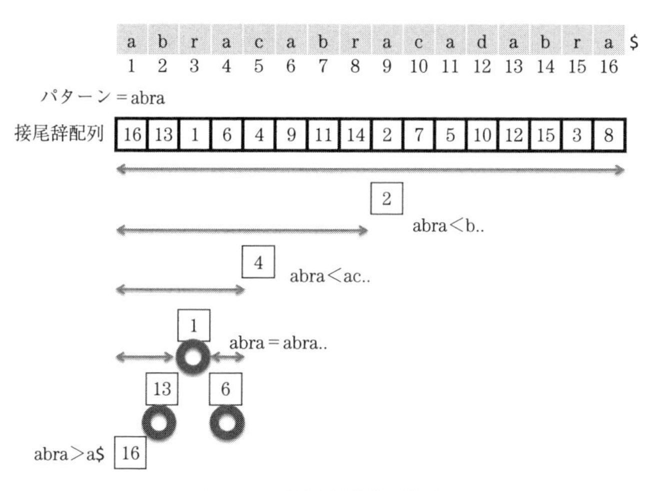

図 4.9 接尾辞配列の探索

† 図 4.8 において，木の葉ノードの出現位置を上から下に並べたものが接尾辞配列になっている。ただし，木の分岐点 (根および中間ノード) から出るエッジ，がそのラベルである部分列で辞書順に上から下へ昇順ソートされている必要があることに注意。

4.1.4 近似文字列照合と索引付け

近似文字列照合問題に対するオフライン手法においても，転置ファイルや接尾辞配列などの完全一致文字列照合で用いられる索引を利用することができる。ここでは，パターンを複数のより小さなパターンに分割することにより，近似文字列照合問題を完全一致文字列照合問題へと還元する手法を説明する。

近似文字列照合問題に対して，以下の補題が成立する[2)]。

補題 4.1　許容誤り数 k の近似文字列照合問題について，パターン $P = p_1 \cdots p_m$ を重なりのない $k+1$ 個の空でない部分文字列 $P^{(1)}, P^{(2)}, \cdots, P^{(k+1)}$ に $P = P^{(1)}U^{(1)}P^{(2)}U^{(2)}P^{(3)} \cdots \cdots U^{(k)}P^{(k+1)}$ となるように分割する。ここで $U^{(i)} (1 \leqq i \leqq k)$ は空文字列を含む任意の文字列である。このとき，$k+1$ 個のパターン $P^{(1)}, \cdots, P^{(k+1)}$ のうち少なくともひとつは，もとの近似文字列照合問題を満足するテキスト中での照合範囲内で，完全一致照合する。

例えば，パターン “abracadabra” について $k = 2$ の近似文字列照合を行うことを考え，“abra”,“cada”,“bra” のように，パターンを 3 つに分割したとする。このとき，3 つのパターンのいずれとも完全一致しないようなテキスト箇所は，もとの近似文字列照合問題の答とはなりえないことがわかる。なぜならば，そのような場合は 3 つのパターンそれぞれが誤り 1 以上で照合することになり，パターン全体では誤り 2 を超えてしまうからである。したがって，3 つのパターンの完全一致照合問題を索引付け手法を用いて解いた後，その照合位置周辺のテキストだけをオンライン近似文字列照合手法を用いて，例えば連続 DP マッチングを用いて，もとの近似文字列照合問題を満足するか判定することで，効率的な照合が実現できる。

4.2 文 書 検 索

前節の文字列照合手法は，情報検索者が探したいパターン (文字列) を具体的に想起できる場合に役に立つ技術である。一方，情報検索者が自分の情報要求を曖昧なく具体化するのが困難な場合は多い。そのような状況では，検索者が言葉で表現した情報要求そのものが現れる位置ではなく，情報要求と内容が一致する箇所を見つける技術が必要となる。

検索対象のテキストが，内容が一貫した文字列ブロックの集合に分割できるとしよう。このようなブロックは，あらかじめコンピュータ上でファイルとして分割されているかもしれないし，情報検索システムの目的に合わせて開発者が定義することもできる。言語学的な知見を使って，例えば文や段落という単位をブロックとすることもできる。このような情報検索の対象となる文字列ブロックを**文書**と呼び，文字列で表現した情報要求から，内容の一致した文書を見つけ出す問題を**文書検索** と呼ぶ。

文書検索はどのような仕組みで実現できるであろうか。例えば，**図 4.10** は，同じ内容を伝える 2 種類の新聞の記事である。これらは，ひとつの文字列としては一致していないものの，共通する部分文字列，特に共通する単語を多く含むことがわかる。意味は類似しているが文字列としては同一ではない共通する単語 (「大公」と「元首」) も現れている。これらの手掛かりを用いて，文書間[†]の

モナコ大公，元南アフリカ代表の競泳選手と結婚へ
地中海に面した小国モナコの大公（元首），アルベール 2 世（53）と南アフリカ代表の元競泳選手シャルレーン・ウィットストックさん（33）が 1 日（日本時間 2 日），結婚する。ともに五輪の出場経験があり，スポーツが 2 人を引き寄せた。

モナコ元首，南ア元水泳五輪代表と 1 日挙式
南欧モナコの元首アルベール 2 世公 (53) が 7 月 1 日，南アフリカの元水泳五輪代表シャルレーヌ・ウィットストックさん (33) と結婚式をあげる。

図 4.10 同内容の異なる新聞記事

† 情報要求も文書と見なすことができる。

類似度が設計，計算できれば，文書検索が実現できる。

4.2.1 文書のベクトル表現

文書間の類似度を数学的に定義するために，まずは文書をベクトルで表現することを考える。まず，文書 (文字列) の構成要素である部分文字列を特定する。どのような構成要素を用いるかは，さまざまな選択が考えられる。例えば，英語などの単語の間にスペースを置く言語の場合は，スペースを手掛かりに単語を構成要素として選択することができる。日本語の場合は，文書を形態素解析 (3.1 節) して単語を得ることができる。このように，自動処理によって得られる単位を用いることもできる。また，すべての長さ N の文字列 (文字 N グラム)，あるいは文書の文字列全体から抽出できる任意長のすべての部分文字列など，文書から機械的・網羅的に抽出できる単位を用いてもよい。

一般には，構成要素として単語を用いることが多い。文書を単語の集合として表現したものを BOW(bag of words) と呼ぶ。単語には文書の内容に関係する単語 (名詞や動詞などの内容語) と，文法的な機能のために使われる単語 (助詞や助動詞などの機能語) がある。BOW で文書を表現する場合，内容語は文書検索の手掛かりとなるが，機能語はノイズとなり文書検索に悪影響を与える。したがって，BOW では内容語だけを選んで構成するのがよい。機能語は種類数が限られているので，あらかじめ用意した不要語 (ストップワード) リストを用いることで除去することができる。同様に，内容を表現する能力に乏しい一部の一般語も不要語リストに加えておくことが望ましい。さらに，単語の表記の多様性に注意する必要がある。単語によっては，文字列として複数の表記をもつものが存在する (英語の “prolog” と “prologue” など)。また，日本語の動詞や形容詞などの活用語は，活用形によって表記が異なるため，文書中に現れる文字列をそのまま用いると活用形ごとに異なる単語として扱われてしまう。活用語の語幹を用いる (語基化 (stemming) と呼ぶ)，基本形 (見出し語) に統一する (見出し語化 (lemmatization) と呼ぶ)，などの前処理で単語の表記を正規化しておくことが望ましい。このように前処理された文書の構成要素を一般化し，以降では単に「単語」と呼ぶことにする。

次に，特定した単語を検索対象の文書集合全体で集約して単語の集合 (語彙と呼ぶ) を求める。そして，各文書について，語彙中の各単語を要素とした，すなわち単語の種類数 (語彙サイズと呼ぶ) だけの次元をもつベクトルを構築する。ベクトルの各要素に代入する値の決め方については後述する。このベクトルを文書ベクトルと呼ぶ。図 **4.11** に，単語を構成要素とした文書ベクトルの例を示す。

モナコ元首，南ア元水泳五輪代表と１日挙式
南欧モナコの元首アルベール２世公(53)が７月１日，南アフリカの元水泳
五輪代表シャルレーヌ・ウィットストックさん(33)と結婚式をあげる。

単語：モナコ 元首 南ア 元 水泳 五輪 代表 と １日 挙式 南欧 モナコ 元首...

モナコ，大公，元首，南アフリカ，南ア，水泳，五輪，代表，競泳，選手，結婚，挙式，地中海，...
（ 1， 0， 1， 1， 1， 1， 1， 1， 0， 0 ，1， 0， 0，...）

図 4.11 単語を構成要素とした文書ベクトルの例

4.2.2 ベクトル空間モデル

検索対象の文書それぞれが同次元のベクトルで表現されれば，文書間の類似度はベクトル空間上の類似度として計算することができるので，情報要求と類似度の高い文書を文書検索の結果として求めることができる。ベクトル空間上で類似度を計算する尺度としては，文書検索では内積†を用いるのが一般的である。このようにベクトル空間上で検索を行う文書検索法をベクトル空間モデルと呼ぶ[3)~5)]。

ベクトル空間モデルでは，ベクトルを構成する要素の値を自由に設計できることが大きな特徴である。各要素は語彙中の各単語に対応するため，文書中の単語ごとに重みを設定していることになる。文書検索の研究分野では，これまでにさまざまな重みの設定法が提案され，実験的に有効性が検証されている。

† 余弦 (コサイン) が用いられることも多いが，これは文書ベクトルの各要素の値を文書長で正規化することと等価であるので，後で述べる単語重みの決め方で説明できる。

（1） TF-IDF 重み付け　単語は，出現する文書内での重要性 (局所重み) と，文書集合全体から見た重要性 (大域重み) の 2 つの観点から重み付けすることができる。例えば，文書に何度も出現する単語は，その文書を特徴付ける重要な単語であると考えられる。その一方，文書に何度も出現する単語でも，どの文書にも高頻度で出現する「こと」，「もの」などの一般的な単語は重要とはいえない。反対に，低頻度でも少数の文書にだけ出現する単語は，文書を特徴付けるのに役に立つので重要であると考えられる。

TF-IDF 重み付け は，局所重みと大域重みを統合した単語の重要性を表す尺度として，文書検索の分野で広く用いられている。いま，N 個の文書からなる検索対象文書集合 $d_1, d_2, \cdots, d_N$ と，n 種類の語彙 $w_1, w_2, \cdots, w_n$ が得られたとしよう。TF(term frequency) は，単語 w_i のある文書 d_j における出現頻度である。これを $TF(w_i, d_j)$ と表すことにする。DF(document frequency) は，単語 w_i が少なくとも 1 回出現する文書数である。これを $DF(w_i)$ と表すことにする [†1]。IDF(inverse document frequency) は，DF の逆数について対数をとったものであり，$IDF(w_i) = \log(N/DF(w_i)) + 1$ などのように求める [†2]。単語が出現する文書数が少ないほど IDF が大きくなることに注意されたい。TF-IDF は，TF と IDF の積 $TF-IDF(w_i, d_j) = TF(w_i, d_j)IDF(w_i)$ で求められる。TF が単語の局所重み，IDF が単語の大域重みを表していることから，両方の観点を同時に考慮した重み付けであると考えられる。

（2） 文書正規化係数　文書間類似度を文書ベクトルの内積で求めると，長い文書ほど多くの単語を含むので値が大きくなる傾向があり，検索結果として出力されやすくなる。このようなバイアスを避けるために，すべての文書ベクトルがノルム 1 となるように，文書長で正規化しておくことが考えられる。これは，文書間類似度として，内積のかわりに余弦 (ベクトル間の偏角) を用いることと等価である。

---

†1　DF は TF を用いて $DF(w_i) = |\{d_j | TF(w_i, d_j) \geq 1\}|$ と表せる。

†2　IDF は，本来ヒューリスティックに定めた値なので，$IDF(w_i) = \log((N - DF(w_i))/DF(w_i))$ など，種々の変形が用いられることもある。

しかし，文書検索では経験的にやや長い文書の方が適合文書でありやすいことが知られており，文書長で一律に正規化すると逆に短い文書が検索されすぎるという問題がある。そこで，文書長に従ってやや滑らかに正規化を行う手法が提案されており，経験上単純な正規化よりもうまく働くことが知られている。中でも以下のBM25と呼ばれる重み付けは，最高性能の重み付け手法として知られている[3)]。

$$\frac{(K+1)TF(w_i,d_j)}{K\left[(1-b)+b\frac{N|d_j|}{\sum_j |d_j|}\right]+TF(w_i,d_j)}\log\frac{N-DF(w_i)+0.5}{DF(w_i)+0.5} \tag{4.4}$$

ここで，$|d_j|$は文書d_jの長さ (単語数) を表す。Kおよびbは実験的に決定される定数で，$K=1$および$b=0.75$が妥当な値であることが知られている。

(3) 文書拡張　ベクトル空間法では，文書ベクトルにおいて各単語をベクトルの要素として独立に扱うため，単語間の関係が扱えない。例えば，共通の単語をもたない文書間の類似度は0である。しかし，同じ意味をもつ異なる単語 (同義語)，意味の近い単語 (類義語)，同じ文脈で利用されることが多い単語 (関連語) などは，文書間の類似性を判定するために役に立つと考えられる。

文書検索において，表記の異なる単語間の関係を扱う枠組みを，一般に文書拡張 (あるいは検索クエリに適用する場合は特にクエリ拡張) という。文書拡張は，文書ベクトルの次元を縮退することで文書ベクトルのスパースさを解消する (値が0となる要素の数を引き下げる) 方法，文書ベクトルに対して別の文書ベクトルを直接加算・混合する方法，に分類される。前者には，パターン認識における次元圧縮手法と同様の手法が，文書ベクトルに対して適用できる。文書検索では，潜在意味インデキシング (Latent Semantic Indexing, LSI)[6)]，Probabilistic LSI(PLSI)[7)]，Latent Dirichlet Allocation(LDA)[8)] などが知られている。

後者の手法には，混合する文書ベクトルを得るために検索対象文書以外の外部資源を利用することができる。外部資源としては，同義語辞書や単語間の意味的関係を体系化したシソーラスなどの体系的な言語知識を利用する方法，ウェブサイトなどの検索対象以外の非組織化文書を利用することが考えられる。

また，外部資源に頼らずに，検索対象文書だけを用いて文書ベクトルを拡張する手法として，擬似適合性フィードバック (pseudo relevance feedback あるいは blind relevance feedback) がある。この手法は，初期の検索クエリ (文書ベクトル) からの文書検索によって，類似した文書ベクトル上位 N 件を検索対象文書から得た後，検索された文書ベクトルをもとの検索クエリと混合して新たな検索クエリを作成して，再度文書検索を行うというものである。擬似適合性フィードバックは，比較的単純で実装が容易な手法であるが，効果的な手法であるとして，文書検索分野では広く利用されている技術である。

4.2.3 確率的言語モデルによる文書検索

ベクトル空間モデルは，ベクトル空間上で文書ベクトルを比較するという枠組みのみを与えるモデルであり，文書ベクトルの構成方法については規定していない。そのため，自由に文書ベクトルを設計できるという利点があり，TF-IDF などのヒューリスティックに基づく重み付け手法が経験的に提案されてきた。一方，重み付けに対して理論的な基盤が与えられていないので，定性的な評価が難しいという問題点がある。

このような背景から，文書検索に対するさまざまな理論付けの試みが長年行われてきた。近年，確率的言語モデルに基づく文書検索が提案され，理論的な基盤の確かさに加え，文書検索性能も優れている手法として注目を集めている[9),10)]。文書検索の確率的言語モデルは，文書の確率的な生成モデルを導入し，その文書モデルのもとで文書検索をモデル化する。ヒューリスティックに頼ることなく，実際の文書データに基づき，文書モデルを推定し検索モデルを最適化できる点が特徴である。

（1） 文書の確率モデル　　文書ベクトルを値とするベクトル値確率変数 $\boldsymbol{V}$ を考え，$\boldsymbol{V}$ 上の確率分布 $P(\boldsymbol{V})$ を与える確率モデルを導入する。文書のベクトル表現とその上への確率分布関数の決め方により，さまざまなモデル化が可能である。

(a) 多変数ベルヌーイ分布モデル 多変数ベルヌーイ分布モデルは，文書中での各単語の出現と非出現を，それぞれ 1 と 0 の 2 値で表した文書ベクトル $\boldsymbol{v} = [v_1, v_2, \cdots, v_n]^t$($n$ は語彙サイズ) の上に，各単語独立に独自のベルヌーイ分布に従うと仮定し，以下のように文書をモデル化する。

$$\begin{aligned} P(\boldsymbol{V} = \boldsymbol{v}) &= \prod_{i=1}^{n} P(V_i = v_i) \\ &= \prod_{i|v_i=1} P(V_i = 1) \prod_{j|v_j=0} P(V_j = 0) \end{aligned} \tag{4.5}$$

モデルパラメータは，n 個のベルヌーイ分布パラメータ $P(V_i = 1)(i = 1 \cdots n)$ の n 個である。

(b) 多項分布モデル 多項分布モデルは，文書中の各単語位値について出現した単語の ID を要素とし，文書長 l だけ並べたベクトル $\boldsymbol{v} = [w_1, w_2, \cdots, w_l]^t$ を文書ベクトルとする。ここで，$w_k \in \{1, 2, \cdots, n\}$($n$ は語彙サイズ) で，語彙中のいずれかの単語に対応する ID を値とする。このベクトル上に，各位値 k の単語 w_k が　独立に同一の分布から生成されると仮定し，以下のように文書をモデル化する。

$$\begin{aligned} P(\boldsymbol{V} = \boldsymbol{v}) &= P(L = l) P(W_1 = w_1, W_2 = w_2, \cdots, W_l = w_l) \\ &\approx P(L = l) \prod_{k=1}^{l} P(W = w_k) \qquad (\text{独立・同一の分布を仮定}) \\ &= P(L = l) \prod_{k=1}^{l} \prod_{i=1}^{n} P(W = i)^{\delta(w_k, i)} \\ &= P(L = l) \prod_{i=1}^{n} P(W = i)^{TF(i, \boldsymbol{v})} \end{aligned} \tag{4.6}$$

ここで，$\delta(w_k, i)$ は $w_k = i$ のときのみ 1 そうでないとき 0 となるデルタ関数とし，$TF(i, \boldsymbol{v}) = \sum_{k=1}^{l} \delta(w_k, i)$，すなわち文書中での単語 i の出現頻度，とおいた。また，L は文書長に対する確率変数 †，W は語彙から単語をひとつ選ぶ確

† 一様分布やポアソン分布などを仮定することが多い。

率変数で多項分布に従うと仮定する。モデルパラメータは，$P(L)$ を除くと，ひとつの多項分布 $P(W=i)(i=1\cdots n)$ のパラメータ ($n-1$ 個) である。

確率的言語モデルによる文書検索では，これらの文書モデルの上に検索モデルを構成する。以降では，文書モデルとして多項分布モデルを用いることとする。

(2) クエリ尤度モデル　文書検索を，与えられたクエリ q のもとで条件付き確率 $P(d|q)$ を最大にする文書 d を選ぶ問題としてとらえる。ここでベイズの定理を用いると

$$\begin{aligned}\arg\max_d P(d|q) &= \arg\max_d P(q|d)P(d) \\ &\approx \arg\max_d P(q|d)\end{aligned} \tag{4.7}$$

ここで，1 行目の書換には最大化に関して分母の $P(q)$ は定数として無視できることを用いた。また，2 行目の近似には，文書の事前確率 $P(d)$ は一様であると仮定した。

すなわち，文書 d からクエリ q が生成される確率 $P(q|d)$ を最大にする文書 d を選べばよい。また，$P(q|d)$ は，各文書 d を学習データとして用いて文書モデル $P(\boldsymbol{V})$ のパラメータ θ_d を推定し，この文書モデルによってクエリのベクトル表現 $\boldsymbol{q}$ が生成される確率 (クエリ尤度)$P(\boldsymbol{V}=\boldsymbol{q}|\theta_d)$ を計算して求めることができる。この検索モデルをクエリ尤度モデルと呼ぶ。

文書モデルとして多項分布モデルを用いると，文書 $\boldsymbol{v}$ が与えられたとき，多項分布パラメータ $P(W=i)$ は文書中の各単語の相対頻度として，以下の式で推定できる (最尤推定)。

$$P(W=i) = \frac{TF(i,\boldsymbol{v})}{\sum_{j=1}^{n} TF(j,\boldsymbol{v})} = \frac{TF(i,\boldsymbol{v})}{|\boldsymbol{v}|} \tag{4.8}$$

しかし，文書中に現れない単語については，推定確率値が 0 となり都合が悪い (ゼロ頻度問題)。そこで，文書集合全体 C から最尤推定した値との線形補間によりスムージングを行う。すなわち，以下の式で推定する。

$$P(W=i) = \lambda\frac{TF(i,\boldsymbol{v})}{|\boldsymbol{v}|} + (1-\lambda)\frac{\sum_{\boldsymbol{u}\in C} TF(i,\boldsymbol{u})}{\sum_{\boldsymbol{u}\in C} |\boldsymbol{u}|} \tag{4.9}$$

ここで，λ は 0 から 1 の間の値をとる補完係数である。

同様に文書ベクトルで表現されたクエリ $\boldsymbol{q} = [q_1, q_2, \cdots, q_m]^t$ (m はクエリ長) が与えられたとき，クエリ尤度モデルでは以下の式で文書 d^* を選ぶ。

$$
\begin{aligned}
d^* =& \arg\max_d P(\boldsymbol{V} = \boldsymbol{q} | \theta_d) \\
=& \arg\max_d P(L = m) \prod_{i=1}^{n} \left(\lambda \frac{TF(i, \boldsymbol{v})}{|\boldsymbol{v}|} + (1 - \lambda) \frac{\sum_{\boldsymbol{u} \in C} TF(i, \boldsymbol{u})}{\sum_{\boldsymbol{u} \in C} |\boldsymbol{u}|} \right)^{TF(i, \boldsymbol{q})} \\
=& \arg\max_d \sum_{i=1}^{n} TF(i, \boldsymbol{q}) \log \left(\lambda \frac{TF(i, \boldsymbol{v})}{|\boldsymbol{v}|} + (1 - \lambda) \frac{\sum_{\boldsymbol{u}} TF(i, \boldsymbol{u})}{\sum_{\boldsymbol{u}} |\boldsymbol{u}|} \right)
\end{aligned}
\tag{4.10}
$$

ここで，2 行目への書換えには式 (4.6) を用い，3 行目への書換えには最大化に無関係な $P(L = m)$ の消去と対数化を行った。最後の式は，4.2.2 項 で用いた語彙サイズの次元をもつクエリの文書ベクトルと，ある種の重み付けを行った文書 d の文書ベクトルの内積の計算と解釈することができ，ベクトル空間法における単語重み付けに理論的な裏付けを与えていると見ることができる。特に，式 (4.9) のように文書全体からの推定値と補完することで，ベクトル空間法における IDF のような大域重みの効果が得られることが知られている。

(3) 適合モデル　クエリ尤度モデルでは，検索対象文書から文書モデルを推定し，それらがクエリを生成する確率 (クエリ尤度) によって検索モデルを定式化した。これに対し，クエリ側からも文書モデルを推定し，文書モデル間の類似度に基づいて検索モデルを定式化することもできる。ここで，クエリから推定する文書モデルは，クエリに適合する理想的な文書から推定された文書モデルという意味で，適合モデルと呼ぶ。

適合モデルはどのように推定すればよいだろうか。もし，クエリ q に適合する文書集合 R_q が与えられている場合は，その文書集合を使ってモデルパラメータを直接推定することができる。しかし，文書検索はそのような文書を求めることが目的なので，問題設定上利用することはできない。そこで，検索対象の文書モデル集合を重み付け混合して，適合モデルを近似的に求めることを考える。文書の重み付けにはクエリ尤度モデルを用いて，クエリに近い文書を優先する。整理すると，以下の式で適合モデルの多項分布パラメータを推定する。

$$
\begin{aligned}
P(W = i|\theta_{R_q}) &= P(W = i|\boldsymbol{v} \in R_q) \\
&\approx \sum_{d \in C} P(W = i|\theta_d) P(\boldsymbol{V} = \boldsymbol{v}_d | \boldsymbol{v}_d \in R_q) \\
&\propto \sum_{d \in C} P(W = i|\theta_d) P(\boldsymbol{V} = \boldsymbol{q}|\theta_d)
\end{aligned} \tag{4.11}
$$

3 行目への書換えには，以前と同様に，ベイズの定理の適用，一様な文書事前分布 $P(d)$ の仮定，および定数項 $P(q)$ の無視，を行った。

求めた適合モデルと各文書モデルの類似度には，確率分布間の距離尺度である KL ダイバージェンスを用いる。

$$
\begin{aligned}
KL(\theta_{R_q}|\theta_d) &= -\sum_{i=1}^{n} P(W = i|\theta_{R_q}) \log P(W = i|\theta_d) \\
&\propto -\sum_{i=1}^{n} \left\{ \sum_{d \in C} P(W = i|\theta_d) P(\boldsymbol{V} = \boldsymbol{q}|\theta_d) \right\} \log P(W = i|\theta_d)
\end{aligned} \tag{4.12}
$$

この式は，クエリ尤度モデルで初期検索した文書を，クエリ尤度で重み付け混合し (中括弧 $\{\cdots\}$ の項)，新たなクエリを生成した後に再検索 ($P(W = i|\theta_d)$ との KL ダイバージェンス) を行う，擬似適合性フィードバックを行っていると解釈することができる。

4.3 質 問 応 答

文書検索は，情報要求との内容の一致を文書単位で見つける技術であった。検索結果の文書を得た後，情報検索者は文書を一覧して，自分が必要とする情報へとたどり着く必要がある。一方，情報要求を質問文で表現し，その質問への答が記述されている文字列のみを検索対象テキストから抽出する技術を**オープンドメイン質問応答** (open domain question answering)，または略して**質問応答** (question answering) と呼ぶ[11)]。例えば，「国立大学の学部昼間部の入学金は 2000 年度からいくらになると決まりましたか。」という質問に対して，「‥

国立大学（学部昼間部）の入学金の値上げは原案より1000円減の2000円アップで決着した。2000年度入学者から実施され，27万7000円となる。‥」なるテキストを見つけて，文字列「27万7000円」を検索結果として返す。質問応答は，情報検索者が必要とする情報だけを特定する，精度を重視した情報検索技術である。質問応答は，情報要求として用いる質問文の種類によって大きく2つに分類される。

factoid 型質問: 名称や名詞句などのひと言で表現できる事実を問う質問。人名，地名，日時，数量，などを問う。「日本の総理大臣は誰ですか。」，「日本の消費税は何%ですか。」など。

non-factoid 型質問: 文や文章などの比較的長い表現で説明される答を問う質問。定義，手段，理由，などを問う。「リューズとはどんなスポーツですか。」，「2012年の日食はなぜ皆既日食ではなく金環日食になったのですか。」など。

質問応答は，質問解析，文書検索，回答候補抽出，回答評価，の4つの処理

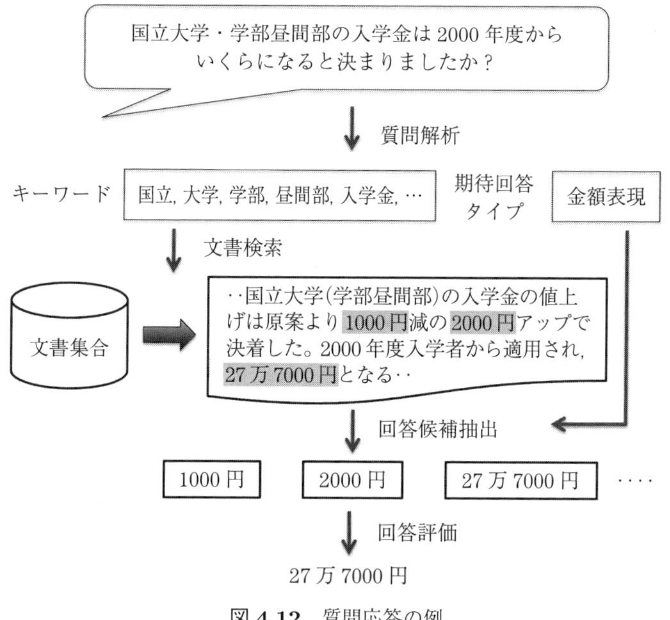

図 **4.12** 質問応答の例

を組み合わせて構成することが多い（図 **4.12**）。以下では，factoid 型の質問応答システムを例に，これらの処理についてそれぞれ説明する。

（1）質問解析　質問文で表現された情報要求を文解析して，後段の (2) 文書検索，(3) 回答候補抽出，(4) 回答評価，の手掛かりとなる情報を特定する。文書検索のためには，質問文の文字列から内容検索に役立つキーワードリストを抽出する。一方，回答候補抽出や回答評価のためには，情報検索者が期待している回答の種類（期待回答タイプ）を特定するのが一般的である。回答候補抽出や回答評価で利用する回答タイプの種類の定義に従って，質問文を入力として期待回答タイプを予測する分類問題として定式化することができる。分類手法としては，人手で記述した規則を用いる手法から機械学習を用いる手法まで，さまざまなアプローチが考えられる。その際，有用な手掛かりとして質問文中に現れる疑問詞を利用することができる。例えば，「誰」という疑問詞を使った質問文では，人名を答として期待しているであろうことが推定できる。

（2）文書検索　質問文中のキーワードを手掛かりに，質問の回答が現れる可能性のある文書を絞り込むために文書検索を行う。これには 4.2 節で述べた任意の文書検索手法を用いることもできるが，質問応答では精度を重視した検索手法が用いられることも多い。例えば，指定したキーワードがすべて現れる文書だけを求める AND 検索や，単語重みとして TF は使用せず IDF のみを用いた検索，などが用いられる。

（3）回答候補抽出　検索された文書から，質問解析で得た期待回答タイプを用いて，回答の候補となる文字列の集合を抽出する。これには，固有表現抽出と呼ばれる手法を利用することができる。固有表現抽出とは，指定した種類の固有表現をテキストから自動抽出する技術である。固有表現の種類としては，例えば固有表現抽出技術の確立を目指した IREX プロジェクト[12)]では，組織名，人名，地名，固有物名，日付表現，時間表源，金額表現，割合表現，の 8 種類を定義している。固有表現抽出は，単語から非固有表現または各固有表現を表すラベルへの分類問題，あるいは単語列に対してラベル系列を求める系列ラベル付け問題として定式化することができ，人手で作成した規則を用いる手法から機械学習手法までさまざまな手法で解くことができる。

一方，質問応答の回答候補は固有表現だけに限定されるわけではないことに注意が必要である。例えば，質問「およそ6500万年前に絶滅したとされる生物は何か」の答は「恐竜」であるが，「恐竜」は固有表現ではなく一般名詞である。これには，質問応答に適したラベル(回答タイプ)の定義を行い，固有表現抽出の手法を適用することが必要である。

(4) **回答評価**　抽出された回答候補文字列に対し，さまざまな基準で評価を行い，最終的な回答を決定する。回答を評価する基準は，次の3種類に大別される。

回答の文脈に関する基準: 質問文が規定する条件と，回答を含む文書が規定する条件が一致することを判定する基準。例えば，質問文と回答周辺のテキストについて文書検索と同様の手法を用いて類似度を求めて評価スコアとする。

回答タイプに関する基準: 質問文が期待する回答タイプと，回答候補のタイプが一致するかを判定する基準。回答候補抽出で利用した抽出スコア，タイプの包含関係の認識，質問と回答での助数詞の一致判定，などが手がかりとして利用できる。

回答の冗長性に関する基準: 多くの文書から抽出された回答候補をより信頼できるとする基準。

これらの基準を統合して，もっともらしい順番に回答として出力する。最近では，最初の2つの基準を分解せずに，回答を含むテキストTと質問文Qが含意関係(TならばQ)を満たすかどうかを，**テキスト含意関係認識** (recognizing textual entailment)[13] の問題として定式化するアプローチも盛んに研究されている。

コーヒーブレイク

クイズ番組に挑戦した質問応答システム

1997年，IBM社の研究部門が開発したスーパーコンピュータ「Deep Blue」は，当時のチェス世界チャンピオンを打ち負かし，人間からチェスの王座を奪うことに成功した。IBM社は次のプロジェクトとして，テレビの人気クイズ番組に出場して人間に打ち勝つコンピュータプログラム「Watson」の開発を目指した。

目指したのは，出題に対して解答者 3 人が早押し形式で質問に答える，アメリカの有名クイズ番組「Jeopardy!」。質問は，歴史，文学，科学，言語，カルチャーなど幅広いジャンルから出題される。以下は，質問の例である。

> ポーツマス条約を締結し日露戦争を集結させたアメリカ大統領。（正解：セオドア・ルーズベルト）
>
> 米国が外交関係をもたない世界の 4 ヶ国のうち，この国は最も北にある。（正解：北朝鮮）
>
> 有名な赤毛のピエロまたは愚か者を指す言葉。（正解：bozo ... アメリカで放送されていたアニメ「Bozo the Clown」と，「まぬけ」を意味する米俗語 bozo から）

このようにクイズ番組で出題される質問は多種多様であり，あらかじめ質問を予想してデータベース化することはできない。そこで，約 100 万冊の本に相当するテキストを対象とした質問応答システムを構築。15 テラバイトメモリ，2880 プロセッサコアの計算サーバーを用いて，出題から数秒以内に答を探し出すとともに，多様な情報源から導き出した答の信頼度を計算する。また，掛け金の決定や，推定した確信度のもとで回答するかどうかを判定する，ゲーム理論に基づく戦略アルゴリズムを実装した。

2011 年 2 月，Watson は「Jeopardy!」に挑戦，全米にテレビ中継された。人間のチャンピオン 2 人と対戦，2 ゲームを通して圧倒的な強さを示して勝利し，みごと賞金 100 万ドルを獲得した。

さて，コンピュータは次にどの分野で人間に挑戦してくるのだろうか？

4.4　音声と情報検索

テキスト以外のデータベースでも，タイトルや説明などのテキストで書かれたメタデータが付属していれば，前節で述べたテキストを対象とした情報検索により検索が可能になる。しかし，メタデータは人手で作成する必要があるため，必ずしも付与されていることを期待できない。一方，録音や録画により得られた音声が含まれるデータベースの場合には，その音声に含まれる言語情報を対象とした検索が可能である。このような音声言語情報を対象とした検索技術を，音声ドキュメント検索 (spoken document retrieval) と呼ぶ†。

4.4.1 音声ドキュメント検索の問題設定

音声ドキュメント検索は，音声認識と深く関係している。音声認識は，音声データが入力として与えられ，入力に対応するテキスト (発音系列や単語列) を求める問題であった。音声ドキュメント検索がテキスト (検索クエリ) を入力として対応する音声データ区間を出力するのに対し，音声認識は音声データ区間を入力として対応するテキストを出力する。両者は，入力と出力が逆転してはいるが，基本的にはテキストと音声データ区間の対応関係を見つけるという同じ問題を解いていると考えられる。特に，問題を解くためのリソース (計算コスト，空間コスト，利用可能なデータ) が無限に使える状況では，音声認識と音声ドキュメント検索のための手法に本質的な違いはない。しかし，音声ドキュメント検索では，利用可能なリソースについて以下のような制約を設定するのが一般的である。

- 対象の音声データのサイズが大きい (数十時間 ~ 数千時間以上)。
- 対象の音声データは，検索処理に先立って入手できる (前処理できる)。
- 音声データの前処理に必要なコスト (時間・空間コスト) を低く押さえることが要求される。
- 検索クエリが入力されてから，効率よく (時間・空間コスト)，特に短時間 (1 秒以内 ~ 数分) で出力を返すことが要求される。

したがって，音声ドキュメント処理をコンピュータ処理の観点から見た場合，大量の音声データを，後の高速な検索処理に備えて，いかに効率よく前処理するかがおもな課題となる。

この問題に対する現在の典型的な解法は，(1) 音声データに対する音声認識，(2) 認識結果に対する索引付け，(3) テキスト検索手法の適用，の組合せである。まず (1) で，音声データに対して音声認識を使ってテキストに変換 (量子化) し

† 逆に，情報要求を音声で与える情報検索も考えられる。この場合も検索対象は，テキスト，音声，動画などの言語情報を含むデータが対象となる。音声クエリからの検索をボイスサーチと呼び，「音声認識→テキスト検索」の手順で実現できる。

ておくことで，後の検索時の効率化とそれに必要な記憶容量 (空間コスト) を低減する。さらに (2) で，より高速な検索に備えたデータ構造を，低コスト (特に，空間コスト) で構築しておく。最後に (3) で，前処理で構築したデータ構造を利用して短時間で結果を出力する。

音声ドキュメントを対象とした検索には，2 種類のタスクが考えられる。ひとつは，単語あるいは数単語の列をクエリとして与え，音声ドキュメント中からクエリがそのまま現れる位置を特定するタスクで，音声中の検索語検出 (spoken term detection, STD) と呼ばれる。STD は，テキストを対象とした情報検索における文字列照合に相当する。もうひとつのタスクは，テキスト検索における文書検索に相当する音声内容検索である。このタスクを狭義で spoken document retrieval(SDR) と呼ぶことも多い。STD は，検索者が検索の対象 (用語) をすでに知っている状況 (ナビゲーショナルな質問) を想定したタスクである。一方，SDR は，人間の曖昧な情報要求 (インフォメーショナルな質問) から関連情報を見つけるタスクである。

4.4.2 音声ドキュメント検索の課題と手法

音声ドキュメント検索の第 1 近似は，音声認識を用いて音声データをテキストに自動書き起ししておき，これに対して既存のテキスト検索手法を適用することである。STD タスクに対しては 4.1 節の文字列照合，SDR タスクに対しては 4.2 節の文書検索を適用する。しかし，このナイーブな手法は，音声認識で生じる認識誤りを扱うことができない。特に，音声認識の認識語彙外語 (out-of-vocabulary, OOV) は自動書き起し結果に現れることがないため，検索することができない。これらの音声ドキュメント処理特有の技術課題[14) に対する対策法を以下にまとめる。

(1) 認識語彙外語の問題　検索クエリは検索結果を絞るように選択されるため，固有名詞などの使用頻度の低い語が含まれることが多く，OOV になりやすい。OOV の問題を直接避ける方法は，単語より小さな認識単位を設定して認識語彙を閉じ，音声ドキュメントおよび検索クエリをともに閉じた語彙で表現して検索を行うことである。例えば，日本語の音節は約150種類であり，全音節を語彙として連続音節認識を行えば，どのような音節列でも認識することができ，これを対象に音節列で表現した検索クエリの検索を行うことができる。このような単語より小さい単位を総称して，サブワード (subword) と呼ぶ。

サブワードの選択肢としては，音素，音節などの発音の単位，日本語におけるカナなどの書記の単位，コーパスを自動解析して統計的に得られる単位，などが利用できる。一方，一般に認識語彙内 (IV) の単語であれば，単語を単位とした認識を行う方が認識率は高く，したがって検索性能も向上する。検索語がIVかOOVかは認識辞書から判定できるので，IVの場合は単語認識結果，OOVはサブワード認識結果，というように両者を併用する手法も考えられる[15)]。

音声データを連続サブワード認識することにより得たサブワード系列に対して，4.1.2項や4.1.4項で述べた近似文字列照合を行うことで，STDタスクが実行できる。その際，編集距離の計算において，式 (4.2) の δ の代わりに，音声の近さを反映したサブワード間の距離を用いることで，より厳密な照合が可能になる (章末問題【**7**】)。

SDRタスクにおいては，4.2節で述べたベクトル空間モデルなどの検索モデルにおいて，単語の代わりにサブワードを単位として計算した文書間関連度を用いることができる。しかし，意味を担う最小単位である単語と比べると，サブワードの表現能力は劣るため，検索性能も低下してしまう。この問題に対し，検索の前処理として検索クエリ中の単語を検索語としてSTDを用い，単語の検出結果を単位として文書関連度を求める手法も考えられる[16)]。

(**2**) **認識誤りの問題**　検索対象音声ドキュメントの認識誤りの影響を軽減する方法として，音声認識結果の複数候補を利用することが考えられる。音声認識結果の複数候補の表現方法としては，N-bestリスト，単語 (あるいはサブワード) ラティス，コンフュージョン・ネットワークなどが知られている。ラティス上で計算される単語の事後確率は，単語頻度の期待値として検索モデルで利用することができる。また，非可逆圧縮によりラティスで表現される候補数を増加させ，検索の再現率を向上させる手法が提案されている[17)]。これらの手法は，4.2.2 項で述べた文書拡張の一種であると考えられる。

章 末 問 題

【1】 文字列 T と P が，T=“taketatekaketa”，P=“kaketa” のように与えられている。T をテキスト，P をパターンとし，BM 法，BMH 法，BMS 法を使って文字列照合を行うとき，文字を照合する順番にテキスト位置 i とパターン位置 j のペア (i,j) の列を示せ。

(例) ナイーブな方法の場合:

(1,1)(2,1)(3,1)(4,2)(4,1)(5,1)(6,1)(7,1)(7,2)(8,1)(9,1)...

【2】 T をテキスト，P をパターンとし，誤り 1 以下で近似文字列照合するテキスト中の位置 (終端位置) を連続 DP マッチングを用いて求めよ。

【3】 T の接尾辞配列を作成せよ。また，作成した接尾辞配列を用いてパターン P の出現位置を求めよ。

【4】 前問の接尾辞配列を用いて，P と誤り 1 以下で近似文字列照合するテキスト中の位置を，補題 4.1 を利用して求めよ。

【5】 T と P を文字を単位とした文書ベクトルで表現し，T と P の類似度をベクトル空間モデル，およびクエリ尤度モデルで計算せよ。

【6】 図 4.12 の 3 つの回答候補について，次のような「回答の文脈に関する基準」のみを用いて回答を評価する。選ばれる候補はどれか答えよ。

回答候補周辺のテキスト T における各文字 c(ただし，「ひらがな」および「回答候補を構成する文字」を除く) について，質問文にも出現するならば c と回答候補の間の文字数 l の逆数 $1/l$ をスコアとする。ただし，$l > 10$ の場合はスコア 1/10 とする。回答候補ごとにスコアの総和を求め，大きい順に回答を選ぶ。

【7】 T を読み上げた音声に対して音声認識を行ったところ，音声認識結果 S=“tatekaetetateta” が得られたとする。以下のように与えられた音素間距離 d を，式 (4.2) の δ の代わりに用いて連続 DP マッチングを行い，パターン P と最も類似したテキスト中の照合位置 (始端および終端位置) を求めよ。

$$d(a,b) = \begin{cases} 0 & a = b \\ 0.5 & (a = \text{“k”}\ \text{かつ}\ b = \text{“t”})\ \text{または}\ (a = \text{“t”}\ \text{かつ}\ b = \text{“k”}) \\ 0.8 & (a = \text{“a”}\ \text{かつ}\ b = \text{“e”})\ \text{または}\ (a = \text{“e”}\ \text{かつ}\ b = \text{“a”}) \\ 1 & \text{その他} \end{cases}$$

5 対話システム

人間どうしでは互いに情報を交換しながらコミュニケーションをとることがよく行われる。一般にこれを対話と呼び，おもに自然言語や音声言語により行われる。そこでこのようなコミュニケーション手段を人間と機械の間に実現しようとする試みがなされてきた。このようなインタフェースを備えたものを対話システムと呼ぶ。本章では，まず人間どうしの対話の分析について述べ，さらに対話システムの実現方法などについて述べる。

一般に，人間対人間あるいは人間対機械でインタラクションする場合を広い意味で「対話」と称する場合がある。しかし本章では，自然言語あるいは音声言語を中心に，互いに同じ手段でインタラクションする (例えば音声言語には音声言語で答える) ようなものを対話と考え，より広義のインタラクティブなインタフェースは 7 章で述べる。

5.1 談話と対話

5.1.1 談話とは

談話 (discourse) には，一般に書き言葉あるいは話し言葉により述べられているものごとや，コミュニケーションや議論を含む意味がある。そして，「首相談話」などの言葉があるように，このコミュニケーションには 1 方向のコミュニケーションを含む。これからわかるように，談話は以下に述べる対話や会話なども包含する広い意味をもつ言葉である。

しかし，研究の対象として見た場合，対話が複数の主体 (すなわち人) の間の関係という側面に注目するのに対し，談話では複数の発話からなるという側面に注目して分析する場合に使用される。この分析を行う研究分野を**談話分析** (discourse analysis) と呼ぶ。

5.1.2 対話と会話

対話 (dialog あるいは dialogue) とは「2 人の人が向かい合って話すこと」である。類似した言葉に会話 (conversation) がある。英語では，dialog は「2 グループあるいは国の間の形式張った (formal な) 議論」，conversation は「少数グループあるいは 2 グループによる形式張らない (informal な) 話し」と説明される (『Oxford 現代英英辞典』を翻訳)。しかし日本語では対話も会話も「2 人あるいは少人数で向かい合って話すこと」とされる。研究対象として対話と会話を使い分ける場合，コミュニケーションへの参加人数 (2 人かそれより多いか) でこれらを使い分けている。

5.1.3 対話の公準

対話においては，互いに相手のことを理解していることが情報の相互伝達に必要である場合が多い。このような場合，聞き手は話し手の「モデル」をもち，この人はどのようなことを伝えようとしているのかを，モデルを用いて，時には言外の情報を補いながら話を理解していく。

このような対話が成立するために，対話者はそれぞれ相手や自分の立場を踏まえて，以下の 4 つの**公準** (maxim) に従って話すべきであるとされる[1)]。

1. 質の公準 (maxim of quality)：根拠のある事実や真であると思うことを告げる。
2. 量の公準 (maxim of quantity)：過不足のない情報を伝える。
3. 関係の公準 (maxim of relation)：話し手と聞き手の互いに関連した事柄を話す。
4. 様態の公準 (maxim of manner)：明確に簡潔に順序立てて話す。

これらを満たすことによって，言語の伝達において互いに協調するべきであ

ることを協調原理 (cooperative principle) という。人間と機械との対話を実現する際には，基本的にはこうした原則を守ることによって協調的なシステムとすることができると考えられる。

5.1.4 談話，対話の構造

文には文法や意味的な構造があるのと同様に，談話にも発話などの単位の間に言語表現レベルや意味レベルで関連性がある。一般に，意味的な関連性を**首尾一貫性** (coherence) と呼び，言語表現レベルの関連性を**結束性** (cohesion) と呼ぶ。そして，意図の階層を表現した**意図構造**，発話の系列の階層構造を表現した**言語構造**，そして談話中の焦点を表現する**注意状態**で談話構造を表現することができると考える[2)]。

例えば図 **5.1**(a) のような会話を考える。左にその言語構造を示している。このように，**談話単位** (discourse segment, DS) と呼ばれる単位の入れ子構造で表現される。この言語構造の構築は談話単位の目的 (談話単位目的: discourse segment purpose, DSP) を理解することでなされる。また，そのときどきで焦点が当たっている対象は注意状態というスタックで表される。各談話単位の意図とその関係を示した意図構造を図 5.1(b) に，注意状態を図 5.1(c) 示す。

また，対話の場合には**隣接ペア**[3)](あるいは発話交換) と呼ばれる基本的なイ

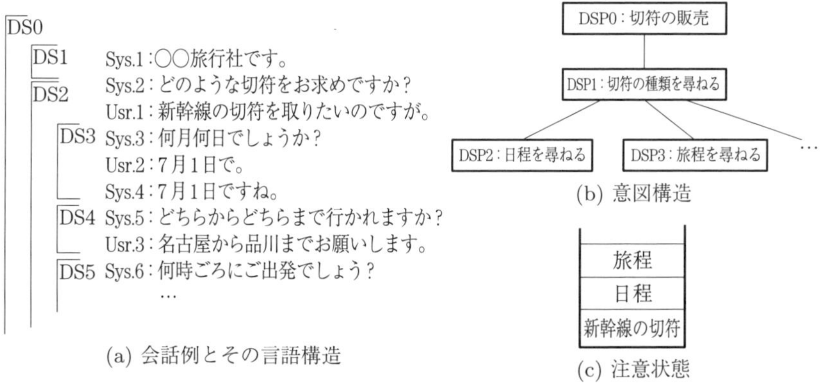

図 5.1 会話とその言語構造，意図構造，注意状態

ンタラクションの単位について，その関係が分類される。隣接ペアとは，互いに隣り合った，違う話者による発話のペアで，一方 X が他方 Y に先行し，X は Y を限定する関係にある X と Y をいう。例えば，「これはいくら?」,「3000円です」という隣接ペアは質問–返答という関係にある。他にも依頼–受諾/拒否，申し出–受諾/拒否，誘い–受諾/拒否，感謝–承認/拒絶，評価–同意/不同意，非難–否認/是認，挨拶–挨拶がある。

5.1.5 対話行為

言葉を発するとき，それが何らかの行為を遂行すること，あるいは聞き手に対して働き掛けることであるという言語行為論[4)]と呼ばれる理論がある。これには3つの側面があると考えられており，言語として意味のあることを音声として発することを「**発語行為**」，その発話行為をする意図を「**発語内行為**」，発話によって起きる行為 (聞き手への影響) を「**発語媒介行為**」という。「明日お

話者	対話行為	発話
A	はい/いいえ質問	じゃあ，あなたは今すぐ，大学に行くんですか?
A	発話権放棄	あなたは...，
B	肯定回答	ええ。
B	陳述	最終年です。(笑)。
A	宣言的質問	あなたは，じゃあ，あなたは今4年生ですね。
B	肯定回答	ええ。
B	陳述	卒業しようと，プロジェクトをやってるんですよ。(笑)
A	称賛	へぇ，それはいいですね。
B	相槌	ええ。
A	称賛	すばらしい。
A	はい/いいえ質問	えーと，それって，N C 大学，州立，でしたっけ?
B	陳述	N C 州立です。
A	理解不能合図	何ておっしゃいました?
B	陳述	N C 州立。

図 5.2　発話と対話行為の対応例 (文献5) の例を和訳)

会いできますか」と言った場合，“この音声を発する”のが発語行為，“質問する”ことが発語内行為，この発話を”好きな人に言われて喜ぶ”のが発語媒介行為といえる。

この発語内行為には挨拶，はい/いいえ質問，陳述，要求，WH 質問などがある。このレベルにおいて，対話内の各発話の意図を表すのが**対話行為**[5]と呼ばれるものである。発話と対話行為の対応例を図 **5.2** に示す。同じ発話であってもその前後の関係 (文脈) によって対話行為は変わる場合がある。例えばこの例の中で”ええ”は肯定の回答である場合と，相槌である場合がある。

5.2 対話システム

5.2.1 対話システムとは

自然言語処理の応用のひとつとして，人間が日常的に用いている言葉によってコンピュータやロボットなどの機械を操作できるようにする，あるいはコミュニケーションすることができるようにすることが考えられる。単純操作であれば機械が自然言語を理解し，それに応じた行動をとればよい。しかし，人間どうしの対話を考えてもわかるように，ある目的を言葉によって達成しようと考えた場合，機械からの働き掛けも含めたインタラクションが必要となるであろうことは容易に想像できるであろう。

一般に，言葉を入力とし，機械がそれに対して言葉を出力する，これを繰返してインタラクションするシステムのことを対話システムという。

（1） **自然言語対話システム**　キーボードなどでテキストを入力し，出力もまた文字として提示される場合，これを自然言語対話システムと呼ぶ。

かつて，自然言語による対話システムとして有名であったものに，1960 年代に開発された**イライザ** (ELIZA)[6] がある。キーボードで入力を行うと，カウンセラのように自然言語で応答を返してくるシステムである。これに基づいたシステムは現在でもいくつか存在し，例えば Emacs というエディタで doctor というコマンドを実行すると動作する。図 **5.3** がその一例である。

ユーザ:　男の人ってみんな同じなんだよね。
システム:　どんなふうに?
ユーザ:　彼らはいつも何かで私たちを困らせるの。
システム:　具体的な例は思い付く?
ユーザ:　そうね，私のボーイフレンドは私をここへ来させたわ。
システム:　あなたのボーイフレンドがあなたをここへ来させた。
ユーザ:　彼は私がいつも落ち込んでるっていうの。
システム:　あなたがいつも落ち込んでるとは，お気の毒です。
…

図 5.3　イライザとの対話例 (文献6) の例の和訳)

ELIZA は，実は簡単な構文解析と，それにより見つかった単語列のパターンから，決まった言い回しを選んでもとの文から適当な単語を埋め込んでいる程度の処理しか行っていない。しかしそれでも人間らしい応答を返すことができた。

一方，言語の理解を行うアプローチで構築された対話システムに 1972 年に開発された**シュルドゥル** (SHRDLU) がある。これは，**図 5.4** に示すような積木の世界に対して，位置の変更や積木についての質問などに答えることができ

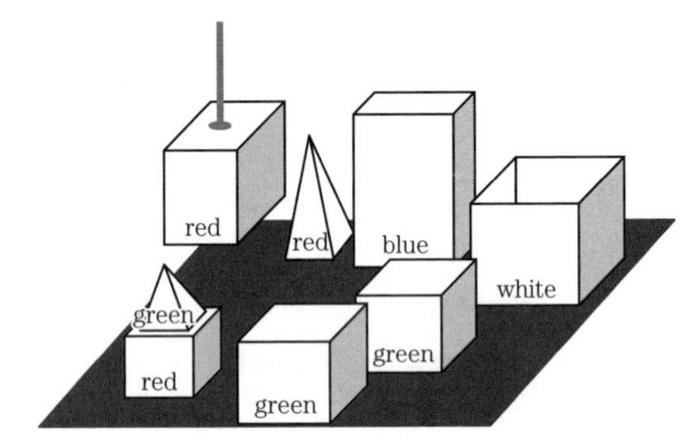

図 5.4　SHRDLU の積木の世界 (図 5.5 の最初の命令を実行)

ユーザ:　大きい赤のブロックをつかんでくださください。
システム:　はい，実行しました。
ユーザ:　四角錐をつかんでください。
システム:　どの四角錐を指しているのかわかりません。
ユーザ:　今つかんでいるブロックより高いブロックを見つけて，それを箱の中に入れてください。

図 5.5　SHRDLU との対話例 (文献7) の例を和訳)

た。その対話例は図 **5.5** である。

SHRDLU はさらに，落ちてしまうような積み方はできないなど，不可能な操作はできないことも指摘できた。これは，物理法則をプログラムに組み込むことで実現されていた。このように，巧みにつくられた SHRDLU の動作は画期的でインパクトがあった。しかし，この物理法則のように，取り扱う世界(ドメインという)で必要となる知識をすべて書き込んでおかなければならないという問題点を浮き彫りにしたともいえる。このような問題は**フレーム問題**と呼ばれて，今なお人工知能分野の大きな問題とされる。

(**2**) **音声対話システム**　音声対話システムは，入力，出力に音声が用いられる対話システムである。電話を通じたシステムの利用や，手や目の使用が制限される車の中での機器操作，あるいはロボットとの自然なインタラクション手段として期待される。一般的には音声認識によって音声を文字列にし，それを入力として自然言語対話システムが動作する。そして出力文字列が音声合成によって音声としてユーザに提示される。

音声認識結果の文字列が自然言語入力と同様に整ったものであれば，自然言語対話システムをそのまま用いることができるが，音声入力であるために，人間による言い誤りや倒置など文法的多様性，さらには音声認識における誤りなどを含むため，それらを考慮した対話システムの構成が必要である。

5.2.2　対話システムの構成

一般的な対話システムの構成を図 **5.6** に示す。ここで，音声認識部，音声合成部は音声対話システムの場合に必要である。自然言語対話の場合には図中音声認識部の出力のかわりに自然言語テキストを，音声合成部の入力をそのままテキストとして出力すると考えればよい。

音声対話の場合には音声認識部には音声が入力され，その認識結果を**対話処理部** に送る。対話処理部はさらに言語理解部，対話制御部，応答生成部に分けられる。**言語理解部**で認識結果の内容を解析し，その結果を対話制御部に送る。**対話制御部**は理解結果や，記録している対話履歴，あらかじめ与えられる知識，

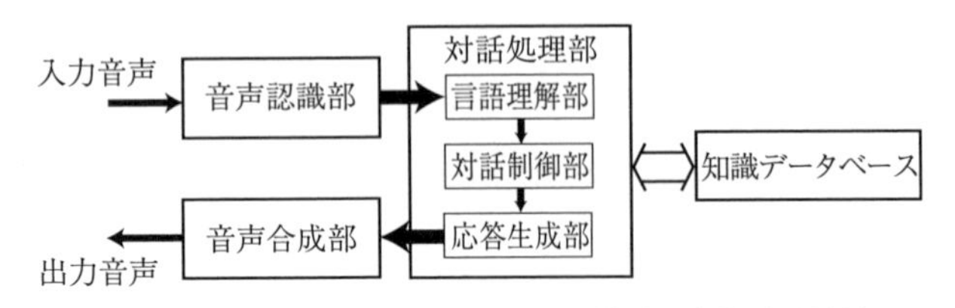

図 5.6　(音声) 対話システムの基本構成 (自然言語対話の場合には対話処理部のみ，音声対話では音声認識部と音声合成部が追加されると考えればよい)

さらには必要に応じて情報を検索したり，何らかの動作をして，みずからの状態を更新する。**応答生成部**は対話制御部の状態や言語理解結果などに応じてユーザに対する次の応答文を生成する。音声対話の場合には，その応答文を音声合成部によって音声信号に変換する。

5.2.3　対話の主導権

対話の主導権をもっているとは，対話をしている 2 人のうちその対話を制御していると見なされる場合をいう。5.1.4 項で述べた隣接ペアにおいては，X と Y は対等ではなく，一般には X の話者が主導権を握っているといえる[8)]。対話システムにおいては，この主導権をおもにシステムがもっているのかユーザがもっているのかという性質によって対話システムが分類される。

(1)　システム主導対話　　システムが主導権をもち，対話を制御するタイプのものである。例えば，**図 5.7** のような対話が考えられる。

システム:	ホテル検索・予約システムです。宿泊先の最寄駅をお話しください。
ユーザ:	上野駅。
システム:	上野駅周辺には 15 件の予約可能なホテルがあります。 予算はどのくらいですか。
ユーザ:	8000 円以内で。
システム:	何名様でしょうか。
ユーザ:	1 人です。
システム:	ABC ホテル，ホテル W，X プラザの 3 件見つかりました。 どれかを予約しますか。
ユーザ:	ABC ホテルをお願いします。

図 5.7　システム主導対話の例

システムの各発話は質問を伴っており，ユーザはそれに回答することの繰返しで対話が成立している。

このタイプのシステムでは，システムの質問に対してユーザがどのように答えるかの予想がつきやすいため，音声対話システムにおいては音声認識の認識対象を絞り込むことにより認識率の向上が見込める。また同様の理由により意味理解なども容易になり，対話処理部の設計も容易になることが多い。

しかし，つねにシステムの質問どおりの順で答えるという性格上，ユーザは自由な順で必要な情報を入力することができないため，回りくどく不自然な対話であると感じる傾向にある。

（2） ユーザ主導対話　一方，ユーザが主導権をもち対話を進めるタイプのものがユーザ主導型対話システムであり，例を**図 5.8** に示す。

ユーザ:	あさってから 1 泊，上野駅にホテルを予約したいんだけど。
システム:	上野駅周辺には 15 件の予約可能なホテルがあります。
ユーザ:	じゃあ，8000 円以内で泊まれるところは?
システム:	ABC ホテル，ホテル W，X プラザの 3 件見つかりました。
ユーザ:	ABC ホテルにシングル 1 室予約して。
システム:	ABC ホテル，明後日から 1 泊シングルを 1 部屋予約しました。

図 5.8　ユーザ主導対話の例

ユーザは各発話において，比較的自由に入力すべき項目を話していることがわかる。例えば最初の発話には，「明後日から」，「1 泊」，「上野駅」という項目が含まれている。このように，ユーザにとっては入力したいことを一度に入力できるなど効率的に対話を進めることができる可能性がある。一方で，システムから質問を受けて答えるわけではないために，どのようなことを入力できるのかがわかりにくく，システムの使用に熟達していないと使い方がわからない可能性もある。さらに，ユーザがどのような発話をするのか予想しにくいため，システムはさまざまな可能性を想定して音声認識したり，多くのバリエーションのある入力文を理解する必要があるなど，認識，理解が難しくなる。これは，ユーザが正しい入力をしても結果として対話がうまく成立しない可能性が高くなることを意味する。

(3) 混合主導対話　システムとユーザの両者ともが主導権を取りうるタイプの対話システムが混合主導対話システムである。ユーザ主導で対話を開始し，その後はシステム主導で必要な情報をユーザに入力させる形が多い(図**5.9**)。

ユーザ:	明後日から上野駅にホテルを予約してください。
システム:	何泊のご予定ですか。
ユーザ:	1泊。
システム:	予算はどのくらいですか。
ユーザ:	8000円以内で。
システム:	何名様でしょうか。
ユーザ:	1人です。
システム:	ABCホテル，ホテルW，Xプラザの3件見つかりました。 どれかを予約しますか。
ユーザ:	ABCホテルをお願いします。

図 5.9　混合主導対話の例

まずユーザがシステムに，いくつかの事項を入力することで対話が開始される。この時点ではユーザ主導である。ここでシステムは主導権を取り，ホテルを検索して予約するために必要な情報を順次ユーザに質問することにより検索を実行し，予約に至っている。

5.3　対　話　制　御

5.3.1　対話制御とは

ユーザからの入力に対し，その意図するところを見いだし，適切な行動を取り，返すべき応答内容を生成するという一連の動作を対話制御と呼ぶ。その構成の例を図**5.10**に示す(図5.6と比較参照すること)。単文あるいは履歴を用いた文そのものの理解は言語理解部によって行われる。そして，システムとして達成すべき目的などに関係して，システムの行動や対話の流れを制御するのが対話制御部である。

ただし，意味理解と意図理解は切り離せない場合も多く，また問題解決や応答生成も一体化されたシステムの構築方法も多い。以下では，そうした観点からも考察しながらいくつかのシステム構築例をあげる。

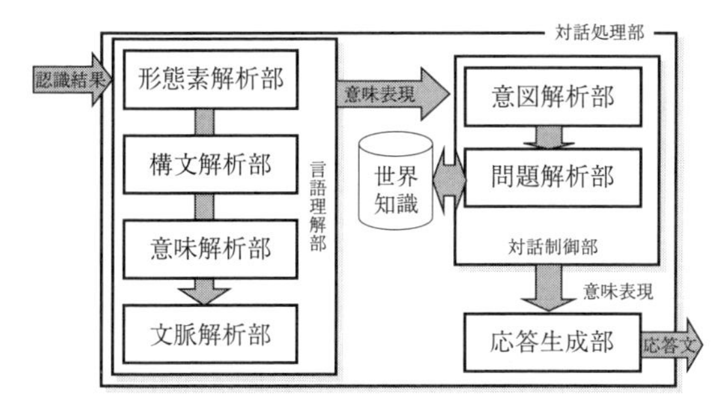

図 **5.10**　対話制御部の構成例

5.3.2　有限状態オートマトンによる状態表現を用いた対話制御

対話履歴を管理しながら応答内容を生成するためによく用いられる方法として，**有限状態オートマトン**による対話の状態遷移表現がある。

図 5.11 に，カーナビゲーションシステム (カーナビ) を想定した，有限状態オートマトンを用いた対話の表現例を示す。一番左側の上の状態が初期状態と呼ばれ，この状態でシステムは待機する。また矢印で書かれた遷移には，上段に音声入力が，下段にはそれに対する応答が記述されている。つまり，各状態で，どのような入力に対してどのような応答を返すのかが記述されていて，応答を返すと同時にその遷移に従って状態を変える。この方法では，言語理解は，認識結果が現在の状態から出ている複数の遷移のうち，どの遷移に対応するかを選択することによって実現している。そして，現在どの状態にいるかによって，これまでの対話の履歴が管理される。ただし，詳細な内容 (図 5.11 では

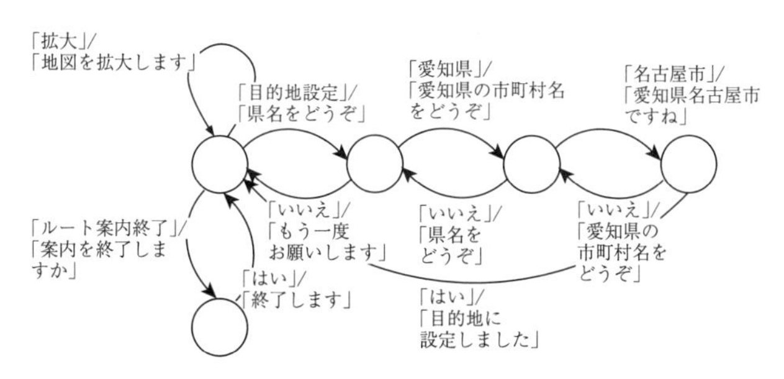

図 **5.11**　カーナビゲーションシステムの対話制御の例

ユーザ:	目的地設定。	ユーザ:	いいえ。
カーナビ:	県名をどうぞ。	カーナビ:	愛知県の市町村名をどうぞ。
ユーザ:	愛知県。	ユーザ:	名古屋市。
カーナビ:	愛知県の市町村名をどうぞ。	カーナビ:	愛知県名古屋市ですね。
ユーザ:	名古屋市。	ユーザ:	はい。
カーナビ:	愛知県長久手町ですね。	カーナビ:	目的地に設定しました。 (画面に名古屋市を表示し目的地に設定)

図 **5.12**　カーナビゲーションシステムとの対話例

「愛知県」などの県名や「名古屋市」などの市町村名など) はオートマトンとは別に記憶する必要がある。応答生成も遷移に対応した文を出力することでなされている (対話例は図 **5.12**)。

実際のカーナビでは，状態遷移に動作も記述されていて，例えば「目的地に設定しました」と同時に名古屋市に目的地を定めてルート案内を開始するという動作が行われる。

また，ユーザ発話に「いいえ。」という発話がある。これは，音声対話システムに必要な機能であり，誤認識によって起こるシステムによる誤解を，対話によって回復する手段が必ず必要になる。図 5.11 では，目的地設定のための各状態から次の状態への遷移において，応答に直前の入力を含めることによりユーザは認識結果を確認することができる。さらに，「いいえ。」という発話によって各状態から前の状態へ戻るという遷移がある。これにより，ユーザには誤認識を把握し，誤りを訂正する機会が与えられる。

このような音声対話システムにおいては，対話制御部の各状態でどのような発話を受け付けるかがあらかじめ決められており，ユーザはそれに従って発話することが想定されている。すなわち，システムは各状態ごとにどのような発話がされるかを予想することが比較的容易で，それに応じて語彙や文法を限定しておくことができる。したがって，あらかじめ記述した語彙や文法を用いた連続音声認識が使われることが多い。

この性質は，5.2.3 項 (1) のシステム主導対話の性質とよく似ていることがわかる。有限状態オートマトンによる対話制御をもつシステムは状態遷移によってシステム側が対話主導権をもつシステム主導対話システムになることが多い。

5.3.3 意味表現に基づいた応答生成による対話制御 ── ケーススタディ──

有限状態オートマトンでは，対話の遷移をすべて書き尽くしておくことによって定型的な対話を行うことができる。しかし，必ずしもそのような書き尽くしができるとは限らない。また，システムの質問に回答するというシステム主導対話の繰返しは，比較的システムに慣れたユーザには冗長で時間がかかると感じさせる。

そこで，ユーザは比較的自由に情報をシステムに伝達し，システムは得られた情報から，次にどのように対話を誘導していけばよいかを判断して応答する，という方針が考えられる。これは，あらかじめ対話の遷移を決定しておくのではなく，ユーザの発話ごとに変化するシステムの理解に基づいて動的に遷移を生成すると見ることができる。

ここでは，「**富士山観光案内システム**」[9] を例に具体的な音声理解と応答生成について見てみることにする。このシステムは豊橋技術科学大学で開発され，音声対話を通して，ユーザの富士山周辺の観光に関する問合せに対して適切な情報提供を行うものである。

（1） 音声認識・構文解析　　次のようなユーザの発話を考えよう。

「富士山には何がありますか」

音声認識は，2 章で記載されているように文法や確率的言語モデルを用いた HMM による連続音声認識を用いるのが一般的である。比較的発話内容が限られる場合には事前に文法を書き下しておくことができるが，規模の大きなシステムでは確率的言語モデルによるのが望ましい場合が多い。

こうして得られた認識結果は，3 章で述べられた**形態素解析**を経て，**構文解析**される。音声対話システムの場合，ユーザが正しい日本語を使うとは限らないことや音声認識誤りが含まれることから，厳密な構文解析は難しいことがしばしばある。また，日本語は他の言語に比べて語順が比較的自由である。そこで部分的な解析が可能な方法を取ることがあり，次のように係り受けに基づく方法が多く用いられる。

まず，形態素解析結果から「名詞+助詞」や「述部」のような文節を抽出する。そして，これらの間の係り受け関係を調べるのであるが，可能性のある関係が限られる場合は，それらを事前に準備しておく。例えば動詞「付く」は

```
(付く ((frame (obj  ((が) pro))
                (loc  ((に) org)))))
```

のように，obj(主体) として pro(製品) という**意味素性**をもつ名詞を伴う「[pro] が」，loc(場所) として org(組織) を意味素性にもつ名詞を伴う「[org] に」という文節を必要としていることが表現される。このような文法を**格文法**と呼び，この表現を**格フレーム**という (3.3.2 項)†。これらの格は必ず存在しなければならない場合と，あってもなくてもよい場合とがあり，それぞれ必須格，任意格と呼ばれる。

名詞の意味素性は階層的に，**図 5.13** のように定義される。ひとつの動詞が複数の格フレームをもってもよいし，ひとつの名詞が複数の意味素性をもってもよい。

入力から得られた文節を格フレームに当てはめ，当てはまるものが係り受け結果となる。先の例でこれを行った結果，以下のような構文解析結果を得ることができる。

```
<(AT-LOC (名詞:富士山には)
         (OBJ (名詞:何が)
              (動詞:ありますか)))>
```

```
con (concrete: 具体名詞)
    ani  (animal)     イヌ，ネコ，サルなど
    hum  (human)      私，太郎，子供など
    pro  (products)   船，ホテルなど
abs (abstract: 抽象名詞)
    act  (action)     サイクリング，テニスなど
    loc  (location)   ここ，富士山，ホテルなど
    qua  (quantity)   xxx キロメートル，xxx 円など
```

図 5.13　意味素性の階層構造の例

† 本来，格フレームは意味解析の手法として用いられるものである。ここでも，文法的な格 (「ガ格」など) ではなく，意味素性を用いていることからも，意味解析との明確な境界がないことに注意したい。

音声対話システムでは，発話誤りや認識誤りがあることを想定する必要がある。例えば，助詞「が」が認識できず，認識結果が「富士山 には 何 ありますか」となったとしよう (必須格の助詞は発声されないことが多い)。このようなときには，名詞文節は最も近くの述部に係る，述部の必須格であると仮定して当てはめる，などのルールを別途用意しておくことで，多くの場合に対処することができ，上記と同様の構文解析結果が得られる。

(2) 意味解析と意味表現　構文解析で得られた表層的な単語間の関係から，より深層の意味関係を決定して表現するのが意味解析である。前節のように動詞を中心とした格構造を扱う場合，各動詞に対してどのような意味素をもつ名詞が表層格・深層格要素になりうるかということを格フレームとして与えておく。複数の意味や文型をもつ動詞にはそれぞれに対して格フレームを用意する。これらとの対応を取ることによって適切な**意味表現**へと変換する。

富士山観光案内システムでは，前節の文の構文解析結果から得られる意味解析結果 (意味表現) は以下のようになる。

```
(ある (FORM WH-Q) (TARGET (OBJ)) (NEGATION NIL)
        (AT-LOC (富士山)) (OBJ (WH)))
```

(3) 文脈理解　文章が複数の文からなり，それらの関係を考慮しなければ個々の文の意味がわからない場合があるのと同様に，対話でも履歴を考慮した照応解析 (3.4.1 項) をしなければ直近の入力発話の意味がわからない場合がある。

図 5.14 の対話で，ユーザの 2 回目の発話では，「河口湖」のホテルとは明示的には話していない。しかし，システムは河口湖の話題であることを理解したうえでテニスのできるホテルをあげる必要がある。また，3 回目の発話は「レ

ユーザ:　河口湖にはどんなホテルがありますか。
システム:　河口湖ホテルやレイグランドホテル，レジーナ河口湖があります。
ユーザ:　テニスのできるホテルはありますか。
システム:　レジーナ河口湖があります。
ユーザ:　そのホテルの宿泊料金はいくらですか。

図 5.14　富士山観光案内システムとの対話例

ジーナ河口湖」の宿泊料金であろうことが想像されるが，これは「そのホテル」が「レジーナ河口湖」と対応付けられなければわからないことである。

対話システムでは，これから登場するであろう概念を仮定して発話することはほとんどないと考えられるので，それまでの履歴に現れたもので不足する内容を補う前方照応でほぼ十分に解消される。また，5.1.4 項で述べた対話の構造の観点から，注意状態は入れ子構造的に変化する。また，対話システムの文脈理解の範囲内では，何層もの入れ子になる対話は現れにくい。これらのことから，ある発話の理解に不足する概念については，「その対話履歴に含まれていて，それを補った場合に意味的整合性が取れる，できるだけ近い概念を補う」とすればよい。

富士山観光案内システムの場合，対象となるもの (OBJ) と場所 (AT-LOC) に分類して現れた概念を記録しておき，例えば「そのホテル」に対して OBJ の履歴の新しいものから，意味素性がホテルと一致するもの (すなわちレジーナ河口湖) を補う。

こうして得られる意味表現の例 (ユーザの 2 回目の発話の意味解析結果) は以下のようになる。

```
(ある (FORM YN-Q) (TARGET NIL) (NEGATION NIL)
        (OBJ (ホテル ((AT-LOC)
                        (できる (OBJ (テニス))))))
        (AT-LOC (河口湖)))
```

(4) 応 答 生 成　　こうしてユーザの発話の意味が理解できたら，システムはそれに対する何らかの行動をし，また適切な応答を発話する。

そこで，システムは，まずユーザの発話の意味からさらに一歩進めて，ユーザは何を意図して発話したのかを推定する，**意図理解**を行う。5.3.3 項 (2) の理解結果からは，WH 疑問文であることが明示的に得られているので，富士山にあるものを知識表現から検索して提示すればよいことは容易に推定できる。一方，5.3.3 項 (3) の例では，ユーザは見掛け上，はい/いいえ (Yes/No) を尋ねる質問をしている。しかし，「テニスのできるホテル」があるかないかに，「はい」と答えるのは，さらにユーザが質問する必要が生じ，明らかに冗長である。すなわち，ユーザは「テニスのできるホテルを知り，それに宿泊する」ことを意図しているのである。

富士山観光案内システムでは，まず発話の意味表現の動詞の疑問の型を調べ，仮の意図を決める。5.3.3 項 (3) の例では Yes/No 疑問文であるとする。次に意味表現の内部を順にたどり，名詞句を中心に情報を得ていく。その際，あらかじめ記載してある各名詞が本システムにおいて意図に直結する情報をもつか否かのデータと照合して，必要ならば意図を更新する。例では「ホテル」が宿泊意図を示すものとしてデータベースに記載されているため，意図は宿泊となる。その結果，以下のような意図が推定される。

```
*ACTION* = 宿泊したい   *ACCOMM* = ホテル
*LOCATION = 河口湖      *SUB-ACTION* = テニス
```

システムはこれに対応する検索を実行し，その結果とユーザの発話の意味理解結果からルールによってシステムの応答内容の意味表現を作成する。そして意味表現中の各単語にその意味属性に対応した助詞を補い応答文を作成して音声合成部に送る。

例えば，以下のような応答が返される。

「テニスのできるレイグランドホテルが河口湖にはあります」

5.3.4　POMDP による対話制御

システムの状態を，オートマトンの状態のように離散的に表現するのではなく，対話相手 (すなわちユーザ) が現在どの状態にあるかを確率的に表し，その確率の組みで連続的に表現する**部分観測マルコフ決定過程** (partially observable Markov decision process, POMDP†) という方法がある[10)]。

図 5.15(a) のような状態遷移を考えてみよう。これは，ボイスメールについて「保存」するか「削除」するかを音声対話により指示する場合のユーザの意

† 「ポム・ディーピー」と発音する。

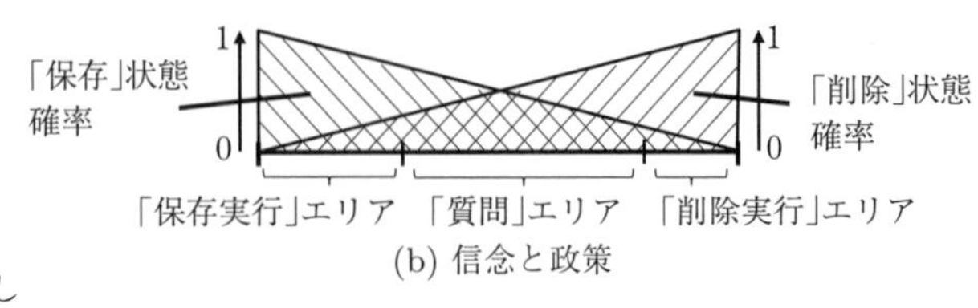

(b) 信念と政策

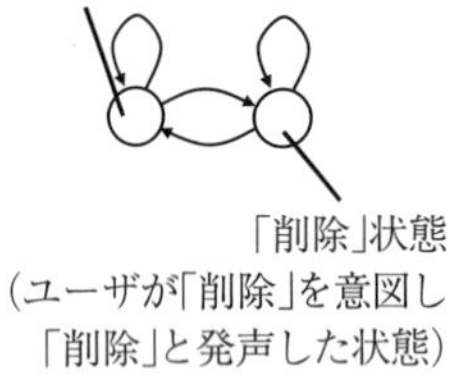

(a) 状態遷移図

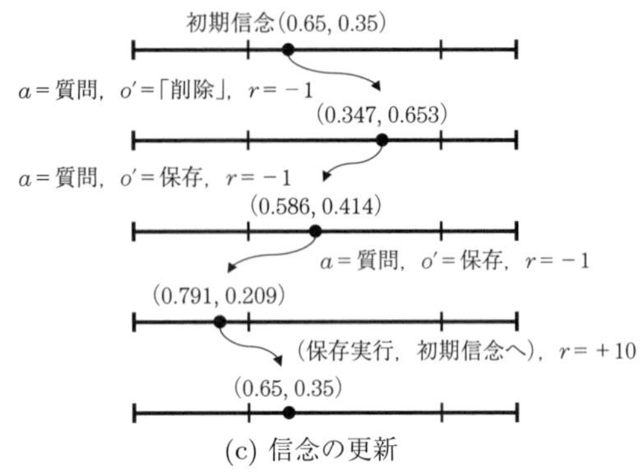

(c) 信念の更新

図 5.15　音声メールの削除/保存タスクにおける POMDP の状態，政策，信念の更新

図と発声を状態として表現したものである。簡単のため，意図が「保存」のときには「保存」,「削除」のときには「削除」のみ発声するとする。また，本来の POMDP では対話履歴も状態で表現するが，ここでは対話履歴は扱わない。したがって，ひとつのボイスメールの保存か削除を行うための一連の対話中では状態は変化しない。しかし，システムは最初はユーザの意図 (「保存」か「削除」か) がわからない。また，音声による入力は誤認識を伴うので，入力に従って決定的に状態を決めたとしても正しいとは限らない。

そこで，対話のある時点で削除/保存それぞれの状態 s にいる確率を求め，その確率の組みがシステムの**信念** (belief) $\boldsymbol{b}$ を表していると考える。図 (a) の場合，2 状態なので，$\boldsymbol{b}$ は図 (b) 一番上の図の左端 ($\boldsymbol{b} = (1.0, 0.0)$) が「保存」にいる状態，右端 ($\boldsymbol{b} = (0.0, 1.0)$) が「削除」にいる状態を表していると考えて，その間のいずれかの場所に対応する。システムは $\boldsymbol{b}$ に応じて**応答** (action) $a \in A$ を選択する。そして，ユーザ発話の認識結果 (observation, ここでは認識結果のみとするが，認識単語列とその音声認識信頼度などとすることもできる) $o \in O$

を得る。このとき，$\boldsymbol{b}$ の各要素である各状態の確率値 $b(s)$ は以下の式でユーザの発話ごとに更新する（ダッシュ記号 ($'$) は対話の 1 ターン後の変数を示す)。

$$
\begin{aligned}
b'(s') &= p(s'|o',a,b) && (5.1)\\
&= \frac{p(o'|s',a,b)p(s'|a,b)}{p(o'|a,b)} && (5.2)\\
&= \frac{p(o'|s',a)\sum_{s\in S} p(s'|a,b,s)p(s|a,b)}{p(o'|a,b)} && (5.3)\\
&= \frac{p(o'|s',a)\sum_{s\in S} p(s'|a,s)b(s)}{p(o'|a,b)} && (5.4)\\
&= k\cdot p(o'|s',a)\sum_{s\in S} p(s'|a,s)b(s) && (5.5)
\end{aligned}
$$

ここで，$p(s'|a,s)$ は状態遷移確率であり，本来システムの応答に依存する（ただし，図 5.15 の例では意図が変わらない。すなわち，$a=$ 質問 に対して $p($保存$|a,$保存$)=p($削除$|a,$削除$)=1$ となる)。式 (5.3) から式 (5.4) への変形では $p(s'|a,b,s)=p(s'|a,s)$ と仮定している。式 (5.4) の分母は s' に無関係なので正規化係数と見なして k とした。ユーザは状態（すなわちユーザの意図）に合わせて発話するが，認識率は 100%ではない。ここでは削除状態で質問された場合には「削除」と発話するが，$o'=$「削除」と正しく認識される確率は $p($「削除」$|$ 削除, 質問$)=0.7$，同様に，保存状態で「保存」と発話して $o'=$「保存」と正しく認識される確率は $p($「保存」$|$ 保存, 質問$)=0.8$ としよう。そして，応答 a は信念 $\boldsymbol{b}$ を**政策** (policy)π によってマッピング ($a=\pi(\boldsymbol{b})$) することで決定される。システムは同時に，**報酬** (reward) $r(s,a)$ を受け取る。

図 5.15 で対話の進行を考えよう。政策は，図 (b) の横軸を分割するように決められており，それぞれ「保存実行」,「質問」,「削除実行」エリアである。信念 $\boldsymbol{b}$ が，どのエリアに入るかによって応答 a が決まる。図 (c) のように，対話の前の初期信念を $\boldsymbol{b}=(b($保存$),b($削除$))=(0.65,0.35)$ とする。この初期信念は「質問」エリアにあるので，システムは「メールを保存するか削除するか」を質問する。ユーザは「保存」と発話する。しかし，システムは「削除」と誤認識し，信念の更新の結果，少し削除寄りの信念となる。しかし，まだ「質問」エリ

ア (すなわち“確信がもてていない”状態) なので，再度質問する。そして，ユーザの発話を「保存」と認識し，信念を更新する。これで保存に近づいたが，まだ「質問」エリアなので，再度質問し，それに対するユーザの回答を得て，それを「保存」と認識したため，信念更新の結果「保存実行」エリア (ユーザの意図が「保存」であると“確信した”状態) に入り，メールの保存が実行されて，初期信念に戻る。

この過程でシステムは報酬を得る。報酬はそのときの状態とシステムの動作(応答) から決まり，$r(\text{(状態)}, \text{(応答)})$ と書くとき，次のように設定したとしよう。正しい動作 (応答) をした場合には正の報酬 10 ($r(\text{保存}, \text{保存}) = r(\text{削除}, \text{削除}) = 10$) を得るが，保存すべき場合に誤って削除した場合には大きな負の報酬 -20 ($r(\text{保存}, \text{削除}) = -20$) が，削除すべきときに保存した場合も負の報酬 -10 ($r(\text{削除}, \text{保存}) = -10$) が与えられる (誤って削除した場合よりも誤って保存した場合のほうが被害が小さいために，絶対値は小さめの負の報酬となっている)。質問には小さな負の報酬 -1 ($r(\text{保存}, \text{質問}) = -1$ あるいは $r(\text{削除}, \text{質問}) = -1$) が与えられる。図 (c) の例では，ユーザの状態は対話を通して「保存」なので，最初から 3 回はシステムが質問することでそれぞれ報酬 $r(\text{保存}，\text{質問}) = -1$ を得る。4 回目にシステムは「保存」を実行する。保存したいという意図に対して正しく保存を実行したことで，報酬 $r(\text{保存}，\text{保存}) = 10$ を得る。すなわち，この対話を通してシステムは報酬を 7 得たことになる。

報酬が適切に設定されているときの政策は，**強化学習**などによって最適化できる。詳しくは文献[11)] に譲るが，Value Iteration 法ではシステムが将来獲得できる報酬を最大化する a を実行する政策を学習する。システムが将来の時刻 t までに得る報酬を信念の価値関数 $V_t(b)$ で表し，$t \to \infty$ とすると

$$V_\infty(b) = \sum_{\tau=0}^{\infty} \gamma^\tau \sum_s b_\tau(s) r(s, a_\tau) \tag{5.6}$$

が将来得る総報酬となる。γ は時間経過とともに効果を下げる割引率 ($0 \leqq \gamma \leqq 1$) であり，近い将来ほど影響が大きくなる。これは $V_1(b) = \max_a \sum_s b(s) r(s, a)$ と次の漸化式

$$V_{T+1}(b) = \max_a \left\{ \sum_s b(s)r(s,a) + \gamma \sum_{o'} P(o'|a,b)V_T(b'(s')) \right\} \quad (5.7)$$

を用いて得られる。ただし，b' は式 (5.1)〜(5.5) で求める次時刻の b, また式 (5.5) の k を用いて $P(o'|a,b) = 1/k$ である。

より実際的な対話システムに POMDP を用いる場合は，状態 s はユーザの意図，ユーザの発話，および対話履歴の組みで表現され，対話中にも状態は遷移する。しかし，実際にはユーザの意図はシステムには観測できない。またユーザの発話は誤認識を伴うため，正しい発話および対話履歴も観測できない。一方，o をユーザ発話の認識結果とすれば，これはシステムは観測できる。このように，ユーザの状態を表現する POMDP から一部の情報のみをシステムが観測できることから，「部分観測」マルコフ決定過程と呼ばれる。

5.4 マルチモーダル対話

これまで，自然言語あるいは音声言語に基づいて機械とコミュニケーションする対話について述べてきた。しかし，人間どうしの対話が手紙やメールなどの自然言語のみ，あるいは電話での音声言語のみによるものよりも，実際に会って対話するほうが情報が伝わりやすいといった経験からも，言語以外の情報伝達手段により伝わる情報も多くあることがわかるであろう。本節では，言語情報とその他の手段を併用する対話について述べる。なお，ここではおもに，人間どうしで対話する際に用いられる手段を用いたインタラクションを機械で実現したものをマルチモーダル対話と考えて説明することとし，機械を相手とする場合特有の入力手段については若干触れるのみとする。より一般的なインタフェースについては 7 章を参照されたい。

5.4.1 マルチモーダルな状態

まず，**モダリティ**という言葉を説明しよう。これは心理学の分野で用いられている用語で，「知覚的様相」などと訳される。すなわち，聴覚，視覚，触覚といった，感覚を通じて情報を伝達する手段をいう。言語もモダリティのひとつであり，特にこれを他と区別し，**バーバルモダリティ**と呼ぶ。それ以外のものを**ノンバーバルモダリティ**という。後に説明するが，音声には言語的要素とそれ以外の要素が含まれており，言語的要素以外のものはノンバーバルモダリティに分類される。

そして，これらのモダリティを，使い分けたり同時に使うことにより情報を伝達している状態をマルチモーダルな状態と呼ぶ。情報の送信者 (送り手) がもつ意図や感情などの伝達されるべき情報を，さまざまなモダリティに配分したり重複させたりして表現する。受信者 (受け手) は，その表現をインタフェースを通じて受信する。その際には耳や目などの感覚器というチャネルを用いて受信する。そしてそれらを統合的に認知して理解する。

例えば，バーバルモダリティでは伝わりにくい情報は別のモダリティで表現することが可能であれば，送信者はすべてをバーバルモダリティに頼ることなく表現可能となり，送信の負担が軽減される。一方，受信者にとっても理解が容易な表現で伝達されたほうが送信された情報がより正しく理解できる可能性が高い。さらに，情報が重複されて伝達された場合には，単一のモダリティでは (例えば音声の誤認識など) 誤る可能性がある場合にもその冗長性により訂正，補間が可能となる。

5.4.2 マルチモーダル対話システム

(1) 人間どうしのマルチモーダル対話を模倣した対話システム　マルチモーダルな状態で対話を行うことのできるシステムをマルチモーダル対話システムという。人間どうしの対話において音声以外で情報を伝達するノンバーバルな手段として，まず表情や身振りが思い付くであろう。これらのノンバーバルな振舞いは次の 5 つに分類される[12)]。

1. **標識** (emblems)　言語のかわりになるもの。手話やブロックサインなど。
2. **例示子** (illustrators)　発話と同調してその内容と結び付くもの。指差しなど。

3. **情感表示** (affect displays)　感情に伴い表出する，表情や身振り。
4. **調整子** (regulators)　会話を制御し円滑にするもの。うなずきや，手による発話の促しなど。
5. **適応子** (adaptors)　身体的要求などによるもの。足を組む，頭をかくなど。

この中で，音声言語と同時に用いることによって情報を最も効率的に伝達する手段となりうるのは例示子であろう。すなわち，音声による指示語 (「それ」や「あれ」など) と，対象の指し示しを同時に行うことによって対象の同定が容易に可能になる。

こうした観点で開発されたシステムは多くあるが，1980 年に MIT で開発された **put-that-there**[13] がよく知られている。カリブ海周辺地図が画面に表示されており，そこでの船の配置を指差しと音声で，例えば図 **5.16** のように指示することができる。

ユーザ：	(船を指さしながら) 「これを移動」	ユーザ：	「黄色い船を移動」
システム：	「どこへ?」	システム：	「どこへ?」
ユーザ：	(移動場所を指さしながら) 「ここへ」	ユーザ：	(ある地点を指さしながら) 「ここの北へ」

図 5.16　put-that-there との対話例

音声の「ここ」や「これ」などの指示語が，指さしという例示子によって内容が同定され，システムが対象と理解して動作する。

一方，うなずきや相槌などの調整子を出力に用いることにより，円滑な対話を成立させる試みもある。例えば Noddy[14] というシステムでは，画面に表示されたエージェント (人間の顔などを表示することにより人間的存在を感じさせるもの) が，ユーザの発話中のキーワードを検出するたびにうなずきながら相槌を打つ。それをさらに進めて，キーワード検出や話し相手 (すなわちユーザ) の発話の声の高さや強さやその変化，発話の速さ (話速)，無音の時間 (間) などから判断してタイミングよく相槌を打ったり返事をしたりすることのできるシステム[15)]も開発されていて，対話システムに対する親しみやすさを生んでいることが示されている。

この相槌を打つタイミングを図るために，声の高さや大きさに関する情報や，話速や間の長さの情報を使うと述べたが，これらを総称して**韻律**と呼ぶ。韻律には，音声中の言語情報では伝えられない情報を含めることができ，これらもノンバーバルモダリティとして表情や身振りと同様に重要である。

（**2**） **機械—人間間特有のマルチモーダル対話システム**　マルチモーダル対話システムは人間のマルチモーダル対話の効率性や自然さを求めて開発されてきた側面があるが，一方で，機械のインタフェースと考えた場合には必ずしも人間と同様のモダリティの組合せを考える必要はない。例えばコンピュータなどに特有のマウスやタッチペン，タッチパネルなどのポインティングデバイスと音声入力を組み合わせることにより，どちらか一方では難しい入力が容易に実現できる場合もある。

カーナビゲーションシステムでは，地名や観光地名などの入力をタッチパネルなどで行おうとすると，何度も選択肢を選択したり，仮名を1文字ずつ入力するなど，時間がかかり，目を離してしまうために危険でもある。そのようなときに音声対話で地図まで表示し，位置の微調整や目的地までの経路探索の指令，などはタッチ入力で行うのが効率的である。

コーヒーブレイク

対話システムの評価—チューリングテストとローブナー賞

究極の対話システムとは何か，という問への答えのひとつに「人間と区別できない」対話ができること，があろう。イギリスの数学者であったアラン・チューリングによって考案された**チューリングテスト** (Turing test) は，こうした考えの下で機械に知性があるか否かを判定するものである。質問者はテキストで相手と対話する。相手は2つあり，ひとつが人間で，他方が機械である。質問者はそれらにいろいろと質問をし，その回答を見た結果，どちらが人間でどちらが機械か区別できない場合，機械はテストに合格，すなわち知性があると判定される。

チューリングテストを実際に実行し，最も「人間らしい」機械に賞金とメダルを与えるのが1990年から毎年行われているローブナー賞の競技会 (Loebner prize competition) である。毎年，最も人間らしいとされた機械に約 2000 ドル (2012 年は 5000 ドル) 授与されている。そして人間と区別がつかないと判定された機械には 10 万ドルが授与されることになっているが，これまでに受賞したものはない。また，これを獲得する機械が登場したらローブナー賞は終了することとされている。

2008 年にはもう少しで 10 万ドル獲得となるものが現れた。審査員の 30%以上が人間と判定した場合に人間と区別がつかないと判定されるが，この年に優勝した Elbot は，12 人のうち 3 人，すなわち 25%が人間と判定したのだった。

この競技会や，チューリングテストそのものには批判もある。これまでの優勝者の多くは綿密に記述されたルールに従って返事をしたり，多数の事例を参考に回答を見つけて返事をしたりしている。すなわち，人間の発話を「理解」してはいない。また初期には，わざとミスタイプするなどして人間らしさを出していた。果たしてこれを「知性」と呼んでよいのだろうか。あなたはどう考えるだろうか。

章　末　問　題

【１】 5.3.4 項の例では，図 5.15(c) のように誤認識によって信念が $\boldsymbol{b} = (0.347, 0.653)$ に更新されている。本文中の確率値と式 (5.5) によりこれを確認せよ。

【２】 5.4.2 項で，韻律による情報伝達について触れた。その典型的な例として，対話中における「はい」という発声を考える。**図 5.17** の (a) および (b) には，対話中の 2 種類の「はい」の波形 (上段)，およびその F_0 軌跡 (2.1.2 項参照) を，音声分析ツール Praat(8.1 節 (b) 参照) により抽出した結果 (下段) を示している。これらを参考に，この発話の声の高さの変化の違いにより，対話相手にどのような情報が伝わるかを説明せよ。

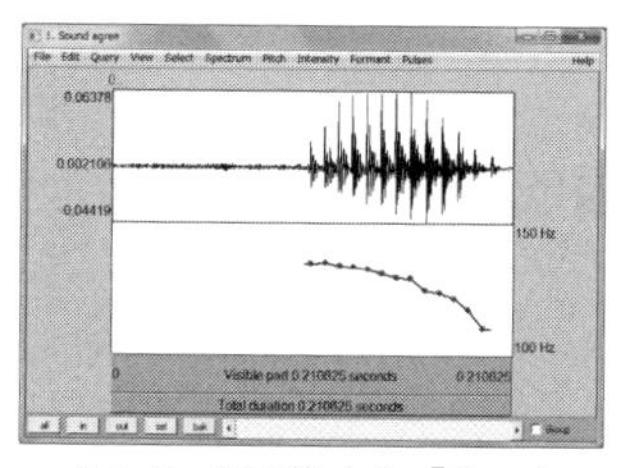

(a) F_0 が下降する「はい」

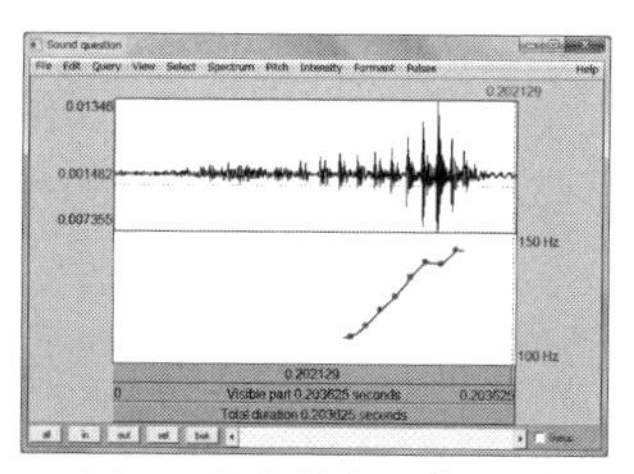

(b) F_0 が上昇する「はい」

図 5.17　対話中における 2 種類の「はい」(a)(b) の音声波形 (上段) と F_0 軌跡 (下段)。横軸はおよそ 0.2 秒。

6 翻訳システム

ある言語で書かれた文書をコンピュータを用いて他の言語に翻訳することを**機械翻訳** (machine translation, MT) あるいは自動翻訳 (automatic translation) と呼ぶ。また，入出力がテキストではなく音声である場合を**音声翻訳** (speech translation) と呼ぶ。初期の自然言語処理の研究 (1950〜1960 年代) は機械翻訳の研究であったといっても過言ではなく，また，現在 (2010 年代) においても自然言語処理の応用として最も挑戦的かつ研究が盛んな課題であり続けている。これは，機械翻訳という応用そのものが人間の夢のひとつであり，もし実現できた場合の価値を容易に想像できるわかりやすさに加え，達成目標の高さゆえにその時代の自然言語処理技術のレベルを試すための試金石的な存在であったためである†。また，機械翻訳技術と音声認識・合成技術を組み合わせた音声翻訳においては，自然言語処理と音声処理双方の困難さが掛け合わされ，さらに挑戦的な課題となる。本章では，機械翻訳の歴史をたどりながら機械翻訳における技術的な問題点を述べ，代表的な 3 つの機械翻訳手法，および音声翻訳について述べる。

6.1 機械翻訳の歴史と代表的なアプローチ

本節では初期から現在までの機械翻訳技術の発展について概観するとともに，機械翻訳の困難性がどこにあるかを述べる。

† 自然言語処理だけにとどまらず，人工知能というより広い文脈でも機械翻訳は代表的な試金石であった。

(1)　初期の手法　　第2次世界大戦直後 (1940年代後半) に暗号解読のために高められたコンピュータ技術を使い人間の言葉を自動的に翻訳する可能性が議論され，1954年にはジョージタウン大学 (Georgetown University) とIBM社はロシア語から英語への自動翻訳を実演した (ただし，辞書の大きさは260単語程度)。当時その他の国々でも機械翻訳技術への関心は高く，日本では1957年頃から電気試験所 (現 産業技術総合研究所) が研究を開始し，1959年に機械翻訳専用機**ヤマト**を発表した[1)]。

コーヒーブレイク

機械翻訳専用機ヤマト

ヤマトは以下のステップを順に処理して日本の中学1年生レベルの英文を日本語に翻訳した。

1. **英単語の検索:** 英語表記から品詞や日本語の訳語を辞書引きする。
2. **英文構造の分析:** 品詞並びパターンより名詞句や動詞句などの句を抽出し，次に句の並びパターンと動詞の種類 (自動詞や他動詞など) で英文構造を54種類に分類した。
3. **日本語文への変換:** 英文構造のパターンごとに日本語における句の並び，句のパターンごとに日本語における句内単語の並びを決定する。助詞の挿入は英文構造パターンで決まる。
4. **訳文作成:** 英単語の品詞ごとに対応する日本語が前段で決まった順序で出力される。簡単ではあるが，動詞や助動詞の活用処理もこの段階で行う。

辞書引きやパターンの発見は，それぞれの処理において最初に見つかったものを決定的に利用する。例えば，以下のように処理される。

入力：　I　have　some　eggs　in　my　hands.
ステップ1：　名詞　動詞　形容詞　名詞＋s　前置詞　形容詞　名詞＋s
ステップ2：　名詞句　動詞句　名詞句 (some eggs)　副詞句 (my hands in)
ステップ3：　名詞句 ガ　名詞句 ヲ　副詞句　動詞句
ステップ4：　ワレ　ガ　イクツカノ　タマゴ　ヲ　ワレノ　テノナカニ　モツ

当時のコンピュータは現在からは想像できないくらいに記憶容量，処理速度の性能が劣っていたため，登録単語数や英語の句や構造パターン数はきわめて限定的であった。逆にこの点が幸いし，自然言語処理最大の問題点である曖昧性の問題に直面することなく，中学1年生の1学期レベルの英語であれば60点くらいのテストの成績が取れるくらいであったと報告されている[1)]。

1950 年代 ~60 年代の実験的な機械翻訳システムは，翻訳対象を大きく限定し，単語ごとの訳語を表層的な構造解析に基づいて並べ替える方法であった。しかし，表層的方法で多様な自然言語文の構造解析を行うことは非常に難しく，翻訳対象を現実的な規模まで大きくすることはほとんど不可能である。これは，これまで本書で学んできた読者には容易に理解できよう。例えばヤマトでは，句レベルと文レベルの 2 階層で文法を記述するが，少し問題規模を大きくすると人間の手で網羅的に記述するのは非常に困難となる。たとえ記述できたとしても，曖昧性が爆発的に増えて表層的な情報だけでは曖昧性を正しく解消することはできない。また，構文構造の種類に応じて助詞を決めているが，実際には個々の動詞と関係する名詞によって構文構造は同じでも用いる助詞はさまざまに変化する。さらに，初期の方法における訳語はきわめて限定的なものしか考慮していなかったが，実際には目的語や文脈によって驚くほど多様に変化する。これらの問題を解決するためには 3 章で述べたように自然言語処理の曖昧性の解消技術を用いる必要がある。

(2) 規則に基づく機械翻訳　　1950 年代から 60 年代初期までは第 1 期の機械翻訳ブームと呼ばれており，アメリカだけでなく世界中でかなりの予算を使った研究が推し進められていた。しかし，上記 (1) で述べたようなナイーブな方法では当面人間による翻訳と比べてコスト面で及ばないというアメリカ政府のレポートが 1966 年に出現し (ALPAC レポートと呼ばれている)，研究予算は大きくカットされ研究は下火となった。しかし，その頃，言語学や心理学において人間の言語に関する理論的な研究が進むと同時に，人工知能と呼ばれる人の知能 (言語処理を含む) をコンピュータ上で実現しようとする研究分野が世界的に盛んになった。これらの基礎的な研究により，人間は言語を理解する際に膨大な背景知識 (常識といってもよい) を無意識に駆使していることがわかってきた。これらの知見を反映した機械翻訳システムを作成すれば，第 1 期ブームのシステムよりも格段に優れた実用レベルの機械翻訳システムが構成できるという期待が広がった。特に日本では高度成長期後期の時期でもあり，世界貿易の観点から機械翻訳のニーズが非常に高まり，官民をあげて機械翻訳の研究，商品化に邁進した。これが第 2 期の機械翻訳ブームである。

この時期の機械翻訳技術の特徴は，人間が無意識に用いている言語処理のための知識をすべて人手で解明し，コンピュータに載せようと意図した点にある。この知識のことを人がつくったという意味を込めて「規則」と表現し，この時期の手法をまとめて**規則に基づく機械翻訳** (rule-based MT) と呼ぶことが多い。

さまざまな手法が提案されたが，この時期最も性能が高かったのは，解析-変換-生成の 3 段階で翻訳を行う**トランスファー方式** (transfer-based MT) であり，この方式は現在でも商用機械翻訳システムの主流である。解析段階では，3 章で述べた技術をきっちりと用いて原言語文 (入力側言語を原言語 (source language) と呼ぶ) の構文/格構造解析を行い，変換段階でこれを目的言語 (出力側言語を目的言語 (target language) と呼ぶ) の構文/格構造 (同時に語順や訳語を決める) に変換し，そこから目的言語文を生成する。「変換」段階で，原言語の構文/格構造の豊富な情報を用いて，構造的かつ系統的に語順や訳語を決めていく技術がトランスファー技術の要である。

翻訳対象は学術論文のアブストラクトや製品マニュアルなど，形式や分野をある程度限定するが，社会に普通に流通している文章であり，高い目標を掲げていたといえる。10 人から数十人（翻訳ルールを書く言語の専門家を半数以上含む）のチームで，少なくとも数年をかけて多数の企業において商品レベルのシステムが 1980 年代に多数開発された。現在，インターネット上で利用できる機械翻訳サービスの翻訳エンジンは，この時期に開発されたシステムを祖としているものも多い。

規則に基づく手法によって，初期のシステムよりも翻訳対象が圧倒的に広い (数十万以上の辞書エントリーをもつ) 機械翻訳システムが開発された。しかし，一般の人が容易に理解できるような翻訳精度のシステムを開発することはそれほど簡単ではないことが，同時に明らかになってきた。規則に基づく手法の問題点は 6.2 節で詳しく述べる。

(3) コーパスに基づく機械翻訳と統計的機械翻訳　翻訳のための知識を人手で構築することをできるだけ減らし，機械がある程度自動でデータ (コーパス) から翻訳のための規則を抽出，利用する手法が**コーパスに基づく機械翻訳** (corpus-based MT) である。データは，おもに文単位で対訳となっている対訳コーパスが活用されるが，その他，大規模な単言語コーパスも利用される。もちろん，機械の学習能力は人間の学習能力に現時点でも及ばないが，機械は疲れを知らないために，100 万例を超えるような大規模な対訳コーパスを用いれば，荒削りな方法でも性能を上げることができるのではないかという発想である。すなわち，質より量へのパラダイムシフトである。

代表的な手法は**統計的機械翻訳** (statistical MT, SMT) と呼ばれ，ほとんどコーパスのみから翻訳のための確率モデルを構築し，原言語文 $\boldsymbol{f}$ が与えられたときの条件付き確率を最大とする目的言語文 $\boldsymbol{e}$ を出力するものである[5)]。次のように定式化される。

$$\bar{\boldsymbol{e}} = \arg\max_{\boldsymbol{e}} P(\boldsymbol{e}|\boldsymbol{f}) \tag{6.1}$$

この式は，$\boldsymbol{f}$ を入力音声，$\boldsymbol{e}$ を出力テキストとすれば，音声認識問題の定式化である noisy channel model の枠組み (2 章の式 (2.28)) と等価である。

$P(\boldsymbol{e}|\boldsymbol{f})$ の推定手法は，IBM 社のワトソン研究所のグループが統計的機械翻訳の枠組みを提唱すると同時に発表した[2)]。驚くべきことに，モデルを学習するデータは文単位の対訳コーパスだけ (単語対応などは付与されていない) にもかかわらず，単語の訳語や語順の並べ替えまですべて統計的な枠組み（最尤推定）で，推定する手法であった。出力される単語対応は想像以上に高精度であり，この技術は現在でも統計的機械翻訳技術の基盤技術として使われている。しかし，モデルはあくまでも単語をベースとしており，1950 年代の手法を統計的に再構築したものと見ることができる。技術的には大いなる進歩であったが，性能はその頃の知識に基づく手法とは比べものにならなかったため (低かった)，世界的に研究が活発化するのは 2000 年代に入ってからであった。

2000 年代に入ってから以下のような技術的な進歩により統計的機械翻訳手法の性能は飛躍的に高まり，一気に機械翻訳研究の主流となった。現在，次節で述べるニューラル機械翻訳手法への移行期であるが，統計的機械翻訳のアイデアの多くはニューラルネットワークに基づく手法でも活用されている。

- 翻訳の単位を単語から単語列（フレーズと呼ぶ）に拡張した手法[3),4)]。この手法は，単語単独では難しい訳語選択の問題を周辺の単語を含めて翻訳することでかなりのレベルで解決した。
- 自動評価手法の提案。機械翻訳の評価は困難で，従来，人手評価が主であったが，非常に時間がかかるうえに高コストであった。しかし，近似的ではあるが自動評価手法の開発で簡単に評価できるようになった。代表的な自動評価指標は BLEU[6)] である。BLEU は，参照文と翻訳文の N グラム ($N = 1 \sim 4$) 一致率の幾何平均である。
- 対数線形モデルと自動チューニング[7),8)]。対数線形モデル† でさまざまなモデルを自由に組み合わせ，自動チューニングで各モデルの重要度（重み）を自動的に付与できるようになった。
- 構文情報の組込み[9),10)]。構文情報を統計的手法に反映させることにより，日英翻訳などの比較的遠い言語間の翻訳性能が飛躍的に高まった。

統計的機械翻訳の他に，日本発の世界に誇る技術として**用例に基づく機械翻訳** (example-based MT) という手法がある[11)]。基本的な考え方は，現在翻訳しようとしている入力文と部分的に似ている例文を探し，その翻訳例を参考にしながら翻訳する手法である。フレーズ，節，文のレベルなどのさまざまなレベルの用例を組み合わせることにより，柔軟に翻訳できる。この手法の利点は，規則に基づく手法の大きな問題であった非常に細かい粒度の意味処理用知識の構築・管理の問題を膨大な用例を利用することにより解決できる可能性にある。本章では紙面の都合で用例に基づく手法は割愛するが，日本語による解説も多いので参照されたい[12)]。

(4) ニューラル機械翻訳　ニューラルネットワークをベースとしたニュー

---

† $P(\boldsymbol{e}|\boldsymbol{f})$ の真のモデルを推定することは，パラメータ推定手法（データ量）の限界や近似のための仮定などによって実際には困難である。対数線形モデルは多数の不完全なモデル（素性）を $P(\boldsymbol{e}|\boldsymbol{f}) \propto \exp(\sum_i \lambda_i f_i(\boldsymbol{e},\boldsymbol{f}))$ のように組み合わせ，真なるモデルに近づける試みである。ここで，$f_i(\boldsymbol{e},\boldsymbol{f})$ は素性関数，λ_i は素性関数の重みである。

ラル機械翻訳 (neural MT, NMT) システムが 2010 年代の中頃から急速に発展している。ニューラル機械翻訳もコーパスに基づく機械翻訳の一種であるが，ニューラルネットワークが得意とする特徴量の自動獲得を行いながら，複数のモデルを合体させた大規模なモデルを全体的に最適化する点が特徴である。さまざまなニューラル機械翻訳のモデルが現在進行形で発展しているところである。

まだ最終的な技術容態は見通せないが，現時点では，2 章で述べた深層ニューラルネットワークの各種ノウハウと RNN(LSTM) および 3 章で述べた単語の分散表現などをベースとし，機械翻訳に固有の技術として系列変換モデルと注意機構の技術が重要と考えられている。6.4 節では，おもに系列変換モデルと注意機構について解説する。

(5) 音 声 翻 訳　　これまで述べた手法は，テキストからテキストへの翻訳であったが，音声から音声への翻訳を**音声翻訳**と呼ぶ。例えば，輸入した製品の調子が悪く海外のサポートデスクに電話をかけたときに，自動的に機械が通訳してくれればありがたい (これを自動翻訳電話という)。しかし，これを実現するにはテキストの機械翻訳の問題に加え，2 章で述べた音声認識・音声合成の問題が加わるため非常に難しい課題となる。音声認識結果をそのまま機械翻訳にかけ，その出力を音声合成するようなナイーブな方法では，それぞれの部分の不完全さが複合/強調して，性能は上がらない。また，書き言葉と話し言葉では言語的な特徴が大きく異なるため，書き言葉の翻訳のために培われた機械翻訳技術がそのまま適用できない。

以上のような困難性に立ち向かうために，音声認識モジュールと機械翻訳モジュールを密結合させて，同時に解決するような枠組みがこれまで研究されてきた。本章の最後の節ではこれらの技術について述べる。

6.2　規則に基づく機械翻訳

6.2.1　規則に基づく機械翻訳の概要

複雑な対象を処理するときに工学一般で使われる手法は，全体として複雑な構造を還元主義的に構成要素に分解し，より単純な構成要素への処理を積み重ねることによって全体の処理を達成するというアプローチである。翻訳の場合に適用すると，文の小さな構成要素の翻訳を系統的に組み合わせて，文全体の翻訳を達成することになる。自然言語文の再帰的な構造を考えると，構成要素としては自然言語の何らかのレベルの構造表現 (構文構造や格構造など) の部分構造を用いるのが自然である。どのレベルの構造を用いるかによって，一長一短がある。**図 6.1** はこれを図示する**解析/生成ピラミッド** (analysis/generation pyramid) と呼ばれる図である。左下の入力文から始まり上に向かって解析を進めていき，どこかの段階で目的言語の構造へ変換し，目的言語の構造から目的言語文を生成する。図の上の距離は変換などの操作の処理量を表しており，意味処理を行うほど (ピラミッドを上に上がるほど) 言語依存の部分は少なくなり変換操作は少なくなることを意味している。しかし，その分意味処理などの各言語側の処理は多くなる。解析を最後まで進めて**中間言語** (interlingual) と呼ばれる特定の言語に依存しない，あらゆる言語の意味を表現できる言語のところまで行えば，変換操作は必要なくなる。このため，言語中立な中間言語まで解析する手法を**中間言語方式** (interlingual MT)，中間言語までいかないどこかのレベルで構造レベルの「変換」を行う手法をトランスファー方式と呼ぶ。トランスファー方式では 2 つの言語ペアごとに変換処理を行うための規則を書

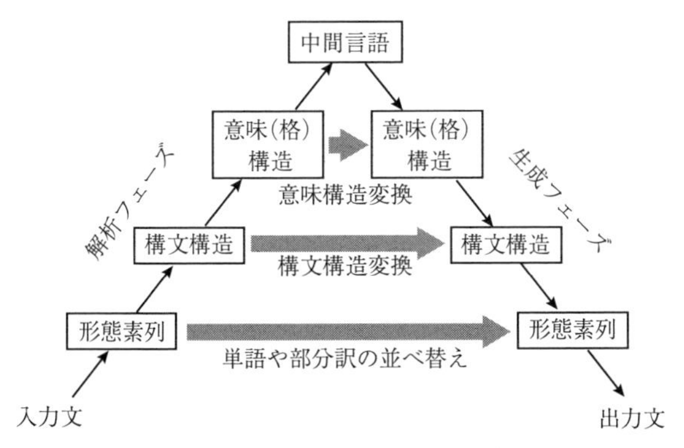

図 6.1 機械翻訳における解析/生成ピラミッド

く必要があるため，多数の言語間の翻訳システムを作成する場合に変換規則集合が2乗のオーダで増えてしまう（n 言語の場合は，$n(n-1)/2$）。中間言語方式では各言語ごとに中間言語への解析規則とそこからの生成規則を書けばよいので，規則集合は言語数に対して線形オーダとなる。しかし，実際には，言語独立でかつすべての言語の微妙な表現を反映させることのできるような中間言語を設計することは非常に困難であり，トランスファー方式よりも翻訳品質が劣る。現在では，中間言語方式はほとんど使われていない。

トランスファー方式では解析をどのレベルまで進めるかによって，さまざまなアプローチがある。解析を深くすればするほど言語中立となるため，変換規則を書くのは楽になるが，その分解析規則と生成規則を作成するのがたいへんになる。日本語と英語などのように，構文構造が大きく異なる言語間の翻訳では，構文レベルの変換は難しいので，格構造などの若干意味的に深い処理を行ったレベルでの変換が主流である。

トランスファー方式では大きく分けて2種類の変換処理が必要である。ひとつは訳語の選択（**単語変換**）であり，もうひとつは目的言語文を生成できるように目的言語に依存した構造への変換処理（**構造変換**）である。以上の流れを図**6.2**に図示する。入力文に対して3章で述べた技術を用いて格構造解析結果を得る。格構造中の「過去+」や「否定+」はそれぞれ過去形，否定形を表している。「予約する」は動詞 “reserve” かあるいは “make a reservation (appointment)”

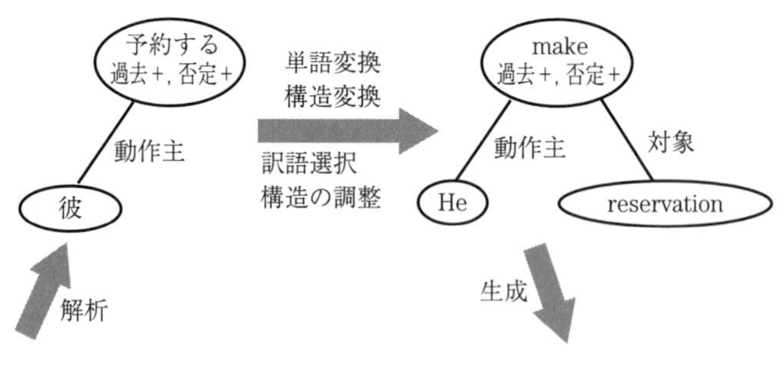

図 **6.2**　トランスファー方式の変換過程例

と訳されるが，動詞 “reserve” は他動詞であるため目的語が必要である。この例の日本語文では目的語が明示されていないため，“make a reservation” を選択し，構造的にも変化させる。ここから過去形，否定表現を加え，名詞に冠詞を付けて，最終的な目的言語文を出力する。

6.2.2 単 語 変 換

自然言語の単語のほとんどは複数の意味 (語義) をもち，異なる言語にほぼ意味的に対応する単語があったとしても語義集合が完全一致することは稀である。この結果，原言語と目的言語の単語は一般に 1 対 1 に対応しないので，周囲の文脈などを利用して訳語 (語義) を決める必要がある。ある一部の語義が完全に一致する訳語がある場合は，構文解析を行う際に 3 章で述べた語義ごとの格フレームのうちどれを用いたかがわかっているので，語義に対応する訳語を選択すればよい。

しかし，残念ながら言語的に離れた 2 言語 (例えば，英語と日本語) では語義自体が完全に一致しないことも多く，構文解析のための語義 (格フレーム) よりも遥かに粒度が小さい意味を考える必要がある。例えば，「豆腐は 3 日もつ」の「もつ」は「長持ちする」という語義であるが，対象によってさまざまに訳語は変化する。例えば以下のようになる。

> keep(食料が), live(病人が), last(品物が), stand(建物が), hold(天気が),...

構文解析のためには上記の違いをあえて区別するメリットは少ないが，訳語選択のためには必須である。単語変換のフェーズでこれらの違いを区別し，訳語の選択処理を行う。メカニズムは格フレームの**選択制限** (3.3.2 項) と同様であるが，かなり細かい**意味素** (3.3.1 項) が必要である。

名詞に関する語義の多様性についても，動詞同様に構文解析時にある程度解決されてはいるが，語義自体が微妙にずれている場合は，この段階で特別な訳語選択処理を行う必要がある。例えば，先ほどの「予約」についてはもっぱら以下の 2 つの訳がありうる。

- reservation: 旅行，ホテル，レストランなどの施設や場所の確保
- appointment: 先生，医者，美容院などの人と会う約束

このため，「ホテルの予約」は "a hotel reservation" であるが，「歯医者の予約」は "a dental appointment" である。このように「予約」の対象によって訳語を変える必要があるが，組合せが無数にあるため，すべてを連語として登録するわけにはいかず，パターンと意味素の組合せで解決する必要がある。逆に英語側から日本語に翻訳する場合も，同様にさまざまなレベルで曖昧性が生じる。英和辞典を見たことがあれば明らかであろう。

6.2.3 構造変換

原言語の構造に付加的な要素を加えたり，不必要な要素を削除したりして，目的言語の自然な構造へ変換する。基本的には木構造のノードごとに変換規則を適用する。各変換規則はその規則を実行する条件(木構造上のパターン)と，条件が適合した場合にどのように構造を変換するかの情報をもつ。あるいは，原言語のある表現について，目的言語側に構造的に同じ表現が存在しないか，より自然な表現が構造的に異なる場合には，構造レベルで大きな変更も行う。例えば，図 6.2 の例では，"予約する" を "make a reservation" と動詞まで変化させたために，構造的にも大きな変更を行っている。

他の例としては，「彼はホテルを予約しなかった」の例を考えよう。この場合は，動詞の目的語があるので "reserve" と翻訳できそうであるが，英語では "reserve a hotel" とは言わずに "reserve a hotel room" と言うのが一般的である。日本語では省略されている「部屋」を補う必要がある。この様子を図 **6.3**(a) に示す。(b) は "make a reservation" を用いた場合の例である。(b) の場合は「予約する」の目的語である「ホテル」の訳語を "reservation" を限定する名詞として構造的に移動する必要がある。

その他，日本語のある表現のタイプが英語の別の構造にしたほうが自然である場合も積極的に構造変換を行う。例えば，「私に責任はありません。」の自然な訳として "I'm not responsible." を出力したい。この場合，「ある」をいつも

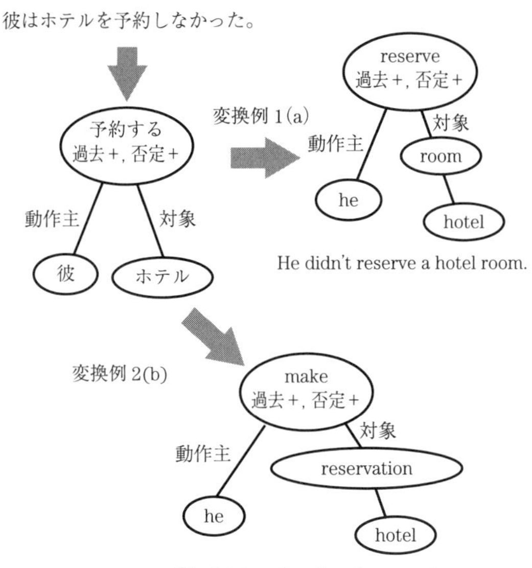

図 **6.3** トランスファー方式の構造変換例

“There is” 構文で訳すのではなく，「～ がある」を形容詞で表現できる場合には “be ～ の形容詞表現” と変更する。

6.2.4 規則に基づく手法の問題点

1980 年代に規則に基づくアプローチによって多数の機械翻訳ソフトが開発されたが，当初予定された高い翻訳性能はなかなか達成できなかった。これはある程度のレベルになると例外的な規則が多くなり，その相互関係の管理がきわめて複雑となることが原因である。人工物の設計であれば，相互関係が弱くなるように各モジュールをほとんど分割可能なレベルに切り分けることが行われるが，残念ながら自然言語は設計，変更できないため，複雑な規則間の相互作用をそのまま処理するしかない。そういう意味で機械翻訳システムの知識 (プログラムといってよい) は，人間が構築した最も複雑なシステムであるという見解も存在する。

自然言語処理に必要な知識自体が複雑であるという理由もあるが，機械翻訳の場合，2 言語間にまたがる意味を処理するために，非常に細かい粒度で意味を区別する必要があるという機械翻訳固有の問題がある。

例えば，「まだ予約を入れてません」の「入れる」の翻訳を考えよう。この場合は，自然な翻訳は “I haven't make a reservartion yet” であり，「入れる」は “make” と翻訳する必要がある。しかし，「入れる」を “make” と翻訳するのはかなり例外的である。例えば，ある和英辞書を調べてみると，**図 6.4** に一部を示すように「入れる」は 18 種類の語義に分かれて延べ 60 個以上もの訳語が例文とともに示されているが，“make” はない。これは日本語の「入れる」が非常に広い事象に使える単語であるからであるが，訳語はこれだけであると規定することは困難であり，対象や文脈によって訳語は想像以上に多様に変化する。すべての対象や文脈を網羅する規則を書くのはきわめて困難である。すなわち，辞書におけるいわゆる「語義」よりももっと細かい粒度で意味を区別する必要があり，規則を書く人に非常に高いレベルの言語的直感を要求することになる。

いれる【入れる】
1. (物を外から中に移す)put something into, ...
2. (中に移したままにする)leave something in, ...
3. (はめこむ) set[fit] something in, ...
4. (加える) add (to), ...
5. (導入する) introduce, ...
6. (納入する) deliver, ...
7. (ある場所に人や物を導き入れる) let in, ...
8. (仲間に加える) take someone in, ...
9. ...

図 6.4　和英辞典の「入れる」のエントリー例

さらに，このレベルの意味処理になると文脈的な影響が無視できなくなる。単語変換のところで述べたように，「予約」には状況によって異なる 2 つの訳語 “reservation” と “appointment” がある。「夕食の予約」の場合はレストランへの予約であるため，“a dinner reservation” と訳す場合が多いが，「夕食」は人と会うことも含むために微妙となる。例えば，「彼との夕食の予約」であれば，“a dinner appointment with him” であろう。さらに，「彼との夕食の予約をレストランに入れた」ともなると「予約」をどう訳せばよいかネイティブでなければ人間にも難しい。このように，2 言語の語義などのズレから 2 言語の意味の積を取った粒度で意味処理を行う必要があるうえに，細かなレベルの意味は文脈から大きな影響を受けるために，適切に扱うメカニズムや規則を書いていくのはきわめて困難となる。

もうひとつの問題は最適化の観点の欠如である。仮名漢字変換の例でもあったように (3.1.3 項)，自然言語処理は正解がただひとつで，他はすべて間違いという問題とは異なる。多数の正解候補があり，それぞれの正しさの程度が違うだけである。これらの中から，できるだけ正しさの程度が高い候補を見つけ出すことが自然言語処理という工学技術の本質である。機械翻訳においても，形態素解析，構文解析，意味解析，変換，文生成の各段階でできるだけ最適な解が得られるように処理されるが，規則に基づくアプローチでは残念ながら全体を通して最適化するという観点はほとんど考慮されていない。構造変換時には妥当であっても，目的言語の生成段階で適切な語彙をもっていない場合はおかしな翻訳結果が出力されてしまう場合がある。人間ならば，生成段階での適切な表現語彙がない場合は，構造的なレベルで他の代替変換を行うはずである。例えば，図 6.2 の例で，「入力例文には目的語がないので “reserve” を使うよりも “make a reservation” を使うのが適切である」と説明したが，部分部分の適切さ，さらにそれをまとめた場合の適切さの知識を人間が網羅的な規則として書いていくのは困難である。

以上，まとめると知識に基づく手法は以下の 2 点が，性能向上に対するネックになっている。

- 機械翻訳における意味理解は，自然言語処理の中でも最も細粒度のレベルであり，そのレベルでは意味が文脈の影響で揺らぐため，適切に処理するためには複雑かつ膨大な規則が必要となる。
- 最適化の観点の欠如。

これら問題は 1980 年代には認識されており，これを克服するためにコーパス (データ) に基づく機械翻訳手法の研究が 1990 年代から盛んになり，現在に至っている。

6.3 コーパスに基づく機械翻訳と統計的機械翻訳

つまるところ，翻訳という作業はきわめて知的かつ創造的であるということである。普通の日常的な文の翻訳でさえ (というか，日常的であればあるほど) 辞書に載っていないような訳語をひねり出す必要が頻繁に生じる。人間の知能をコンピュータに載せることがほとんどできていない以上，当面の間，創造的な部分はある程度あきらめるしかない。そこで，現在研究が最も盛んな方法は人間の訳をひたらすら真似て翻訳する方法である。知識に基づく手法の最大の問題点は，機械翻訳に必要な知識をすべて人手で書いていくと，相互作用により規則がどんどん複雑になっていき，管理できなくなる点にあった。そこで，コーパスに基づく機械翻訳手法は，人手によって考え抜かれた複雑な規則を放棄し，大量のコーパスから大量に自動生成される比較的単純な翻訳規則を用いる。規則が単純でかつ系統的に生成されるため，規則の重要度の付与もある程度自動化できる。大量かつ重みの自動調整の 2 点を活かして，抽象化能力が人間よりもはるかに劣る点を補う試みである。

コーパスに基づく手法は，機械学習の部分を正しく構成すれば，コーパスを増やせば増やすほど性能が上がるシステムを作成でき，近い将来のある時点で知識に基づく手法を性能的に追い越すのではないかと期待されている。

本節では，特に人間が作成した知識を排するという意味では 6.4 節で述べるニューラル機械翻訳とともに最も極端な立場を取る**統計的機械翻訳**について述べる。

6.3.1 単語単位の統計的機械翻訳

最初の統計的機械翻訳のモデルと学習手法は IBM 社ワトソン研究所のグループによって提案された[2)]。このグループの多く研究者はもともと音声認識の研究者であり，1980 年代後半から急成長した音声認識と同じ枠組みを機械翻訳に利用するという革新的なアイディアを導入した。

原言語文 $\boldsymbol{f}$ が与えられた条件下での目的言語文 $\boldsymbol{e}$ の確率 $P(\boldsymbol{e}|\boldsymbol{f})$ が正確に与えられれば，ベイズの識別則からこの確率を最大化する $\boldsymbol{e}$ を選択することによって，誤り率を最小にできる。音声認識の場合と同じように以下のように分解する。

$$\begin{aligned}\hat{e} = \arg\max_{\boldsymbol{e}} P(\boldsymbol{e}|\boldsymbol{f}) &= \arg\max_{\boldsymbol{e}} \frac{P(\boldsymbol{f}|\boldsymbol{e})P(\boldsymbol{e})}{P(\boldsymbol{f})} \\ &= \arg\max_{\boldsymbol{e}} P(\boldsymbol{f}|\boldsymbol{e})P(\boldsymbol{e}) \end{aligned} \tag{6.2}$$

式 (6.2) の $P(\boldsymbol{f}|\boldsymbol{e})$ を**翻訳モデル** (translation model)，$P(\boldsymbol{e})$ を**言語モデル** (language model) と呼ぶ。言語モデルは音声認識で用いられるものとまったく同じである。

翻訳モデル $P(\boldsymbol{f}|\boldsymbol{e})$ としては，**IBM モデル 1** から **IBM モデル 5** と呼ばれる徐々に複雑/精巧になっていくモデルが提案された。これらモデルでは共通して**単語対応** (word alignment) という概念が用いられる。学習データとしての対訳文集合には単語の対応が付与されていないため，確率モデルとしてすべての単語対応を考慮しながらモデル化を行う必要がある。対訳ペアの単語対応の例を図 **6.5** に示す。

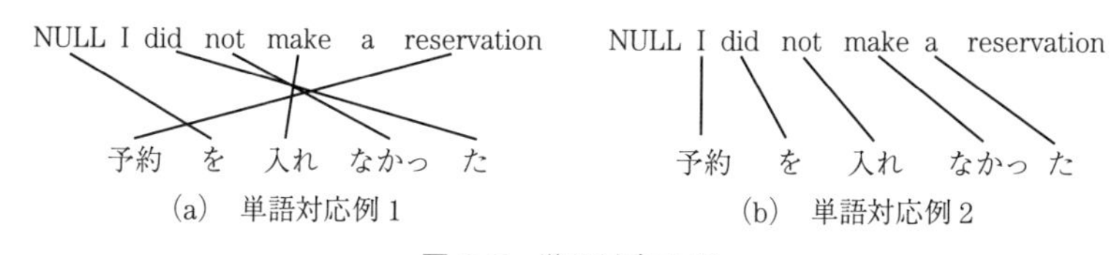

図 **6.5**　単語対応の例

$P(\boldsymbol{f}|\boldsymbol{e})$ の翻訳モデルを考える場合，$\boldsymbol{f}$(日本語) のそれぞれの単語に対応する $\boldsymbol{e}$(英語) の単語がちょうどひとつあると仮定する。対応する単語がない場合は，$\boldsymbol{e}$ 側に置いた NULL 単語 (0 番目の単語とする) に対応すると考える。(a) は直感的に正しい対応の例であるが，(b) の単語対応は明らかにおかしい。しかし，どの対応が正しいかはわからないため，統計的機械翻訳ではあらゆる単語対応をすべて考慮する。ただし，確率を考慮するため，理想的には人間の直感と異なる単語対応の確率は低くなることが期待される。形式的な表現としては，$\boldsymbol{f}$

側に m 単語あるとすると，それぞれの単語が $\boldsymbol{e}$ 側の何番目の単語に対応しているかの数値の列 $\boldsymbol{a} = a_1, ..., a_m$ で，あるひとつの単語対応を表現することができる。0 は NULL 単語を意味する。

図 6.5 のようなさまざまな単語対応について，$\boldsymbol{f}$ との同時確率の和をすべて取ることによって $P(\boldsymbol{f}, \boldsymbol{a})$ を周辺化できる。単語対応 $\boldsymbol{a}$ を仮定すると単語ごとの対応確率に分解して考えることができるようになるため，次のような変形が可能となる。

$$
\begin{aligned}
P(\boldsymbol{f}|\boldsymbol{e}) &= \sum_{\boldsymbol{a}} P(\boldsymbol{f}, \boldsymbol{a}|\boldsymbol{e}) \\
&= \sum_{\boldsymbol{a}} P(m|\boldsymbol{e}) P(\boldsymbol{a}|m, \boldsymbol{e}) \prod_{i=1}^{m} P(f_i|\boldsymbol{f}_1^{i-1}, \boldsymbol{a}, m, \boldsymbol{e}) && (6.3) \\
&\approx \sum_{\boldsymbol{a}} P(m|\boldsymbol{e}) P(\boldsymbol{a}|m, \boldsymbol{e}) \prod_{i=1}^{m} P(f_i|e_{a_i}) && (6.4) \\
&\propto \sum_{\boldsymbol{a}} \prod_{i=1}^{m} P(f_i|e_{a_i}) && (6.5)
\end{aligned}
$$

ここで，f_i は $\boldsymbol{f}$ の i 番目の単語，$\boldsymbol{f}_1^{i-1}$ は $\boldsymbol{f}$ の最初 (1 単語目) から $i-1$ 番目までの単語列，e_{a_i} は f_i に対応する $\boldsymbol{e}$ 側の単語である。式 (6.3) までは厳密な変形であり，f_i の確率は単語対応がある e_{a_i} だけに依存すると仮定すると，式 (6.4) のように近似できる。さらに，$P(m|\boldsymbol{e})$ および $P(\boldsymbol{a}|m, \boldsymbol{e})$ に一様分布 (定数) を仮定すると，式 (6.5) が得られる。これが IBM モデル 1 であり，**EM アルゴリズム** (2.2.3 項) によって単語対応が付いていない対訳データから厳密な最尤推定ができることが知られている。対訳文のペアで共起しやすい単語ペアは対訳の関係にある可能性が高いことをうまくモデル化した手法である。以下によく使われるより複雑な IBM モデルを列挙する。モデル 1 から徐々に複雑になる。

IBM モデル 2: 単語対応の確率 $P(\boldsymbol{a}|m, \boldsymbol{e})$ をデータから推定するモデル

IBM モデル 3: $\boldsymbol{e}$ 側のひとつの単語から対応する $\boldsymbol{f}$ 側単語の数を制限する繁殖確率を取り入れたモデル

IBM モデル 4: 単語対応を絶対位置ではなく相対的な位置に変更したモデル

IBM モデル 5: 確率モデル的な不完全を修正したモデル

翻訳を行う際には，$\boldsymbol{f}$ が与えられると可能な限り多くの翻訳候補 $\boldsymbol{e}$ の中から $P(\boldsymbol{f}|\boldsymbol{e})P(\boldsymbol{e})$ を最大化する $\boldsymbol{e}$ を選ぶ。これを**デコーダ** (decoder) と呼ぶ。翻訳モデル $P(\boldsymbol{f}|\boldsymbol{e})$ の確率を求めるためにすべての $\boldsymbol{a}$ を足し合わせることが計算量的に困難であるため， 実際のデコーダでは，$P(\boldsymbol{f}|\boldsymbol{e})$ を次のように $P(\boldsymbol{f},\boldsymbol{a}|\boldsymbol{e})$ の最大値で近似する。

$$
\begin{aligned}
\hat{e} &= \arg\max_{\boldsymbol{e}} \sum_{\boldsymbol{a}} P(\boldsymbol{f},\boldsymbol{a}|\boldsymbol{e})P(\boldsymbol{e}) \\
&\approx \arg\max_{\boldsymbol{e}} \max_{\boldsymbol{a}} P(\boldsymbol{f},\boldsymbol{a}|\boldsymbol{e})P(\boldsymbol{e}) \qquad (6.6)
\end{aligned}
$$

適切なモデルでは不自然な単語対応には非常に小さな確率しか付与されずに，おおよそ正しい単語対応に大きな確率が付与されると期待できるため，この近似はそれほど無茶なものではない。

また，翻訳モデルの学習後に $\boldsymbol{e}$ と $\boldsymbol{f}$ を固定し，$P(\boldsymbol{f},\boldsymbol{a}|\boldsymbol{e})$ を最大化するような $\boldsymbol{a}$ を見つけることによって，学習データの単語対応を自動的に付与できる。もともと単語対応が付いていなかった学習データから，例えば図 6.5(a) が結果として得られることが期待できる。IBM モデルは，最近では実際の翻訳モデルとしてはあまり使われなくなったが，単語対応を自動的に付与する手法としては現在でも最も強力な手法のひとつであり広く使われている。自動で単語対応が付与された対訳文を用いて次のフレーズ単位の翻訳モデルが構築される。

6.3.2　フレーズ単位の統計的機械翻訳

単語単位の翻訳モデルである IBM モデルでは，原言語単語の翻訳候補を評価する際に周りの文脈をほとんど使わないため，6.2.2 項で述べたような理由で訳語選択があまりうまくいかない。また，単語のレベルで並べ替えるのは自由度が大きすぎてこれもあまりうまくいかない。この 2 つの問題を解決する方法が**フレーズ翻訳モデル**である[3),4)]。ここでいう「フレーズ」とは言語学的な「句」

の意味での単位ではなく，単に複数の単語からなる列を意味する。単語列から単語列へまとめて翻訳することにより，文脈的に決まる訳語選択をかなりの精度で行えるようになる。また，フレーズ内の並べ替えが必要でないため，この点でも有利である。

モデル的には，IBM モデルの単語対応を**フレーズ対応** (phrase alignment) に置き換えることによってさまざまなモデルを考えることができる。例えば，次のような近似を行ったモデルがよく利用されている。ここで，原言語 $\boldsymbol{f}$ と目的言語 $\boldsymbol{e}$ がどちらも I 個のフレーズに分割されたとすると，フレーズ分割はそれぞれ，$\bar{\boldsymbol{f}} = \bar{f}_1, \bar{f}_2, ..., \bar{f}_I$ および $\bar{\boldsymbol{e}} = \bar{e}_1, \bar{e}_2, ..., \bar{e}_I$ と表現している。$\bar{f}_i$ および $\bar{e}_i$ はそれぞれ原言語および目的言語のフレーズである。また，フレーズ対応 $\boldsymbol{a}$ はどちらの言語側にも I 個のフレーズがあり，1 対 1 で対応していると考え，$\boldsymbol{a} = a_1, a_2, ..., a_I$ と表現する。ここで，a_i は目的言語中の i 番目のフレーズが a_i 番目の原言語文のフレーズに対応していることを意味する。

$$P(\boldsymbol{f}|\boldsymbol{e}) = \sum_{\bar{\boldsymbol{f}},\bar{\boldsymbol{e}},\boldsymbol{a}} P(\boldsymbol{f}, \bar{\boldsymbol{f}}, \bar{\boldsymbol{e}}, \boldsymbol{a}|\boldsymbol{e}) \tag{6.7}$$

$$= \sum_{\bar{\boldsymbol{f}},\bar{\boldsymbol{e}},\boldsymbol{a}} P(\bar{\boldsymbol{e}}|\boldsymbol{e})P(\boldsymbol{a}|\boldsymbol{e}, \bar{\boldsymbol{e}})P(\bar{\boldsymbol{f}}|\boldsymbol{e}, \bar{\boldsymbol{e}}, \boldsymbol{a})P(\boldsymbol{f}|\boldsymbol{e}, \bar{\boldsymbol{e}}, \bar{\boldsymbol{f}}, \boldsymbol{a}) \tag{6.8}$$

$$\approx \sum_{\bar{\boldsymbol{f}},\bar{\boldsymbol{e}},\boldsymbol{a}} P(\bar{\boldsymbol{e}}|\boldsymbol{e})P(\boldsymbol{a}|\bar{\boldsymbol{e}})P(\bar{\boldsymbol{f}}|\bar{\boldsymbol{e}}, \boldsymbol{a}) \tag{6.9}$$

$$\propto \sum_{\bar{\boldsymbol{f}},\bar{\boldsymbol{e}},\boldsymbol{a}} P(\boldsymbol{a}|\bar{\boldsymbol{e}})P(\bar{\boldsymbol{f}}|\bar{\boldsymbol{e}}, \boldsymbol{a}) \tag{6.10}$$

式 (6.7) と式 (6.8) は周辺化によって厳密に展開されている。式 (6.9) では，フレーズ対応 $\boldsymbol{a}$ と原言語側フレーズ $\bar{\boldsymbol{f}}$ の確率を近似し，$\bar{\boldsymbol{f}}$ は $\boldsymbol{f}$ を分割しただけなので $P(\boldsymbol{f}|.., \bar{\boldsymbol{f}}, ..) = 1$ である。$P(\bar{\boldsymbol{e}}|\boldsymbol{e})$ を一様分布と仮定し，式 (6.10) を得る。

さらに，対訳フレーズの確率は対応関係のあるフレーズ間のみで決まると考え，またフレーズ対応は目的言語フレーズとその左隣のフレーズの対応がどこにあるかに依存して決まると仮定し，以下のように近似を進める。

$$P(\bar{\boldsymbol{f}}|\bar{\boldsymbol{e}}, \boldsymbol{a}) \approx \prod_{i=1}^{I} P(\bar{f}_{a_i}|\bar{e}_i) \tag{6.11}$$

$$P(\boldsymbol{a}|\bar{\boldsymbol{e}}) \approx \prod_{i=1}^{I} P(a_i|\bar{e}_i, a_{i-1}) \tag{6.12}$$

a_i に関しては，目的言語文でひとつ左隣りのフレーズのフレーズ対応と比較して，まずは原言語の対応フレーズが隣り合う場合と隣り合わない場合 (discontinuous) に分け，隣り合う対応がクロスする場合 (swap) とそうでない場合 (monotone) の 3 種類に分類し，スパースネスに対応する。例えば，**図 6.6** の "did not" と "なかった" の対応が swap である。

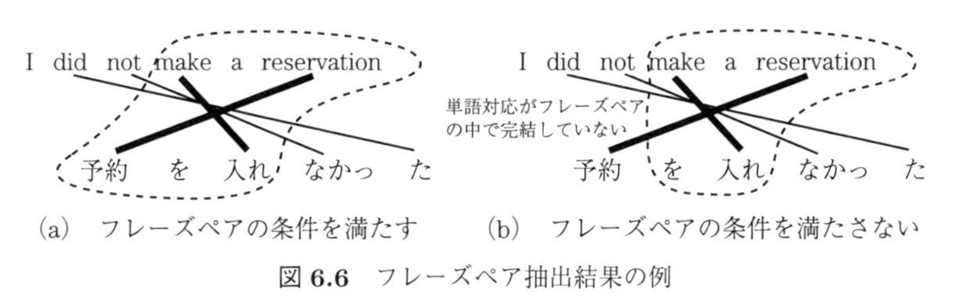

(a) フレーズペアの条件を満たす (b) フレーズペアの条件を満たさない

図 6.6 フレーズペア抽出結果の例

フレーズ翻訳モデルになると，モデルの推定を厳密に行うことは困難となるため，ヒューリスティックスが多用される。例えば，**フレーズペア** (辞書に登録する対訳フレーズ) の学習では，IBM モデルなどで付与された単語対応と矛盾しない以下のような条件を満たすフレーズペア $<\bar{\boldsymbol{e}},\bar{\boldsymbol{f}}>$ がすべて抽出される。

1. $\bar{\boldsymbol{e}}$ と $\bar{\boldsymbol{f}}$ の間に少なくともひとつの単語対応が存在する
2. 単語対応が $\bar{\boldsymbol{e}}$ と $\bar{\boldsymbol{f}}$ の中で完結する

例えば，図 6.6 に上記条件を満たすフレーズペア (a) とそうでないフレーズペア (b) を点線で示す (NULL は削除した)。(a) は "make a reservation" と「予約 を 入れ」がフレーズペアとして対応しており，内部の単語対応は点線内で完結している。(b) は "make a reservation" と「を 入れ」の対応であるが，"reservation" と「予約」の単語対応が点線からはみ出しており，これは上記の条件を満たさない。その他，図 6.6 の単語対応例からは，例えば，"did" を必ず含み，英語側フレーズの単語数を最大 4 と限っても次のようなフレーズペアが抽出される。

- did ↔ た, I did ↔ た, did not ↔ なかっ た, I did not ↔ なかっ た

- did not make ↔ 入れ なかっ た, did not make ↔ を 入れ なかっ た
- I did not make ↔ 入れ なかっ た, I did not make ↔ を 入れ なかっ た
- did not make a ↔ 入れ なかっ た, did not make a ↔ を 入れ なかっ た

どのような制限を行うかにもよるが，例えば，対訳文1ペア当り50～100個の対訳フレーズペアを抽出し，200万文ペアのデータを用いると，重複したものを除いて1億程度のフレーズペアのテーブルが獲得できる。フレーズに基づく手法を発展させた統計的機械翻訳システムを用いると，現在，一部の言語ペアにおいては規則ベースの手法に匹敵するほどの性能をもつシステムが構成できる段階まできている。ゴミのようなフレーズペアも多いが，有用なフレーズペアも上記の方法で確実に獲得できているということである。

6.4　ニューラル機械翻訳

ニューラル機械翻訳は2010年代半ばくらいから急速に発展し，現在でも進化中の技術であるが，すでに統計的機械翻訳の性能を超えたという報告がいくつか存在する[14]。本節では近年のニューラル機械翻訳の性能向上に中心的な役割を果たした系列変換モデルと注意機構について解説する。

6.4.1　系列変換モデルによる機械翻訳

自然言語文の入力は長さが決まっていないので，順伝搬型のニューラルネットワークよりもRNNのほうが機械翻訳に適することは容易に想像できるであろう。しかし，RNN言語モデルのようなモデルでも，語順の問題や入力と出力で長さが異なる問題に対応するのは難しそうである。そこでRNN言語モデルを2つ用意し，それぞれを原言語の処理，目的言語の処理に振り分けて用いる**系列変換モデル** (sequence to sequence model)[13]，あるいは**符号化-復号化モデル** (encoder-decoder model) と呼ばれる手法が提案された。

2章で述べたRNN言語モデルを考えよう。RNN言語モデルでは，文の単語を先頭から順番にニューラルネットワークに入力し，次の単語の出現確率を予

測する。ある時点の単語までの文脈情報は，隠れ層のベクトルとしてRNN言語は蓄えている。これを原言語入力文の文末の単語まで繰り返した場合，隠れ層が蓄えているベクトルは原言語文全体の意味を表現していると解釈できる。このベクトルを2つ目のRNN言語モデル（目的言語用）の初期状態として与え，そこから次々と目的言語の単語を確率的に生成していく手法がRNNを用いた系列変換モデルである。

単語の入力にはニューラルネットワークを用いた自然言語処理を行う場合の常套手段である分散表現（3章）を用いる。分散表現は単語のone-hotベクトルを数百次元程度のベクトルに変換した表現であるが，このベクトルも全体最適化の中で学習する。

図6.7に系列変換モデルのアーキテクチャを示す。図6.7の上がニューラルネットワークによる系列変換モデルである。長方形の箱がニューラルネットワークの各層のノード（小文字の太字イタリック体でノード列の活性度ベクトルを表している），台形の部分が層間の接続（大文字の太字イタリック体で重み行列を表している）である。記号の上付き記号の f と e は，それぞれ原言語側，目

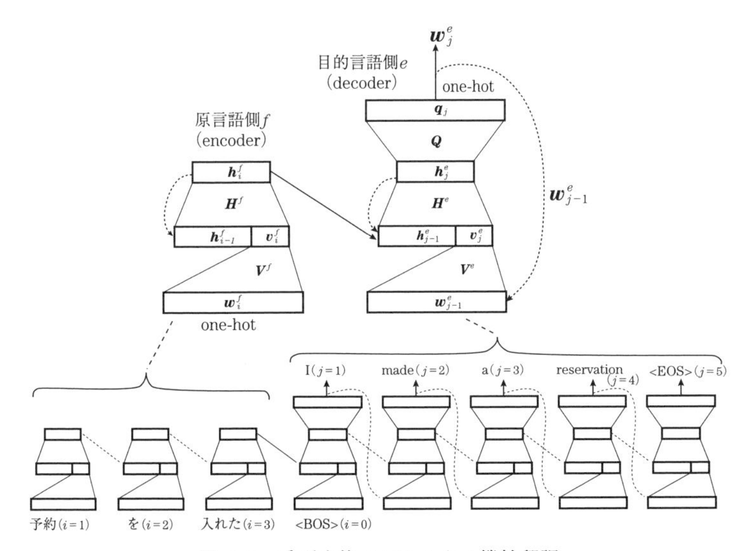

図6.7　系列変換モデルによる機械翻訳

的言語側のモデルであることを意味する。下付きの記号 i と j は，それぞれ原言語側，目的言語側の再帰的な単語の入力順を表す。各層のノード (長方形の箱) の役割は以下である。

$\boldsymbol{w}_i^f, \boldsymbol{w}_j^e$**:** i 番目と j 番目の単語の one-hot ベクトル。ただし，i は 1 から，j は 0 から始まり，$\boldsymbol{w}_0^e$ =<BOS>(文の開始単語) である。

$\boldsymbol{v}_i^f, \boldsymbol{v}_j^e$**:** i 番目と j 番目の単語の分散表現。

$\boldsymbol{h}_i^f, \boldsymbol{h}_j^e$**:** 先頭から i 番目と j 番目までの文脈を表すベクトル。

$\boldsymbol{q}_i^f, \boldsymbol{q}_j^e$**:** $i+1$ 番目と $j+1$ 番目の単語の確率を計算するための重み。

各層の計算は以下のとおりである。

$$
\begin{aligned}
&\boldsymbol{v}_i^f = \boldsymbol{V}^f \boldsymbol{w}_i^f, \qquad \boldsymbol{v}_j^e = \boldsymbol{V}^e \boldsymbol{w}_j^e, \qquad \boldsymbol{q}_j = \boldsymbol{Q}\boldsymbol{h}_j^e \\
&\boldsymbol{h}_i^f = \tanh(\boldsymbol{H}^f \begin{pmatrix} \boldsymbol{v}_i^f \\ \boldsymbol{h}_{i-1}^f \end{pmatrix}), \qquad \boldsymbol{h}_j^e = \tanh(\boldsymbol{H}^e \begin{pmatrix} \boldsymbol{v}_j^e \\ \boldsymbol{h}_{j-1}^e \end{pmatrix})
\end{aligned} \tag{6.13}
$$

この例では隠れ層に単純な活性化関数を用いているが，実際には 2 章で述べた LSTM などが使われる。

図 6.7 の下側は系列変換モデルを時間軸方向に展開した図である。$i = 1 \sim 3$ で原言語側の入力文である「予約 を 入れた」の 3 単語を原言語側の RNN 言語モデルが再帰的に文の意味を表す隠れ層のベクトルを計算し，目的言語側の RNN 言語モデルの隠れ層にコピーする ($j = 0$ の時点)。目的言語側の RNN 言語モデルは，<BOS>の次に来る単語 ($j = 1$) を決定し，それを再帰的に入力に戻すことにより目的言語文を生成する。最後に文末を表す<EOS>単語を出力した段階で停止する。

訓練データ (対訳コーパス) から学習すべきパラメータは各層の重み行列となる。RNN と同じように時間軸に展開したものを層だと考えれば，比較的容易に誤差逆伝搬法（BP 法）の更新式を導出できる。

この系列変換モデルをベースとして，実際には次のような拡張を行う。(1) 隠れ層に，より長期の依存関係を保持できる LSTM(2 章) を用いる。(2) 隠れ層を数段重ねて深くする (各層ごとに再帰する)[16)]。(3) 原言語文の後ろから前へ再帰をかける RNN を追加する双方向 RNN を用いる[15)]。(4) 原言語側の隠れ層のベクトルを各単語ごとに保持しておき，目的言語側で対応する部分を積極的に利用する[15)]。次の節では最後の (4) の手法について説明する。

6.4.2 注意機構

系列変換モデルでは原言語文全体をひとつのベクトルに集約してから，そこから目的言語文を生成したが，ひとつのベクトルで文全体を表現するのはやや無理がある。先頭から各単語までで得られている計算途中の隠れ層のベクトルを保持し，目的言語の単語を生成するときに対応する原言語の単語までの隠れ層のベクトルを利用する方法を**注意機構** (attention mechanism)[15)] と呼ぶ。目的言語の各単語を決定するときに，それぞれ入力のどの部分に注目するかを制御するモデルである。

図 6.8 に注意機構を用いた系列変換モデルの構成例を示す。原言語側のモデルは前項の系列変換モデルと同じであるが，すべての $\boldsymbol{h}_i^f$ を記憶しておく。目的言語側のモデルには新たに注意機構を実現する層 (以下，注意層と呼ぶ) を隠れ層と出力層の間に加える。注意層では，各 j ごとに原言語側のモデルで記憶していた $\boldsymbol{h}_i^f$ の重み付き平均 $\boldsymbol{a}_j$ を計算する。$\boldsymbol{h}_i^f$ 毎の重みは j 番目の目的言語の単語を計算する途中で得られている $\boldsymbol{h}_j^e$ との類似度の大きさで決める。最も単純な方法は 2 つのベクトルの内積を用いた softmax 関数で与えられる確率を重みとして確定的に決定する。その他，重みを決定するところをパラメータ化する手法[17)] などさまざまな手法が提案されている。$\boldsymbol{a}_j$ と $\boldsymbol{h}_j^e$ を連結したベクトルから注意機構を反映した隠れ層ベクトルである $\tilde{\boldsymbol{h}}_j^e$ を計算する。この計算で用いる行列 $\boldsymbol{A}$ が注意機構を実現するために新たに加わったパラメータとなる。以上の計算をまとめると以下のとおりである。他の部分は前項の系列変換モデルと同じである。

$$\boldsymbol{a}_j = \sum_i c_{ij} \boldsymbol{h}_i^f, \quad ここで\ c_{ij} = \frac{\exp((\boldsymbol{h}_i^f)^{\mathrm{T}} \boldsymbol{h}_j^e)}{\sum_k \exp((\boldsymbol{h}_k^f)^{\mathrm{T}} \boldsymbol{h}_j^e)} \tag{6.14}$$

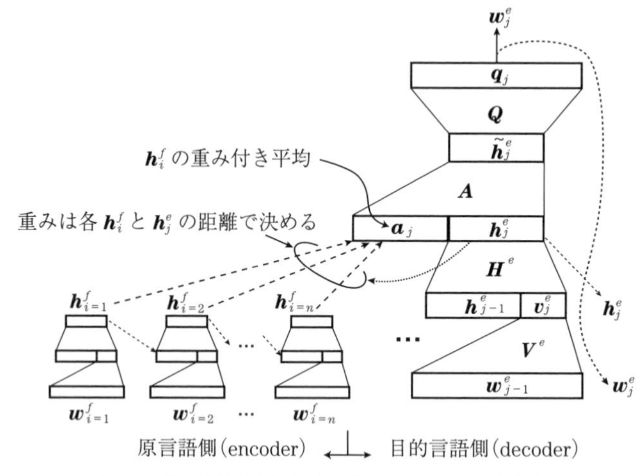

図 6.8　注意機構付き系列変換モデルによる機械翻訳

$$\tilde{\boldsymbol{h}}_j^e = \tanh(\boldsymbol{A}\begin{pmatrix}\boldsymbol{a}_j \\ \boldsymbol{h}_j^e\end{pmatrix}) \tag{6.15}$$

新たに導入されたパラメータ $\boldsymbol{A}$ については，$\boldsymbol{a}_j$ が確定的に計算できるため隠れ層が1段増えただけの系列変換モデルと同様の方法で学習できる。

注意機構付きの系列変換モデルは比較的長い文でも精度が落ちないことが知られており[15)]，現時点のニューラル機械翻訳のベースラインとなっている。ニューラル機械翻訳の現時点での欠点は，翻訳されない部分があったり余分な翻訳が付加されたりする点や計算量の関係で語彙数を絞らざるえない点などであるが，いずれも急速に改良がなされているところである。

6.5　音 声 翻 訳

音声翻訳とは，ある言語で話された音声を入力として，それと同じ内容を別の言語で表現したテキストもしくは音声を出力する技術である。音声翻訳を利用すれば，テレビやラジオ番組，講演や講義などで，その言語を理解できない視聴者に対して自動的に字幕を生成して提示することが可能になる。これにより，言語障壁をもつ視聴者の支援に役立つとともに，対象とする視聴者を増加させることでそれらコンテンツの価値を高めることができる。また，音声翻訳を双方向に利用することで同時通訳を行い，日常会話や会議において異なる言語間でのコミュニケーションを支援することが期待される。例えば，携帯端末を利用した旅行会話の支援システムが実用化されつつある。

6.5.1 テキスト機械翻訳と音声機械翻訳

音声翻訳を実現する最も単純な方法は，音声認識とテキスト機械翻訳を直列につなげることである。入力された原言語の音声は，まず音声認識によって原言語のテキストへと変換される。次に，認識されたテキストを入力として機械翻訳を行い，対象言語のテキストへと変換される。さらに対象言語の音声が必要な場合は，対象言語テキストを音声合成システムへと入力してその音声を得る。この枠組みで用いられるテキスト機械翻訳システムは，一般的なテキスト機械翻訳とは異なり，本来は音声であった発話から変換されたテキストを入力とすることを考慮して構築しておく必要がある。一般的なテキストと，音声から音声認識によって変換されたテキストとの違いを以下にまとめる。

話し言葉と書き言葉: 本来，言語は音声を用いたコミュニケーションのために用いられてきたが，文字の発明により紙や印刷物，最近では電子的なテキストファイルとして，言語は知識を記録するために用いることが可能になった。その際に，音声のための言語 (話し言葉) と文字のための言語 (書き言葉) が分化し，それぞれ異なる体系をもつに至っている。一般的なテキスト翻訳では，文字で書かれたテキスト，すなわち書き言葉を入力とすることを想定しているが，音声翻訳の場合は，話し言葉が入力されることを想定する必要がある。例えば，翻訳手法として統計的機械翻訳を用いる場合には，話し言葉の対訳コーパスや単言語コーパスを用いて，翻訳モデルや言語モデルを学習することが望ましい。

メディアの違い: 同じ言葉を伝える場合でも，音声とテキストでは入れ物 (メディア) が異なる。テキストでは，句読点，改行・段落，章や節などの文書構造，などを使って，明示的に意味のまとまりを表すことができる。一方，音声では，発話の強弱やイントネーションを付加したり，話速を変化させるなど，テキストでは表現が難しいパラ言語的情報 (2 章) を用いることができる。音声翻訳にテキスト機械翻訳を利用する場合の問題点は，本来音声には含まれていない句読点や改行などのテキスト情報をどのように復元するかということにある。特に，現在の機械翻訳は文を単位に翻訳を行うのが一般的であるが，音声において文を特定することは句点のような手がかりがないので自明ではなく，何らかの翻訳の単位を決定する独自の仕組みが必要となる。

音声認識誤り: 音声認識は完全ではないので，認識結果に誤りが含まれる場合がある。誤りが含まれるテキストを翻訳する場合，誤り箇所が正しく翻訳されないだけでなく，他の箇所の翻訳にも影響を与えることで，誤りが累積し翻訳の質が低下する。したがって，音声翻訳では不完全な音声認識結果を入力に取ることを見越した対策が必要になる。

6.5.2　音声認識結果の整形

音声翻訳の結果としてテキストを出力する場合，たとえ入力が話し言葉音声であっても，書き言葉で出力されるほうが好ましい場合がある。例えば，会議の議事録は通常書き言葉で作成する。このような場合，まず音声認識結果の話し言葉に対して書き言葉への整形処理を行い，整形されたテキストを入力としてテキスト機械翻訳を行う，といったシステム構成を採用することができる。この場合，話し言葉用の翻訳システムを用いずに，既存の書き言葉用翻訳システムを用いることができる。また，整形処理の際に句点挿入を行うことで，音声入力からの文の特定も同時に処理できる。

同じ言語で同じ内容を表した話し言葉と書き言葉の対からなる対訳コーパスが利用可能であれば，統計的機械翻訳と同様の手法を用いて話し言葉から書き言葉への翻訳システムを構築することも可能である。以下では，対訳コーパスを使うかわりに人手で記述した変換規則を利用する話し言葉の整形手法を紹介する[19)]。

話し言葉から書き言葉への変換規則が，話し言葉系列 $\boldsymbol{v}$ から書き言葉系列 $\boldsymbol{w}$ へ変換されうる場合に 1，そうでない場合には 0 を取るようなデルタ関数 $\delta(\boldsymbol{w}, \boldsymbol{v})$ で定義されているとする。このとき，$\boldsymbol{v}$ から $\boldsymbol{w}$ へ変換される確率 $P(\boldsymbol{w}|\boldsymbol{v})$ を以下のように近似する。

$$
\begin{aligned}
P(\boldsymbol{w}|\boldsymbol{v}) &= \frac{P(\boldsymbol{w})P(\boldsymbol{v}|\boldsymbol{w})}{P(\boldsymbol{v})} \\
&\approx \frac{1}{C} P(\boldsymbol{w})\delta(\boldsymbol{w}, \boldsymbol{v})
\end{aligned}
\tag{6.16}
$$

ここで，C は確率の条件を満たすための正規化項である。これを用いると，音声信号 $\boldsymbol{o}$ から整形された書き言葉系列 $\hat{\boldsymbol{w}}$ を求める問題は，以下のように定式化できる。

$$
\begin{aligned}
\hat{\boldsymbol{w}} &= \arg\max_{\boldsymbol{w}} P(\boldsymbol{w}|\boldsymbol{o}) = \arg\max_{\boldsymbol{w}} \sum_{\boldsymbol{v}} P(\boldsymbol{w}, \boldsymbol{v}|\boldsymbol{o}) \\
&\approx \arg\max_{\boldsymbol{w}} \sum_{\boldsymbol{v}} P(\boldsymbol{w}|\boldsymbol{v})P(\boldsymbol{v}|\boldsymbol{o}) \\
&\approx \arg\max_{\boldsymbol{w}} \max_{\boldsymbol{v} \in V(\boldsymbol{o})} P(\boldsymbol{w})\delta(\boldsymbol{w}, \boldsymbol{v})P(\boldsymbol{v}|\boldsymbol{o})
\end{aligned}
\tag{6.17}
$$

ここで，$P(\boldsymbol{v}|\boldsymbol{o})$ は式 (2.26) で求める音声認識の尤度，$V(\boldsymbol{o})$ は音声認識結果の複数候補集合である。式 (6.17) は，音声認識結果から整形可能な単語列について，言語モデルスコアと変形前単語列の音声認識尤度の両方を考慮して，もっともらしい整形候補を選ぶことを意味している。

6.5.3 統計的機械翻訳を用いた音声翻訳

音声翻訳のための機械翻訳システムを，統計的機械翻訳で構築することを考える。統計的機械翻訳は，音声認識と同様に noisy channel model により統計的手法として定式化されているため，両者の相性はよい。実際，統計的機械翻訳を用いた音声翻訳の研究は多い。

音声認識は式 (2.28) で定式化される。一方，統計的機械翻訳は式 (6.1) で定式化される。音声認識や統計的機械翻訳にならうと，音声翻訳は入力原言語音声 $\boldsymbol{o}$ が与えられたときの対象言語文 $\boldsymbol{e}$ の条件付き確率 $P(\boldsymbol{e}|\boldsymbol{o})$ を求める問題と

して，以下のように定式化できる[18)]。

$$
\begin{aligned}
P(\boldsymbol{e}|\boldsymbol{o}) &= \sum_{\boldsymbol{f}\in\boldsymbol{F}} P(\boldsymbol{e},\boldsymbol{f}|\boldsymbol{o}) \\
&= \sum_{\boldsymbol{f}\in\boldsymbol{F}} \frac{P(\boldsymbol{o}|\boldsymbol{e},\boldsymbol{f})P(\boldsymbol{f}|\boldsymbol{e})P(\boldsymbol{e})}{P(\boldsymbol{o})} \\
&\approx \sum_{\boldsymbol{f}\in\boldsymbol{F}} \frac{P(\boldsymbol{o}|\boldsymbol{f})P(\boldsymbol{f}|\boldsymbol{e})P(\boldsymbol{e})}{P(\boldsymbol{o})}
\end{aligned}
\tag{6.18}
$$

よって

$$
\hat{\boldsymbol{e}} = \arg\max_{\boldsymbol{e}} \sum_{\boldsymbol{f}\in\boldsymbol{F}} P(\boldsymbol{o}|\boldsymbol{f})P(\boldsymbol{f}|\boldsymbol{e})P(\boldsymbol{e}) \tag{6.19}
$$

ここで，$\boldsymbol{F}$ は原言語の文集合である。また，$P(\boldsymbol{f}|\boldsymbol{e})$ には，式 (6.5) の単語翻訳モデルや式 (6.7) のフレーズ翻訳モデルを用いる。

実際には全文集合 $\boldsymbol{F}$ を考慮するのは現実的ではないので，音声認識された複数の認識候補集合 $\boldsymbol{F}'(\boldsymbol{o})$ を用い，また総和を最大化で近似して求める。

$$
\hat{\boldsymbol{e}} = \arg\max_{\boldsymbol{e}} \max_{\boldsymbol{f}\in\boldsymbol{F}'(\boldsymbol{o})} P(\boldsymbol{o}|\boldsymbol{f})P(\boldsymbol{f}|\boldsymbol{e})P(\boldsymbol{e}) \tag{6.20}
$$

$\boldsymbol{F}'(\boldsymbol{o})$ を効率よくコンパクトに表現する形式として，コンフュージョンネットワークや単語ラティスが用いられる。式 (6.20) による翻訳をラティスデコーディング[20),21)](例:Moses,8 章) と呼び，音声翻訳でしばしば用いられる。

6.5.4　ニューラル機械翻訳による音声翻訳

音声認識は，音声の特徴ベクトル系列 $\boldsymbol{o}$ を入力とし，それに対応する単語系列 $\boldsymbol{w}$ を出力とした，系列変換であると考えることができる。したがって，6.4 節で紹介した注意機構付き系列変換モデルを用いて，式 (2.25) で表した音声認識の問題を直接モデル化することができる。式 (2.28) のようにベイズの定理を用いて音響モデルと言語モデルに分解することなく，$P(\boldsymbol{w}|\boldsymbol{o})$ すなわち音声認識のすべての過程をひとつのニューラルネットワークだけでモデル化することから，end-to-end 音声認識と呼ばれる[22),23)]。

この考え方を一歩進めて，式 (6.18) の音声翻訳 $P(\boldsymbol{e}|\boldsymbol{o})$ を注意機構付き系列変換モデルだけを用いて実現することも可能である。この時，系列変換モデルへの入力は原言語の音声特徴ベクトル系列 $\boldsymbol{o}$，出力は目的言語の単語列 $\boldsymbol{e}$ である。したがって，このニューラルネットワークの学習には，原言語の音声とそれに対応する目的言語のテキストからなるパラレルデータを用いる。原言語の音声から目的言語のテキストへの翻訳のすべての過程を，単一のニューラルネットワークだけでモデル化することから，end-to-end 音声翻訳と呼ばれる[24),25)]。

音声からテキストへのパラレルデータは，ビデオの音声とそれに対応付けられた字幕などの既存のデータからも入手できる。また，文字言語を持たない言語を対象とする場合は，むしろ音声とテキストからなるパラレルデータのほうが収集しやすい場合もある。また，同時に原言語側のテキスト，すなわち音声に対する書き起こしテキスト，も利用できる場合は，end-to-end 音声認識と end-to-end 音声翻訳のエンコーダを共有し音声認識用のデコーダと音声翻訳用のデコーダを並列に連結した注意機構付き系列変換モデル (図 **6.9**) を用いて，音声認識の目的関数と音声翻訳の目的関数を同時に最適化するように学習するマルチタスク学習を構成することにより，翻訳の性能をさらに改善できることが報告されている[25)]。

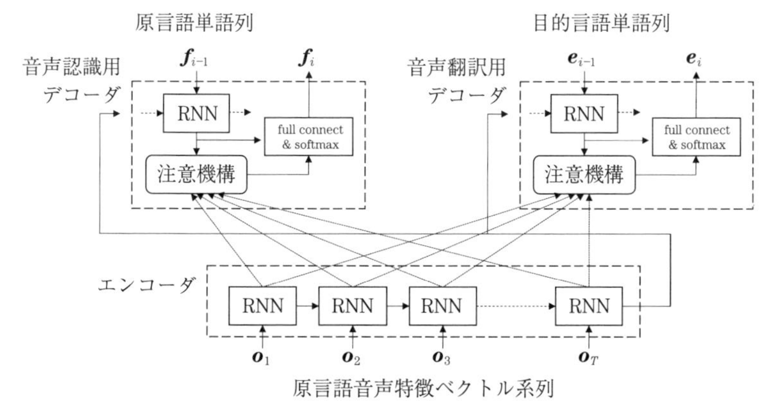

図 **6.9**　系列変換モデルによる音声認識・音声翻訳

章 末 問 題

【1】 3 章の図 3.6 を「私は望遠鏡で女の子を見た」と訳したいとする。構造トランスファーで語順調整をするための最も単純な方法として，構文解析木のノードの前後 (左右) を交換する方法がある。例えば，“use blue crayons.” の構文木 (図 **6.10**(a)) を日本語の語順「青いクレヨンを使え」にするためには，ノード VP の子ノードの順番を交換すればよい (図 6.10(b))。図 3.6(または図 3.9) のどのノードを交換すれば日本語の語順となるかを検討せよ。

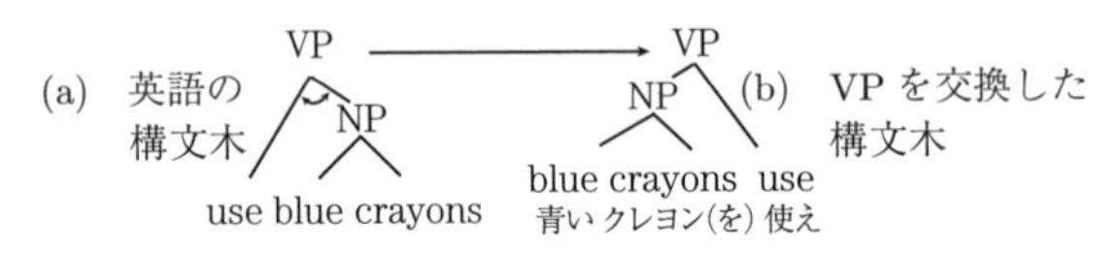

図 6.10　英語から日本語の語順への構造的な変換例

【2】 【1】を統計的機械翻訳の手法で翻訳するとする。ただし，翻訳モデルとしては確率付きの対訳フレーズ辞書のみ，言語モデルとしてバイグラムモデルを用いるものとする。以下の翻訳モデルと言語モデルが与えられた場合，可能な翻訳候補ごとの確率を計算し，最大の確率となる翻訳候補を選択せよ。ただし，対訳フレーズ辞書は以下のとおりとする。

(ph1) I → ϕ(空列, 日本語の主語は省略される) (確率: 0.8)
(ph2) saw → 見た (確率: 0.8)
(ph3) a girl → 女の子を (確率: 0.8)
(ph4) with a telescope → 望遠鏡で (確率: 0.2)
(ph5) with a telescope → 望遠鏡をもった (確率: 0.3)

バイグラム言語モデルは以下のとおり。数値は P(列の単語 | 行の単語) である (ただし，ここでは計算の簡単化のために単語ではなくフレーズを単位とした)。

	女の子を	望遠鏡で	望遠鏡を	見た	もった
文頭	0.2	0.3	0.2	0.2	0.1
女の子を	0.1	0.3	0.1	0.4	0.1
望遠鏡で	0.3	0.1	0.1	0.4	0.1
望遠鏡を	0.1	0.1	0.1	0.3	0.4
見た	0.3	0.3	0.2	0.1	0.1
もった	0.2	0.3	0.3	0.1	0.1

【3】 音声から音声への翻訳を **Speech to Speech Translation** と呼ぶ。式 (6.17), (6.20), (2.66) を統合し，日本語音声から英語音声への翻訳を定式化せよ。

7 テキスト，音声入力インタフェース

人間が操作するさまざまな機械やコンピュータなどの機器では，その外観ともいえるユーザインタフェースは，快適な操作性を提供してその能力を最大限に引き出すという重要な役割を担っている。特に情報機器では小型化や多機能化が進んでおり，いっそうその役割は大きくなっているといえよう。

一般的なコンピュータでは，ウィンドウ，アイコン，メニューのグラフィカルな表示とポインティングデバイスによる直接操作との組合せによる，いわゆる**WIMP インタフェース**による GUI (graphical user interface) を備えたものが典型的となっている。最近でもさまざまなインタフェースの改良が進められているが，そのような将来的なユーザインタフェースのひとつとして，自然言語や音声によるユーザインタフェースは古くからその有効利用が期待されている。本章では，特に人からコンピュータや携帯端末，ロボットなどへの入力インタフェースの観点に焦点を当て，テキスト入力を目的とするユーザインタフェースをはじめとして，コンピュータへの意図伝達の手段としての自然言語や音声言語によるヒューマン-マシンインタフェース，複合的なインタフェースモダリティを利用する**マルチモーダルインタフェース**について述べる。

7.1 ヒューマンインタフェース

人どうし，または人と道具・機械・システムとのコミュニケーションにおける情報の授受のためのあらゆる仕組みを**ヒューマンインタフェース**と呼ぶ[1)]。ヒューマンインタフェースの役割は，これらのコミュニケーションを効率的か

つ円滑にして人や機械の能力を最大限引き出すことにある。

人とコンピュータとのヒューマンインタフェースを例にすると，人とコンピュータとの間の情報の流れは**図 7.1** に示すように双方向的である。ここで，ヒューマンインタフェースを介したコミュニケーションでは，人間相手の場合と違ってインタフェース用に併せた意図伝達方法が用いられ，ユーザの操作やコンピュータからの表示などもその仕様に沿って行われる。典型的には，インタフェース用の意図伝達方法としては，メニュー方式のインタフェースでは項目選択方式が，オペレーティングシステムの操作ではコマンド言語方式などが用いられる。ユーザにとってはテキストや音声による自由入力方式が望ましいが，コンピュータにとっては理解が難しい。

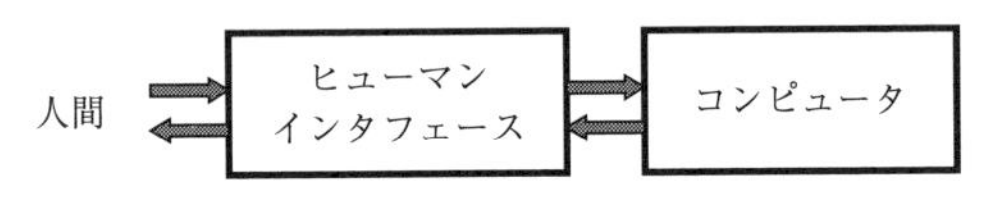

図 7.1　コンピュータとヒューマンインタフェース

ユーザがある目標をもってコンピュータを操作する場面を考えてみよう。人はある目標に向かって行動するとき，その活動は心理的世界と物理世界との相互作用からなっている。しかし，コンピュータの物理世界とユーザの心理世界は質的に大きく異なるものであることから，**ノーマン** (Norman) は両者の状態の間には大きな淵が存在し，両者の淵を乗り越える役割を担うのがユーザインタフェースであると指摘した[2)]。そして，ユーザとコンピュータとの対話について，ノーマンは次のような**操作の 7 段階モデル**を提案した（**図 7.2**）。

(1)　目標を決定する
(2)　意図を形成する
(3)　操作を選択する
(4)　操作を実施する
(5)　システムの状態を知覚する
(6)　システムの状態を解釈する
(7)　結果を評価する

そしてこの 7 段階モデルから，人と機械との間のそれぞれの方向に対して存在する，**実行の淵**（ユーザの意図と実行可能な操作との相違）と**評価の淵**（シ

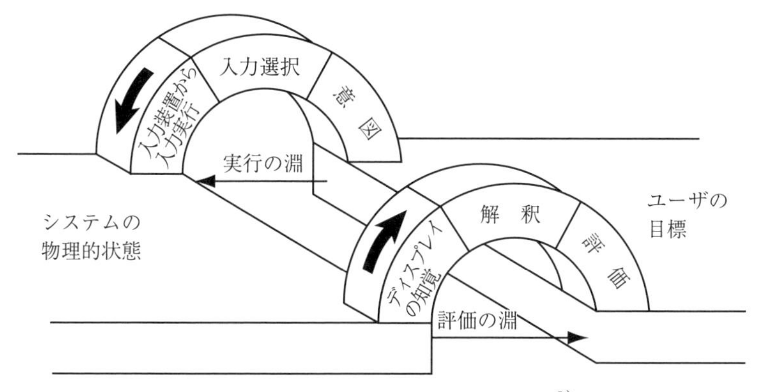

図 7.2 ノーマンの操作の 7 段階モデル[3)]

ステムの表現とユーザの期待との相違）を指摘した。この 7 段階の間のギャップを乗り越えるのに必要な心理的な操作をマッピングと呼び，そのマッピングの難易さとして距離の概念を導入し，さまざまなインタフェースの比較を試みている。例えば，コマンド言語では意図を操作コマンドにマッピングするのが困難になりやすく，意味距離は大きくなる[1)]。このようなモデルから，ノーマンは次のようなよい**インタフェース設計にかかわる 4 原則**を示した：(1) 状態や実行可能な操作を視覚化する，(2) 一貫したシステムイメージをもつよい概念モデルを提供する，(3) 各段階の関連を示すよい対応付けを含める，(4) ユーザに継続的なフィードバックを与える。これまで述べたモデルは，ノーマンが提唱した**認知工学**の観点によるもので，実際のシステムを開発するための考え方を支援する例のひとつであり，他にも多く提案されている。**シュナイダーマン** (Shneiderman)[4)] は，これらの原則を非常にわかりやすく整理しており，その一例として**対話設計における 8 つの黄金律**を以下のように示している。

(1) 一貫性をもたせる

(2) 頻繁に使うユーザには近道 (shortcut) を用意する

(3) 有益なフィードバックを提供する

(4) 段階的な達成感を与える対話を実現する

(5) エラーの処理を簡単にさせる　(7) 主体的な制御権を与える
(6) 逆操作を許す　(8) 短期記憶領域の負担を少なくする

一方で，最近では実際に開発されたシステムの評価の観点で**ユーザビリティ工学** (usability engineering) と呼ばれるアプローチも積極的に検討されている。

人どうしまたは人と機械とのインタフェースの分類として，黒川[1] はサポートするメディアの違いに応じて**表 7.1** のように分類している。この分類において，現在のコンピュータで主流の WIMP インタフェースは**ハプティックインタフェース**をおもに用いたものといえる。これらの異なるインタフェースの形態のうち，人間どうしのコミュニケーションにおいては**バーバルインタフェース**と**ノンバーバルインタフェース**の両方のチャネルを用いており，円滑なコミュニケーションを実現する上でどちらも不可欠なものとなっている。

表 7.1　インタフェースの種類[1]

サポートするメディアによる分類基準		インタフェース
人の対面コミュニケーションに用いられるものと同じまたは類似のもの	言語	バーバルインタフェース
	非言語	ノンバーバルインタフェース
人の対面コミュニケーションに用いられるものと異なるもの	接触型	ハプティックインタフェース
	非接触型	ノンハプティックインタフェース

7.2 節では，まずハプティックインタフェースが主体となるテキスト入力インタフェースについて述べ，7.3 節ではバーバルインタフェースを主体とした音声入力インタフェースについて，7.4 節では異なる入力インタフェース形態を相補的に組み合わせるマルチモーダル入力インタフェースについて述べる。

7.2　テキスト入力インタフェース

テキスト入力のインタフェースでは，入力装置を介したユーザの操作によって，文字の入力，変換，修正，確定などの処理が行われる。ここでは，パソコンや小型情報機器での入力効率を考慮したテキスト入力インタフェースの一般的な例について述べる。

（1） キーボードによるテキスト入力インタフェース 一般的なキーボードを入力装置とするテキスト入力インタフェースの発展の歴史は，古くはワープロ専用機における自然言語文章の入力や，オペレーティングシステム (OS) におけるコマンドやプログラム言語の入力のためのユーザインタフェースに始まる。1960 年代後半に開発された UNIX やその派生の OS では，シェル (shell) がキャラクタユーザインタフェース (character user interface，CUI) を提供しており，その後のオペレーティングシステム（Linux や Windows）の CUI へ影響を与えている。英単語のようなコマンド入力でキー入力のストローク数を減らして効率的にするため，最近のシェルでは過去のコマンド履歴参照に関して**動的検索**（dynamic query）の考え方を導入しており，補完入力（completion）機能の拡張も行われた。動的検索は「検索指示に対する検索結果が実時間で表示される」ものとしてシュナイダーマンが提唱したものであり[5)]，**直接操作型のインタフェース**[†1](direct manipulation interface) で重要視される“滑らかなインタフェース”を実現する手段としてよく用いられる。例として Linux OS の標準的シェルのひとつである bash でのコマンド履歴検索の実行例を示す。

```
(reverse-i-search)'e': less file.txt
(reverse-i-search)'em': ls -l temp.txt
(reverse-i-search)'ema': emacs temp.txt
```

上記の実行例の各行は，コマンド履歴検索の開始キー入力[†2]後にキーボードから“ema”の 3 文字を順に入力した各時点でのコマンド行の表示内容で，一文字の入力ごとに右側に表示される検索結果が瞬時に更新され，インクリメンタル検索が行われている様子を示している。この例では，コマンド履歴から入力文字（列）と部分一致する最新のコマンド行が表示されており，検索開始キーの再入力によって履歴を遡って検索することもできる。この機能により，過去のコマンドを繰り返し実行する場合のキーストローク数や入力ミスを軽減できる。

---

†1 ユーザが興味をもつ対象が連続的に表現され，マウス移動やタッチなど物理的動作で操作でき，操作による影響が即座に見えるようなインタフェースのこと。例としてアイコンのドラッグ＆ドロップ操作によるファイル移動や削除など。

†2 bash では Ctrl-r キーで開始。

一方，自然言語文の入力のためのインタフェースとしては，キーボードおよび入力方式の要素が大きくかかわってくる。キーボードについては，QWERTY配列[†1]を基本としたものが最も普及しており，英語圏以外で多くの文字種をもつ言語では少数のキーが拡張され，入力する文字種の切替え操作と文字変換入力方式などによって工夫がなされている。国内では仮名漢字入力が必要であるが，おもに仮名入力と仮名漢字変換を組み合わた入力方式が主流であり，仮名入力に関してはローマ字入力方式か独自の仮名キー配列への切替えによる方式が用いられる。このような異なる言語間やある言語内での入力方式の違いについては，国際化が進んだ最近のOSでは**インプットメソッド**（IM）と呼ばれる共通のフレームワークが提供され，個々のソフトウェアに依存せずユーザが好みの入力方式に切り替えられる仕組みとなっている。

日本では1980年代にワードプロセッサの実用化に入ってから，日本語入力の方式として**仮名漢字変換方式**が主流となり，キーボードによる仮名入力方式と併せた日本語入力方式が活発に検討されてきた。仮名漢字変換による入力方式としては，単語から文章くらいまでの単位で入力された仮名文字列から，形態素解析を行って適切な仮名漢字列に変換する方法が一般的であり[†2]，その詳細は3章で述べている。さらに，ユーザが過去に使用した語を優先的に変換候補として出力するというような**適応型インタフェース**[6)]の技術も用いられる。

後述の小型情報機器向けをはじめとして，最近よく用いられる入力方式が**予測文字入力方式**である。この方式は，インタフェースの分野において広く研究されている“予測インタフェース”や“例に基づくインタフェース”と呼ばれる手法のひとつといえる[7)]。**図7.3**に示すPOBox(predictive operation based on example)と呼ばれる予測文字入力方式では，ユーザの過去の文字列入力パターンを学習して“予測辞書”に随時記憶する。そして，平仮名1文字以上入力すると，前述の“動的検索”技術の考え方で，各入力時点で予測辞書内の過去の

[†1] 英字ボタンの最上段が左からQWERTYの順に並んでいる配列。

[†2] SKKという入力方式では，仮名と漢字の区切りをローマ字入力で大文字入力として区別してもらうことで形態素解析を不要とするユニークな入力方式を採用している。

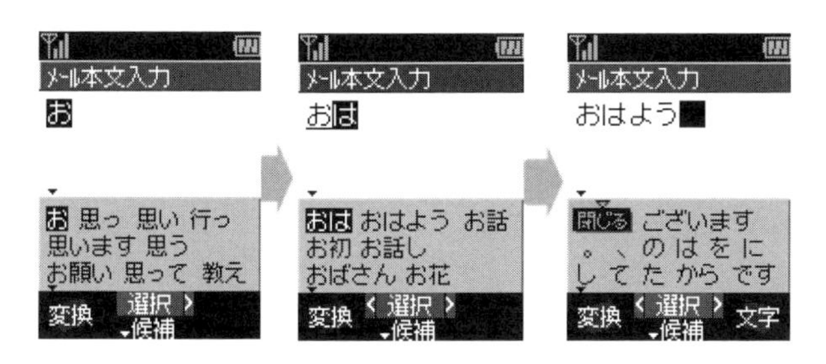

図 **7.3**　POBox による予測文字入力の例

入力パターンとマッチする候補が随時更新して表示され，そこから選択して入力できる。そのため，独自の言い回しなども 2 回目の入力からは効率的に入力できる。例えば，「英語」を入力したいとき，始めの「え」の仮名入力の時点で「え」で始まる単語「駅」，「映画」，「英語」などが表示され，そこから選択するだけで「英語」が入力できる。さらに特徴的なのは，単語を選択した後もそれに続く単語候補として過去に学習したパターンを表示してくれるため，過去に入力した文字列であれば，次々に選択するだけで入力していけることである。

通常の仮名漢字変換に入力予測機能を組み込んだシステムも開発・商品化されている[9)]。このシステムでは，ユーザが過去に内容から辞書登録すべき表現を抽出して随時登録し，入力された読み文字列から予測システム辞書や予測ユーザ辞書で一致する表現を見つけて，適切なタイミングで自動的に予測候補を提示する。システムは，仮名漢字変換部と入力予測部から構成され，入力予測部は検索文字列生成部，辞書検索部，候補評価部，ユーザ学習部からなる。検索文字列生成部では，受け取った読み文字列から文節頭である可能性を判定し，判定された文字列群を辞書検索部に渡す。辞書検索部は，予測辞書から前方一致検索をして，検索結果を候補評価部へ渡す。候補評価部は，確信度・有用度判定を行い，さらに前後の表現との接続性から候補の妥当性を判断し，棄却されなかった場合に予測候補として提示する。文節頭の判定には，仮名文字列の順方向および逆方向の二重マルコフ連鎖確率（トライグラム確率）を使用し，出現位置，品詞，文法属性によって候補の妥当性を判定している。提示された予測候補がユーザに選択された場合は，ユーザ学習部で辞書登録する。このシステムで通常の仮名漢字変換システムに比べて初中級レベルのユーザの入力時間を 15〜30% 削減している。

キーボードを用いたテキスト入力インタフェースの少し特殊な例として，テレビの生放送の字幕化や講義・講演のノートテーキングを支援する目的などで，話し言葉のテキストを効率的に入力するための**速記機械**が実用化されている。それらは一般に入力ボタンの種類が少数に限られた特殊なキーボードを用いており，より小さな指移動と少ないストローク数で文章を入力できるように工夫されているが，通常のキーボードと比べて習得には多大な時間を要するものとなっている†。

(2) 小型情報機器でのテキスト入力インタフェース　携帯電話へのテキスト入力では，基本としてはテンキー入力を用いるインタフェースが主流であるが，自然言語文を少ない種類のボタン操作で効率的に入力するためにさまざまな工夫が行われている[8)]。最も広く用いられる入力方式は**50 音表割当て型**である。テンキーの各ボタンには平仮名表の各行が割り当てられており，各段はボタンの連打で選択する。例えば，「え」を入力するには「あ行」に割り当てられた「1」のボタンを 4 回連打することになる。また，仮名漢字変換のための操作回数を減らすため前述の予測文字入力方式との組合せがよく用いられる。

この他，携帯電話のテンキー入力向けに開発された別の方式として，**冗長型文字入力方式**がある。この方式の特徴は，各ボタンで割り当てられた複数種類の文字を選択しながら入力していくのではなく，曖昧なまま各ボタン 1 回ずつの操作で入力して，後で単語の単位の曖昧さを解消する操作を行う，というものである。例えば欧米で用いられる「T9」方式では，テンキーの「2」に ABC,「3」に DEF のように割り当てられているが，単語「BE」を入力するのに「23」と入力する。その後，これらのボタンに割り当てられた文字の並びのうち，辞書にある意味のある単語だけが候補として表示されるため，そこから選択して入力する。つまり言語レベルの冗長性をうまく活用した方式である。ただし，この冗長型文字入力方式は，日本語の場合，平仮名の確定と仮名漢字変換の確定

† 一例として日本国内ではスピードワープロ研究所の「ステノワード」が知られている。

の2段階となってしまうため必ずしも効率的ではない。そのため，前述の予測文字入力方式と冗長型文字入力方式の併用も考えられている。

（3） **その他のテキスト入力インタフェースの動向**　最近の小型情報機器でよく用いられる入力装置がタッチパネルである。テキスト入力インタフェースの方式としては，専用のスタイラスペンによる手書き文字認識による方式の他，画面上に表示されるキーボードを用いるソフトキーボード方式，独自の手書き文字認識方式†，などがある。最近では，画面上に直接指で触れて操作できるタッチスクリーンを採用したものが多く，タッチしたときの指の動きを利用するなど，独自の入力方式が提供されている。例として，平仮名の入力において少数のボタンのみを画面上に配置し，ボタンの選択（タップ）と指をはじく動作（フリック動作）を組み合わせて文字を入力する方式があり，機械的なボタン操作と違った観点で操作効率の改善を図っている。

また，ここで述べたテキスト入力自体が目的ではなく，コンピュータへの検索要求を自然言語文として与えるような自然言語入力インタフェースの応用・実用化も進んでいるが，4章および5章でその関連技術となる検索・質問応答システムや対話システムについて詳述しているのでそちらを参照されたい。

7.3　音声入力インタフェース

音声入力によるユーザインタフェースでは，その応用目的によって大きく2つのタイプに分けられる。ひとつは，7.2節で述べたようなテキスト入力の代替手段として直接的に用いる場合であり，そのようなタスクは固有名称などの単語入力や**ディクテーション**（自動口述筆記）がある。もうひとつは，音声言語による入力を，コンピュータで実行されるコマンドやロボットへの命令，情報検索要求など，ユーザの意図を伝達する手段として用いる場合である。このようなタスクは**音声理解タスク**と呼ぶことがある。どちらも，認識誤りやシステムにとっての未知語が発話される可能性を考慮することが重要となり，それら

† 例として Palm OS で採用されていた Graffiti 文字入力方式がある。

に起因する誤りの程度はテキスト入力インタフェースでのタイピング誤りと比べて大きいため，インタフェースの効率や有用性に大きな影響を与える。

7.3.1 テキスト入力の手段としての音声インタフェース

（1） 孤立単語・固有名称の音声入力インタフェース　テキスト入力の手段とした例で比較的実現が簡単なタスクとしては，既存のサービスで住所や商品名，地名などを入力する必要がある箇所を，音声入力に置き換えるものがある。このような場合，限定語彙の孤立単語音声認識技術を用いることができる。ただし，語彙サイズが非常に大きくなると，誤認識や未知語の扱いは一般に難しい。そのため，語彙サイズを一定規模に抑えるため，小規模の語彙セットに分割して複数項目に分けて入力してもらうような工夫がなされる。例えば，地名であれば，県名，市名，のように段階的に認識語彙を変更し，絞り込んでいくことで誤認識の出現を軽減できる。ちなみに，一般的な音声認識システムでは，サブワード単位の音響モデルを用いるため，未知語を任意のサブワード系列としてモデル化し，未知語検出や単語追加登録する方法も検討されている[10),11)]。しかし，このような方法での未知語の検出能力はサブワード系列の認識性能に影響されるため，実用的には高精度な音響モデルが必要となる。

音声入力インタフェースの応用としては，電話向けのサービスに関する研究開発および実用化が多い。携帯電話では，7.2 節で述べたようなテンキーによる日本語入力システムの工夫があるが，それでも日本語入力に煩わしさを感じるユーザは多い。携帯電話では，電子メールやウェブブラウザのような複数のアプリケーションで日本語入力が必要となるため，負荷が大きくメモリを消費する音声認識処理をネットワークを介して利用する**分散型音声認識** (distributed speech recognition) のシステム形態が用いられる (図 **7.4**)。分散型音声認識システムでは，マイクから入力された音声は音響特徴量に変換され，パケット通信のネットワークを介して音声認識サーバーに送られる[22)]。そして，音声認識サーバーから認識結果が送り返される仕組みとなる。これにより，通常の携帯電話でのコーデックによる情報圧縮やパケットロスの影響を軽減し，音声認識

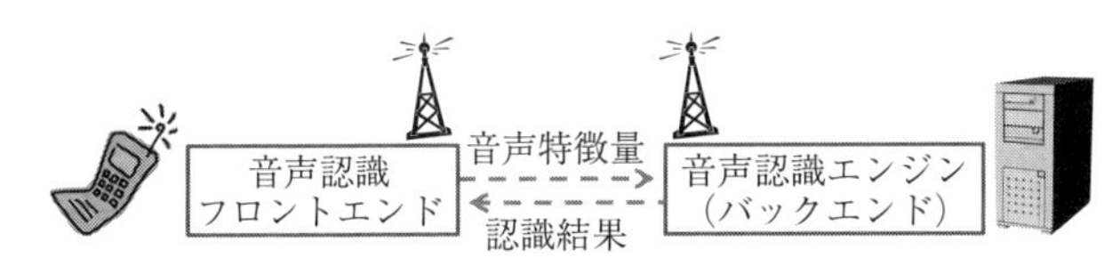

図 7.4 分散型音声認識システム

精度の劣化を抑えることができる。このような分散音声認識システムでは，雑音に頑健な音声認識を実現するためフロントエンド処理としての雑音抑圧や特徴抽出の手法の工夫が活発に検討され，標準化が進められている[12)]。

なお，スマートフォンなど最近の小型情報端末では，コンピュータとしての性能も高く，高精細なディスプレイやタッチパネルなどの操作性の高いユーザインタフェースを装備しているものが多い。そのため，上述のようなテキスト入力の用途では，ボタンやタッチ入力などによってその場で候補選択や認識誤りの修復ができるようなシステムも検討されている。同様なシステムの例については，7.4 節のマルチモーダルインタフェースの例として紹介する。

（2） ディクテーションシステム 一般的な自然言語文を入力することを目的としたディクテーションタスクとしての応用では，典型的に 2 章の 2.2 節で述べた**大語彙連続音声認識（LVCSR）**デコーダの技術が用いられる。通常，誤認識や未知語の問題を軽減するため，あらかじめ想定されるドメイン（医者の所見の口述筆記や，ニュース番組のナレーション，など）ごとに言語モデルを学習または適応化することが有効であり，単語 N グラムのような統計的言語モデルを用いた LVCSR デコーダが用いられる[†]。このような応用では高い認識精度を得るためには，新しい単語や話題に適応した言語モデルを利用することが重要である。そのため，大規模なウェブコンテンツを言語資源として活用する方法が検討されてきている。実際に，大規模なウェブ資源をもつグーグル社では，ウェブから抽出した単語連鎖統計量に基づく N グラム言語モデルを利用し，分散音声認識の仕組みで実現される大語彙音声認識機能をスマートフォンやパソコン向けに提供している。

† LVCSR デコーダは読み（仮名列）に相当する音声情報と言語情報（単語 N グラム）を併用するため仮名漢字変換の技術を含んでいる[13)]。

最近では，テレビ番組や会議音声など多人数の音声が収録されたデータからの音声検索の前処理としてもディクテーションシステムが用いられる。このような応用では，音声を背景雑音から分離する**音声区間検出**（voice activity detection, **VAD**）技術や，話者ごとのインデキシングのための**話者ダイアライゼーション**（speaker diarization）技術，音響モデルの話者・環境適応化技術などが重要となる。

7.3.2 意図・情報伝達の手段としての音声インタフェース

このような典型的なユーザインタフェース応用においては，他のユーザインタフェース同様にユーザビリティ視点でのインタフェース設計や評価が重要となる。ニールセン（Nielsen）は，ユーザビリティを「学習容易性」，「効率性」，「記憶性」，「エラー」，「満足度」によって決まるシステムの有用性と定義している[18)]。また，1998 年に制定された ISO9241-11 では，評価の観点からこれらの相互関係を考慮して「指定された利用者によって，指定された利用の状況下で，指定された目標を達成するために用いられる際の有効さ，効率，および満足度の度合い」として定義している。このような観点から，例えば GUI と音声インタフェースの有効性や効率に注目すると，選択肢が多い対象を音声で入力する場合は効率的に有利といえるが，一方で設計者が与えた音声コマンドや言語表現が，ユーザにとって容易に選択できるかどうかという点で問題が生じやすく，規模が大きく複雑になるほど有効性を低下させる可能性をもっている。

以下では，代表的な応用例としてカーナビゲーションシステム（以下，カーナビと略記）と遠隔発話による音声インタフェースについて触れ，最後に対話的な音声インタフェースの設計方法の例として，対話的なコンテンツを記述するためのマークアップ記述言語 VoiceXML について簡単に述べる。

（1）カーナビゲーションシステム　　カーナビへの音声認識の応用は，利便性だけでなく運転中の機器操作による注意散漫を回避する安全性の面での期待もあって，早くから注目されていた。以降，各社から，大語彙孤立単語認識による地名入力を主目的とした音声入力インタフェースを備えたカーナビが製品化されている。その背景には，研究用音声データベースや騒音データベースの整備による研究の進展と，ハードウェア (CPU) の飛躍的な進歩がある。また，カーナビにおいて音声認識が有用なポイントとして

(1) 少数のコマンド入力であれば，運転中であってもボタン入力などの従来手段 (モダリティ) のほうが簡単で早いが，地名入力のような多数選択肢からの選択は音声認識のほうが早い。

(2) 入力対象が明確であるために，語彙から逸脱した発声が少ない。

などがある。インタフェースにおいて，実際のシステムの挙動 (システムイメージ) とユーザがシステムをどのように見ているか (メンタルモデル) とが異なることはシステムの使いづらさに直結する[2)]。それは，音声認識においてユーザが入力できると考えて発声した音声がシステムの認識対象外であることに相当し，音声対話が他のアプリケーションで成功していない大きな理由のひとつである。その点，地名は語彙が豊富であるにもかかわらず，内容が明確であり，システムイメージとメンタルモデルのずれは非常に小さい[14)]。

コーヒーブレイク

音声インタフェースの ITS 応用における問題点 - ディストラクション -

運転中の携帯電話の使用は日本では 1999 年 11 月から禁止され，また世界でもアメリカの多くの州やイギリス，スペインなどをはじめ，多くの国で規制されている。これは運転者への心理的負担による影響を懸念してのことである。このような影響を**ディストラクション** (distraction) と呼ぶ。カーナビの音声対話においてもディストラクションが心配されている。現在は，システム主導の「型にはまった」対話しかできないために，ユーザはシステム応答のみから対話の局面をつねに把握し，それに応じた発声を強いられることになる。音声認識では誤認識が不可避であるため，誤認識によるユーザの意図しない局面の変化も考えられ，事態はさらに深刻である。運転者に電子メールの音声入力タスクを課した場合に，ブレーキ操作の反応時間が 0.3 秒 (約 30%) 遅くなったとの報告もある[15)]。そのため，より負担の少ないユーザインタフェースの設計が望まれる。

(2) 遠隔発話による家電操作インタフェース　　これまで述べてきた音声インタフェースの例では，パソコンやスマートフォンなどマイクロフォンを備

えた情報機器の目の前で利用することを想定していることが多い。しかし，テレビやエアコンなど，生活空間に置かれた家電機器に対する操作や情報検索の要求などのインタラクションでは，使う場所に縛られずに遠隔からでも利用できることが望まれる。このような，マイクロフォンとの距離が数メートル程度の遠隔発話の音声認識（**遠隔音声認識**）では，周囲の雑音環境や他人の発話，残響音などの影響を受けるため，一般に音声認識精度の劣化が著しい。

このような問題への取組みの例として，ヨーロッパではリビングルームでのインタラクティブテレビの操作のための遠隔発話インタフェースの開発プロジェクト（2006.10～2009.9）[16] が，国内では経産省「音声認識基盤技術の開発」プロジェクト（2006～2008 年度）[17] などが行われた。これらの事例では，遠隔発話の音声認識の実用化を進めるための技術開発が進められている。前者のプロジェクトでは，大型テレビとその後方に設置されたマイクロフォンアレイ†をはじめとしたリビング空間でのプロトタイプシステムを構築して実証実験を行っており，これらの音声処理技術の統合によって音声による機器操作のタスク成功率を改善している。また，リモコンとの相補的な利用を想定し，マルチモーダルなインタラクションを可能とするため，後述するようなマルチモーダルインタフェースとしてのモデリングやテスト開発環境との連携によるシステムも構築している。一方，後者のプロジェクトでは開発基盤の構築を目指しており，音声/非音声判別技術や高精度デコーダ技術，性能予測技術，音声インタフェース構築技術などの課題を設定し開発を行っている。一部の例として，音声/非音声の判別では，単に人間の声とそれ以外とを判別するのではなく，インタフェースの使い勝手の観点から，機器操作を意図した人間の声とそれ以外とを判別することに注目し，音響特徴量と韻律特徴量を併用した分類器による判別システムを提案している。また，最終的に車載情報機器用音声インタフェースとしての実証システムを構築し，40 人の被験者を対象としたユーザビリティテストで，95 %の利用者で 95 %のタスク達成率を達成している。一方で，使い続けたい

---

† 多チャンネルのマイクロフォンで収録した音声を時間同期加算して音声を強調し，雑音を抑圧するビームフォーミング技術などのために用いる。

インタフェースを実現するために，ユーザの習熟度に合わせてシステムの振舞いを変えることの必要性を指摘している。

このように，遠隔利用を想定した応用では多くの要素技術が絡んでくるが，適用範囲をうまく絞って製品化される事例は出始めている（次項のスマートスピーカの例を参照)。一方で，このような遠隔発話を想定した要素技術は，建物の防犯や居住空間内での異常（乳児の鳴き声，叫び声など）の監視など，周辺技術と併せた発展応用も今後見込まれる。

（3） ウェブ検索や音声アシスタント機能としての応用事例　2000 年代に入って，パソコン用のおもなオペレーティングシステムに音声認識機能が標準的に搭載され，テキスト入力だけでなくコンピュータの操作も一部可能となっている。その後，ウェブ検索の分野ではウェブブラウザやスマートフォンからの音声入力に対応し[†1]，一定の成功を収めている。これには，ウェブで収集された大規模なテキスト情報やユーザの検索クエリを学習した音声認識エンジンを採用している。つまり，クラウドサービスで大規模に蓄積されたユーザの利用履歴（テキストと音声の検索クエリ）が利用できること，ほぼテキスト入力の代替として音声入力インタフェースを実現するため，音声とテキストの対応付けが比較的明確で大量の学習データを確保しやすいこと，などが成功の一因といえる。

一方，スマートフォンではウェブ検索以外の基本的な機能との連携も図られた。ユーザが“仮想的なアシスタント”に対して自然な文体で音声で問いかけることによって，その要求に答えて音声や表示で応答するものである[†2]。同様な仕組みはその後，スマートフォンのアプリや後述のスマートスピーカなどに搭載する機能として製品発表が相次いでおり，音声 AI や音声アシスタント機能などとも呼ばれる。この種の応用では想定されるユーザの発話内容と意図を幅広くカバーすることが求められる。これには，コーパスや事例からの学習に

[†1] 米国グーグル社の日本語の音声入力によるウェブ検索は 2009 年からサービス開始。
[†2] 米国アップル社は 2011 年に発売したスマートフォンに初めて標準搭載し，リマインダーや天気予報，地図などのアプリと連携した。

基づく言語処理技術の実用化が大きく貢献している。例えば，情報通信研究機構（NICT）を中心に開発された音声質問応答システム「一休」では，大規模なウェブ資源から概念辞書構築や質問文の言語モデル構築などを行っており，一定レベルの基盤技術が低コストで実現，共有可能になることを示した†。

このような流れを受け，最近では 7.3.2 節 (2) 項で述べた遠隔利用の音声インタフェースの応用事例としてスマートスピーカ（AI スピーカ）が商品化され注目されている。スマートスピーカは常時音声入力をモニターし，ユーザからデバイスに対して音楽再生やリアルタイム情報の提供などの音声による要求があると，直ちに合成音声で答えたり機器操作を実行する。これらは前述のマイクロフォンアレイ（2〜6 チャンネル程度）や 2 章で述べた深層ニューラルネットワークを応用した遠隔音声認識技術をはじめとして，音声合成技術と音声対話技術から構成されている[23]。音声入力としてユーザからの特別な言葉（ウェイクワード；Wake Word）で始まる音声指令だけに反応するよう設計され，デバイスに向けられた発話かどうかを識別する。また，ユーザの発話の音声認識結果は，事前にユーザの多くの発話事例文によって学習されたモデルを通して意図が推定され，連携する機器操作やリアルタイム情報の提供などが実行される。現在のスマートスピーカはクラウド連携で動作するため，学習したモデルをクラウド上にもっておくことでサービスの拡張やユーザの利用環境に柔軟に適応できるようになっている。それは近年市場が急成長しているホーム IoT（Internet of Things）機器やそれらが連携するコネクテッドホームへの布石と捉えられており，連携する機器が多様化しつつある[24]。そのため，意図推定のモデルを含む対話機能を容易に拡張できることが求められるが，そのような仕組みも機械学習の仕組みを備えた汎用的 API としてユーザや他の機器ベンダー向けにも提供されている事例がある。このように応用範囲は広がりつつあるが，知的なエージェントとして振る舞う音声アシスタント機能としてはまだ課題が残されている。例えば 4 章および 5 章に関連する問題で，質問応答のための適切な推論を踏まえた応答生成や，文脈を含むユーザの複数発話の要求から意図推定を

† 基本的に一問一答型の想定であり次のスマートスピーカの例と同様の課題はある。

扱う仕組みなどはまだ十分に実現されていない。

（4） 音声インタフェースにおける対話デザインの例 - VoiceXML -　音声で意図を伝えるユーザインタフェースでは，タスクの規模や状況に応じて効率や有効性を高めるための設計上の工夫が求められる。具体的には，タスクや対話の状況に応じてコマンド入力，メニュー選択，固有名称入力などの入力手段や想定する語彙・発話内容などを適切に選択したり，対話の流れを記述するようなインタフェース設計が求められる。そのような音声インタフェースにおける対話デザインの記述の汎用性を高めるため，W3C においてマークアップ記述言語 **VoiceXML** の標準化が進められている†。これによって，他の音声処理やアプリケーションロジックなどの要素と分離して設計を効率化できる。

VoiceXML の利用の仕組みは**図 7.5** に示すようになっており，音声認識，DTMF（電話のトーン信号）キー入力，録音，音声合成，オーディオファイルの再生，電話転送機能などを用いて音声対話コンテンツを記述できる。**図 7.6** に簡単な対話コンテンツの記述例を示す。form 要素は，ユーザが音声や DTMF キー入力で入力する複数の項目を個々に定義する field 要素を含み，フォーム解釈のアルゴリズムに従って順番に処理される。図 7.6 の例では，各 field 要素に含まれる prompt 要素はシステムからの音声出力内容を指定しており，grammar 要素はユーザ発話を認識する文法を指定している。field 要素の type 属性は組

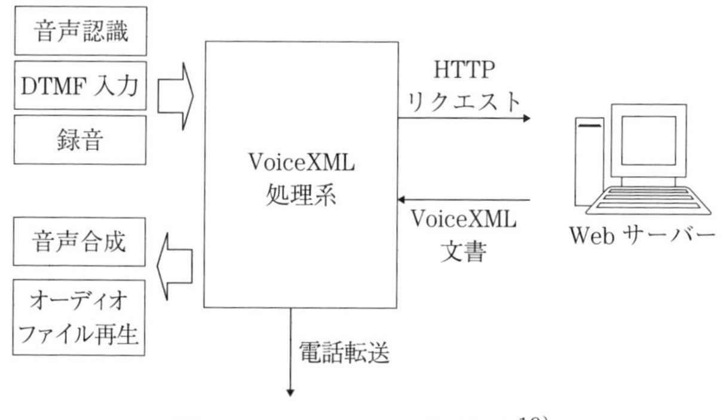

図 7.5　VoiceXML の設計概念[19)]

† http://www.w3.org/Voice/

(a) 記述例（form 部分のみ）

```
<form>
  <block>
    切符購入システムです。
  </block>
  <field name="fromstation">
    <prompt>
      出発の駅名を言ってください。
    </prompt>
    <grammar src="station.grxml"
      type="application/srgs+xml"/>
  </field>
  <field name="tostation">
    <prompt>
    行き先の駅名を言ってください。
    </prompt>
    <grammar src="station.grxml"
      type="application/srgs+xml"/>
  </field>
  <field name="cnt" type="number">
    <prompt>
      切符の枚数を言ってください。
    </prompt>
  </field>
  <filled>
    <submit next="/mysite/buy"/>
  </filled>
</form>
```

(b) 対話例（S:システム，U:ユーザ）

```
S：切符購入システムです。
   出発の駅名を言ってください。
U：浜松駅
S：行き先の駅名を言ってください。
U：東京駅
S：切符の枚数を言ってください。
U：1 枚
```

図 7.6　VoiceXML による音声インタフェースの記述（(a) システム主導対話シナリオの記述，(b) 対話例）

表 7.2　テキスト・音声入力インタフェースの比較

タスク（利用目的）	テキスト入力インタフェース（キーボード，タッチ入力など）	音声入力インタフェース
テキスト入力	◎任意語の入力に対応できる ○習熟すれば誤入力は起こりにくい △入力効率が習熟度に影響される **課題**：習熟し易さ，入力効率の改善	◎事前の習熟はあまり必要ない ○誤認識がなければ入力効率は高い △誤認識や未知語への対応が不可欠 **課題**：誤認識・未知語入力の扱い
意図・情報伝達	◎任意の自然言語文が入力できる △入力の負担がやや大きい	◎事前の習熟はあまり必要ない △誤認識や未知語の場合の影響大
	課題：システムイメージとメンタルモデルの溝を小さくする UI 設計，未知語・誤認識（誤入力）に頑健な言語理解や応答生成，適切な評価手法	

込み文法（例では数を表現する number）の指定で，この場合は grammar 要素を省略できる。最後の filled 要素は，form 要素に含まれるすべての field 要素の内容が入力されたときに実行すべき内容が記述される。混合主導の対話の記述の場合でも，前述のフォーム解釈アルゴリズムによって，各 field 要素に対応する項目の入力順序の違いや複数項目の同時入力などにも柔軟に対応できるた

め，対話の流れを細かに列挙せずコンパクトに記述できるようになっている。

これまでに述べてきたテキスト入力や音声入力のユーザインタフェースのおもな利点，欠点，課題について**表 7.2** に示す。

7.4　マルチモーダル入力インタフェース

5 章では，自然言語あるいは音声言語を中心としたインタラクションを実現する意味でのマルチモーダル対話システムについて触れているが，ここでは人間の模倣ではなく，機械への入力インタフェースとしてマルチモーダルインタフェースについて触れる。このような場合，マウスやタッチペン，タッチパネルなどの他の入力手段と音声入力を組み合わせることにより，どちらか一方では難しい入力が容易に実現できる場合もある。

例えば情報機器から利用するウェブサービスでは，複数の選択肢から選択したり任意の内容を入力するようなフォームへの入力が必要になる機会が多い。前者については，GUI の仕組みを音声のコマンドやキーワードでコントロールするように置き換えることで実現できる[20)]。一方，後者については，スマートフォンの音声検索に見られるように大語彙連続音声認識を用いてキーワードの音声認識を行う場合が多い。しかし，人名 (姓や名) や組織の名前などのように非常に多くの種類が想定され，日々新しい単語が生まれているような場合には対応できない。ここでは，テキスト入力支援におけるマルチモーダルインタフェースの応用例として，任意語彙入力の音声インタフェースの事例[21)] を紹介する。

任意語彙入力システムとしての応用事例

大語彙でカバーできない単語の入力を支援するため，音節などのサブワードの認識を利用し，複数候補を表示したうえでタッチパネルで選択するというインタフェースが考えられる。これは多数の候補から少数の候補に音声で絞り込み，タッチによって少数候補から最終結果を選択するというマルチモーダルイ

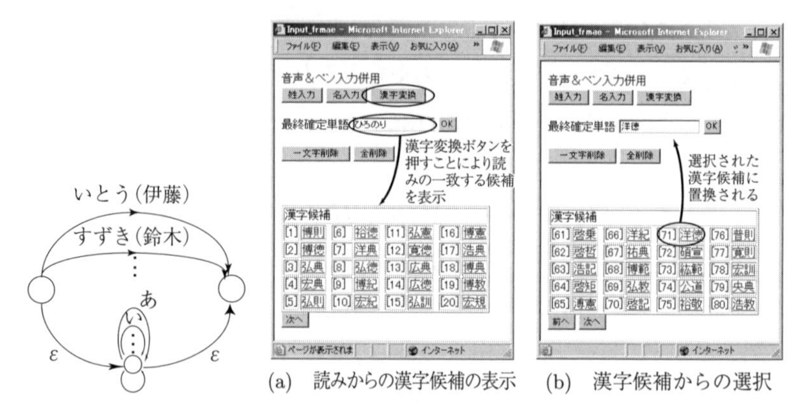

(a)　読みからの漢字候補の表示　(b)　漢字候補からの選択

図 7.7　連続音節と単語を用いた姓入力用言語モデル (左) と
それを用いた姓名入力インタフェース (右)

ンタフェースである。技術的には，**図 7.7** のような言語モデルにより，高頻度のありふれた名前は孤立単語認識で高精度に認識し，カバーできないものを連続音節認識で認識する。そしてその結果を図 7.7 右のように表示し，タッチにより選択，あるいは音節から正解を組み立て，必要に応じて仮名漢字変換を行う。

任意語入力の他の例として，組織名の入力に関しても同様な考え方が応用できる。組織名では，ほとんどの場合基本的な日本語 (外来語含む) の基本的な単語の組合せからなるため，連続音節認識のかわりに連続基本単語認識を用いると，仮名漢字変換を必要とせず効率的である。**図 7.8** 左は高頻度の組織名と連続基本単語を含む言語モデルの例で，右図はその認識結果の複数候補をタッチ入力によって選択可能な組織名入力インタフェースの表示例である。画面左下に表示されている組織名の候補一覧にない場合は，右下に表示されている基本単語から正しい内容を組み立てて入力できる。

これらはいずれも，多数候補からの選択には音声，少数候補からの選択にはポインティング (タッチ) のようにモダリティを使い分けることによって入力を効率化したマルチモーダルインタフェースといえる。また，この際のタッチ選択は，音声認識で不可避の誤りの訂正のためのインタフェースであると見なすこともできる。

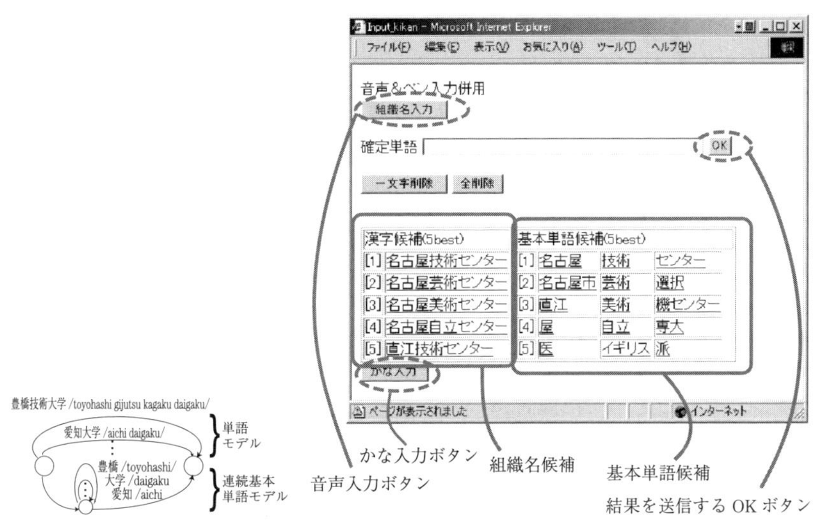

図 7.8　連続基本単語を含む組織名入力用言語モデル (左) と
それを用いた組織名入力インタフェース (右)

章　末　問　題

【1】 本書「まえがき」の 2 段落までテキスト入力を終えたとする。文字単位でテキスト入力するとき（仮名漢字変換入力ではなく，手書き文字入力を想定)，直前までに入力された文字列の記憶に基づいて，直近の先頭が一致する単語や文節などが最大で 10 個表示されるとする。例えば，続いて “音” を入力した場合，単語および文節単位だと “音声”，“音声言語”，“音声言語と”，“音声認識”，“音声合成”，“音声とは”，“音声である”，“音声を” が候補となる。このような表示から入力したい文字列があれば選択し入力する方式を考える。本書「まえがき」の 3 段落目の最初の 1 文を入力するとき，予測する単位が (1) 単語単位，(2) 単語＋複合語単位，(3) 単語＋複合語＋文節単位，の場合について必要な文字入力数の削減効率を比較せよ。

【2】 図 7.6 に示した VoiceXML の記述サンプルでは，システム主導の対話を想定している。この記述を混合主導の対話として書き直してみよ（ヒント：VoiceXML のフォーム解釈アルゴリズムの仕様を参照し，ユーザ主導の発話として想定される文法は別途追加で参照するとよい)。また，このような変更によってどのような利点，欠点が予想されるかを考察せよ。

8 フリーソフトウェアによる演習

本章では，音声言語処理，自然言語処理に有用な各種フリーソフトウェアを紹介し，それらを用いた演習について概要を述べる。インストールなどの環境整備については，各ソフトウェアのマニュアルなどを参考に，各自の環境に合わせて行う必要がある。なお，演習で想定する標準的な Linux 環境へのインストール方法については，本書のサポート用ウェブサイト[†1]に掲載している。また，各ソフトウェアについては，執筆時点での最新版を紹介するが，執筆後の更新により機能変更がある可能性もあることを留意されたい。

8.1 音声分析，ラベリング

波形編集，エフェクトをおもな用途とするツールには，有料/無料の多くのソフトウェアがあるが[†2]，ここでは音声研究のために使用しやすい，音声の分析を行うことができる無料のツールを紹介する。

(a) spwave　spwave は，マルチプラットフォーム音声分析・ラベリングソフトウェアで，日本国内で広く用いられている。さまざまなフォーマットの音声入出力が可能で，任意区間に対しての再生，切り出し，スペクトル分析，ラベリングなど，音声研究のために使いやすい機能が豊富に用意されている。spwave は，以下のウェブサイトで配布されている。

[†1] `http://www.coronasha.co.jp/np/isbn/9784339028881/`

[†2] 例えば，有料のものでは Adobe Audition や Sound Forge，無料のものでは Sound Engine Free や Audacity など。

- http://www-ie.meijo-u.ac.jp/~banno/spLibs/spwave/index-j.html

（b） **Praat**　　Praat は，音声の音響分析を行うために世界中で広く用いられている音声分析ソフトウェアである。音声の録音，波形の観察だけでなく，スペクトログラムの表示，ピッチ，パワー，フォルマントの抽出・表示といった分析機能をもち，ピッチや話速の変更などの音声の変形操作を行うことができる。Praat は，以下のウェブサイトで配布されている。

- http://www.fon.hum.uva.nl/praat/

（c） **WaveSurfer**　　WaveSurfer は，音声の基本的な分析機能を豊富にもつ音声分析ソフトウェアである。また，HTK, IPA, TIMIT, ESPS/waves+ などのさまざまな種類のラベルを扱うことができ，音声分析表示だけでなく，ラベリングのためにも広く用いられている。WaveSurfer は，以下のウェブサイトで配布されている。

- http://www.kth.sw/wavesurfer/

8.2 音 声 認 識

音声認識を行うためには，音声認識エンジン（デコーダ）だけでなく，音響モデルと言語モデルを準備する必要がある。ここでは，モデルの学習から認識を行うことができるツールキットと，音声認識エンジンの両方を紹介する。

（a） **HTK**　　HTK (Hidden Markov Model Toolkit) は，世界で広く用いられている隠れマルコフモデルを扱うためのツールキットである。隠れマルコフモデルを扱うことに関してさまざまなことが可能になっているが，特に音声認識に利用しやすいように各種ツールがセットになっている。ツールを用いることで，音声データからの音響特徴抽出 (MFCC, LPC)，HMM を用いた音響モデルの学習，文法を用いた音声認識，統計的言語モデルの学習，統計的言語モデルを用いた大語彙連続音声認識が可能である。最新版では，ニューラルネットワーク (DNN-HMM) を扱うことができるようになった。また，HTK

Book と呼ばれるマニュアルがあり，チュートリアルに沿って使い方を学習できるだけでなく，理論を同時に学ぶことができる。HTK は，以下のウェブサイトで配布されている。

- http://htk.eng.cam.ac.uk/

（b） **Kaldi**　Kaldi は，現在最も世界で広く用いられている深層ニューラルネットワークによる音声認識のためのツールキットである。HTK と同様に，音声認識に利用しやすいように各種ツールがセットになっているが，それらのツールをどのように動かして音響モデルおよび言語モデルを学習するするのかという手順が書かれたスクリプト（「レシピ」と呼ばれる）が，さまざまな音声データベースに対してあらかじめ用意されている。基本的な音響モデルおよび言語モデルの学習と認識処理は，レシピを動作させるだけで行える。また，DNN-HMM の学習とそれを用いた認識処理が行えるため，深層ニューラルネットワークによる音声認識の研究を行うためのベース環境として広く用いられている。Kaldi は，以下のウェブサイトで配布されている。

- http://kaldi-asr.org/

（c） **CMU SPHINX**　CMU SPHINX は，音声の特徴抽出からモデル学習，音声認識まで行うことができるツールキットである。CMU SPHINX には，音響特徴を抽出し音響モデルを学習するための環境である SphinxTrain と，デコーダとして，高速かつモバイルデバイスなど計算資源の限られた環境で動作させることも可能な PocketSphinx，Java で記述されている SPHINX4 が用意されている（C 言語で記述されている SPHINX3 も用意されている）。統計的言語モデルを学習するためのツールキットも用意されている。CMU SPHINX は，以下のウェブサイトで配布されている。

- https://cmusphinx.github.io/

（d） **Julius**　Julius は，汎用大語彙連続音声認識エンジンである。開発当初は日本語音声認識タスクをおもなターゲットとしていたが，現在では日本語以外の言語の認識にも利用されている。Julius は音声認識エンジンであり，HTK や CMU SPHINX とは異なり，音響モデルや言語モデルを学習する環境が付属していない。そのため，HTK フォーマットの音響モデルと ARPA フォーマットの言語モデルを別途準備する必要がある。配布ウェブサイトでは，ディクテーションキットや文法認識キットとして，汎用的な音響モデル，言語モデルのセットが配布されている。最新版では，DNN-HMM を用いた音声認識が可能になっている。Julius は，以下のウェブサイトで配布されている。

- `http://julius.osdn.jp/`

（e） **SRILM**　　SRILM は，統計的言語モデルを作成・評価するためのツールキットである。通常の N グラムモデルだけでなく，クラス言語モデル，キャッシュモデル，スキップモデルなどの言語モデルを作成，評価することができる。SRILM は，以下のウェブサイトで配布されている。

- `http://www.speech.sri.com/projects/srilm/`

（f） **Palmkit**　　Palmkit は，N グラムモデルとクラス言語モデルを作成，評価するためのツールキットである。Palmkit は，以下のウェブサイトで配布されている。

- `http://palmkit.sourceforge.net/`

8.3 音　声　合　成

対話システムなどでシステムが音声を出力する場合，任意のテキストから音声合成が可能であることが望まれる。そこで用いられるのが，Text-To-Speech (TTS) システムである。

（a） **Festival**　　Festival は，英語，スペイン語などの多言語 TTS システムである。音素片合成方式のため，新しい声質や言語の音声を生成するには，音素片を収集する必要がある。Festival は，以下のウェブサイトで配布されている。

- `http://festvox.org/festival/`

（b） **HTS**　　HTS（HMM–based Speech Synthesis System）は，HMM から音声合成を行う TTS システムであり，HTK に対するパッチの形

で提供されている。HMMから音声を合成するため，少量の音声でHMMを適応化することができ，さまざまな声質の音声を比較的簡単に合成することができる。HTSは，以下のウェブサイトで配布されている。

- `http://hts.sp.nitech.ac.jp/`

（c） **Open JTalk**　　Open JTalkは，hts_engine APIを用いてHMM音声合成を行う，TTSシステムである。HTSは大きなシステムのため，あらかじめ用意された音響モデルを用いて（すなわち，用意された声質で）単純な音声合成を行いたい場合に便利である。Open JTalkは，以下のウェブサイトで配布されている。

- `http://open-jtalk.sourceforge.net/`

8.4 形態素解析

形態素解析は，自然言語処理において最も基本となる処理である。例えば，新聞やウェブのテキストから言語モデルを作成するには，テキストを単語分割し，品詞などの情報を付与する必要がある。本節では，一般に公開されている形態素解析器について紹介する。

（a） **MeCab**　　MeCabは，CRF (Conditional Random Fields) を用いて，形態素の連接コストや生起コストなどのパラメータ推定を行っている形態素解析器である。言語や辞書，コーパスにできるだけ依存しないように設計されており，いくつかの異なる品詞体系の形態素解析用辞書が利用できる。また，パラメータ推定のためのプログラムがMeCab本体に含まれており，利用者は，自分自身の用意したコーパスを用いて新たな形態素解析用辞書を構築することもできる。MeCabは，以下のウェブサイトで配布されている。

- MeCab本体: `http://taku910.github.io/mecab/`
- 日本語形態素解析用辞書:
  - IPAdic: MeCab本体と同じ場所で配布。
  - IPAdicにウェブから収集した新語を拡張した辞書: `https://`

github.com/neologd/mecab-ipadic-neologd

- Juman 互換: MeCab 本体と同じ場所で配布。
- UniDic: http://unidic.ninjal.ac.jp/
- NAIST–jdic: http://sourceforge.jp/projects/naist-jdic/

（b） **JUMAN++**　JUMAN++ は，益岡・田窪文法を拡張した辞書に基づく日本語の形態素解析器である。JUMAN++ の形態素解析用辞書は，代表表記や意味情報などの各種の付加情報が充実している。また，JUMAN++ は，日本語基本語彙 (約 3 万語) からなる基本辞書と，ウェブや Wikipedia などから自動的に構築した辞書が利用できる。形態素体系は，京都テキストコーパスおよび KNP と共通している。JUMAN++ は，以下のウェブサイトで配布されている。

- http://nlp.ist.i.kyoto-u.ac.jp/index.php?JUMAN++

JUMAN++ では，RNN 言語モデルの採用により，従来の JUMAN に比べて高精度を達成しているが，その代わりに解析速度は低下している。

（c） **KyTea**　KyTea は，単語分割，読み推定，品詞推定を行うツールである。本節で紹介した他の形態素解析器は，解析モデルとしてマルコフモデルを用いている。それに対して，KyTea は，各文字間に単語境界が存在するかどうかを個別に判定するという点推定という手法を提案している。この手法の採用により，部分的にアノテーションされたコーパスを使って，容易に分野適応することができる。KyTea は，以下のウェブサイトで配布されている。

- http://www.phontron.com/kytea/

（d） **Sudachi**　Sudachi は，ソフトウェア製品への組込利用を強く意識して設計されている形態素解析器である。複数の分割単位を必要に応じて切り替えたり，形態素解析と同時に固有表現抽出を行うことができる，などの特徴を有する。Sudachi は，以下のウェブサイトで配布されている。

- https://github.com/WorksApplications/Sudachi

8.5 係り受け解析

(a) KNP　　KNP は日本語文の構文・格解析を行うシステムである。形態素解析器 JUMAN の解析結果 (形態素列) を入力とし，ウェブから自動構築した大規模格フレーム辞書に基づく確率的構文・格解析を行い，文節および基本句間の係り受け関係および格関係を出力する。固有表現抽出も同時に行うことができる。KNP は，以下のウェブサイトで配布されている。

- `http://nlp.ist.i.kyoto-u.ac.jp/index.php?KNP`

(b) CaboCha　　CaboCha は，SVM (support vector machine) に基づく日本語係り受け解析器である。言語や辞書，コーパスにできるだけ依存しないように設計されており，いくつかの異なる品詞体系の係り受け解析用辞書が利用できる。また，係り受け解析用辞書のパラメータ推定プログラムも同時に配布されており，コーパスを用意すれば，利用者自身の用途に適した係り受け解析器を構築することができる。固有表現抽出も同時に行うことができる。なお，動作には，形態素解析器として MeCab が必要である。CaboCha は，以下のウェブサイトで配布されている。

- `https://taku910.github.io/cabocha/`

8.6 全 文 検 索

(a) Minise　　Minise は，転置索引，N グラム索引および接尾辞配列が利用できる全文検索エンジンである。Minise は，以下のウェブサイトで配布されている。

- `http://code.google.com/p/mini-se/`

(b) Succinct Data Structure Library　　Succinct Data Structure Library は，FM–Index などの簡潔データ構造を用いて，テキストファイルを高速に検索するためのライブラリである。単純な接尾辞配列は構築および検索に大容量のメモリを必要とするが，簡潔データ構造を用いると，メモリを節約することが可能である。Succinct Data Structure Library は，以下のウェブサイトで配布されている。

- `https://github.com/simongog/sdsl-lite`

（c） **sary**　　sary は，接尾辞配列を用いてテキストファイルを高速に検索するためのライブラリとコマンドからなる。接尾辞配列の取り扱いに特化しているため，接尾辞配列の基本について学びたい場合に有用である。sary は，以下のウェブサイトで配布されている。

- `http://sary.sourceforge.net/`

8.7 統計的機械翻訳

（a） **Moses**　　Moses は，フレーズおよび構文木に基づく統計的機械翻訳モデルを利用することができるだけでなく，統計的機械翻訳の実験に必要な各種のツールを備えたツールキットである。Moses は，以下のウェブサイトで配布されている。

- `http://www.statmt.org/moses/`

（b） **GIZA++**　　GIZA++ は，統計的機械翻訳の IBM モデル 1 ～ 5 および単語アラインメントモデルを構築するための統計的機械翻訳ライブラリである。GIZA++ は，以下のウェブサイトで配布されている。

- `http://code.google.com/p/giza-pp/`

8.8 深層学習フレームワーク

近年の深層ニューラルネットワークの発展にあわせて，さまざまな深層ニューラルネットワーク学習環境（いわゆる，深層学習フレームワーク）が提供されているが，その中からよく用いられている代表的なものを紹介する。これらの環境は，CPU のみでも動作するが，GPU ボードがあればそれを利用して高速に動作するようになっており，GPGPU 環境で用いることが望ましい。

（a） **Chainer**　　Preffered Networks 社が開発している，日本製の深層学習フレームワークである。日本語の資料が充実しており，特に日本で広く利用されている。フレームワーク全体が Python のライブラリとして実装されており，'Define by Run' と呼ばれる，データに対する計算を行いながら計算グラフ (ニューラルネットワークの構造) 構築を行う方式であるため，柔軟なネットワーク構築が可能である。Chainer は Python のライブラリであるため，pip を用いてインストール可能である。公式サイトは以下のとおりである。

- `https://chainer.org/`

（b） **TensorFlow**　　Google が開発している深層学習フレームワークである。名前のとおり，テンソル (多次元配列として表現可能な線形量) の演算と計算グラフの構築・実行を行う比較的低レベルなライブラリとして実装されており，C 言語，C++，Python，Java などの言語に対応している。世界中で広く用いられており，高速でさまざまな用途に利用できるが，'Define and Run' と呼ばれる，ニューラルネットワークの構造構築を行った後にデータに対する計算を行う方式であることと，低レベルなライブラリであることから，Chainer と比べると記述は複雑になりがちである。TensorFlow は，以下のウェブサイトで配布されている。Python で用いる場合は，pip を用いてインストール可能である。

- `https://www.tensorflow.org/`

（c） **Keras**　　Keras は，より簡単にニューラルネットワークを記述することを目指して開発された深層学習フレームワークである。Chainer，TensorFlow はその内部で計算グラフの構築が実装されているが，Keras は計算グラフ構築を行うバックエンドが別途必要なラッパーライブラリである。バックエンドとして TensorFlow の使用が推奨されている。TensorFlow でニューラルネットワークを書くといささか煩雑になるが，Keras を用いることでそれを非常に簡単に書くことができ，あまり複雑でないニューラルネットワークを用いる場合に適している。Keras は Python のライブラリであるため，pip を用いてインストール可能である。公式サイトは以下のとおりである。

- https://keras.io/ja/

演　習　課　題

以下は，本書のサポート用ウェブサイトに掲載している演習課題の概略である。詳細については，本書のサポート用ウェブサイト (p.252 脚注) を参照されたい。

【1】 Praat を用いて，自分の音声を録音し，スペクトログラム，ピッチ，フォルマントを観察せよ。加えて，ピッチと継続長を変更した音声についても観察せよ。

【2】 Praat を用いて，自分の孤立 5 母音を録音し，HTK を使って録音した音声データから MFCC を抽出せよ。

【3】 HTK を用いて，問【2】で抽出した MFCC から 5 母音の音響モデルの学習を行い，得られた音響モデルによる認識実験を行え。

【4】 HTK を用いて，サポート用ウェブサイトに用意された音声データを対象として，単語（数字）単位の GMM-HMM および DNN-HMM を学習し，連続数字音声認識を行え。

【5】 MeCab を用いて，サポート用ウェブサイトで指定した日本語テキストを形態素解析し，単語数と異なり単語数を求めよ。形態素解析結果に基づいて，SRILM を用いて単語 N グラム モデルを作成し，テストセットパープレキシティを求めよ。

【6】 CaboCha を用いて，サポート用ウェブサイトで指定した日本語テキストを係り受け解析し，ある動詞（例えば「行う」）の格要素として出現する名詞をすべて列挙せよ。

【7】 Minise を用いて，サポート用ウェブサイトで指定した日本語テキストの全文検索を行い，N グラム索引と転置索引の検索結果と検索時間および使用メモリ量を比較せよ。

【8】 サポート用ウェブサイトで指定した日英パラレルコーパスに基づいて，Moses と GIZA++ を用いてフレーズベース統計機械翻訳モデルを作成せよ。同時に，Chainer を用いてニューラル機械翻訳モデルを作成せよ。作成した機械翻訳モデルを用いて，サポート用ウェブサイトで指定したテスト用日本語テキストを翻訳し，翻訳の評価尺度である BLUE 値を求めよ。また，ニューラル機械翻訳モデルを学習した際に得られた単語の分散表現を用いて，単語の分散表現の加減算について考察せよ。

引用・参考文献

1 章

1) 中川聖一, 鹿野清宏, 東倉洋一: 音声・聴覚と神経回路網モデル, オーム社 (1990)
2) 田窪行則, 前川喜久雄, 窪園春夫, 本田清志, 白井克彦, 中川聖一: 言語の科学第 2 巻「音声」, 岩波書店 (1998)
3) N. Chomsky: Lectures on Goverment and Binding, Foris Publications (1981)
4) N. Chomsky: Knowledge of Language: Its Nature, Origin and Use, Praeger (1986)
5) NHK 放送文化研究所, 日本放送協会放送文化研究所: NHK 日本語発音アクセント辞典新版, 日本放送出版協会 (1998)
6) 河原英紀, 入野俊夫: 神経回路網を用いた音声の時間特徴の表現に関する検討, 信学技報, Vol. SP88–31 (1988)
7) 中川聖一, 堂下修司: 音声言語情報処理の動向と研究課題, 情報処理, Vol. 36, No. 111, pp. 1012–1019 (1995)
8) N. Chomsky: Reflections on Language, Pantheon Books (1975)
9) 小林聡, 田中敬志, 森一将, 中川聖一: 字幕付きテレビニュース放送を素材とした語学学習教材作成システム, 人工知能学会論文誌, Vol. 17, No. 4, pp. 500–509 (2002)
10) 中川聖一, 中西宏文, 古部好計, 板橋光義: 視聴覚情報の統合化に基づく概念の獲得, 人工知能学会論文誌, Vol. 8, No. 4, pp.499–508 (1993)
11) 窪園晴夫: 日本語の音声, 岩波書店 (1999)
12) 小泉保: 日本語の正書法, 大修館書店 (1978)

2 章

1) 日本音声言語医学会 編: 声の検査法（基礎編, 応用編）, 第 2 版, 医歯薬出版 (1994)
2) J. L. Flanagan: Speech Analysis Synthesis and Perception 2nd ed., pp. 234–239, Springer(1972)
3) 中川聖一, 鹿野清宏, 東倉洋一: 音声・聴覚と神経回路網モデル, オーム社 (1990)
4) J. Hillenbrand, L. Getty, M. Clark and K. Wheeler: Acoustic Characteristics of American English Vowels, J. Acoust. Soc. Am., Vol. 97, No. 5, pp. 3099–3111 (1995)
5) 板橋秀一 編著, 赤羽誠, 石川泰, 大河内正明, 粕谷英樹, 桑原尚夫, 田中和世, 新田恒雄, 矢頭隆, 渡辺隆夫 共著: 音声工学, 森北出版（2005）
6) レイ・D・ケント, チャールズ・リード 著, 荒井隆行, 菅原勉 監訳: 音声の音響分析, 海文堂 (1996)
7) Handbook of the International Phonetic Association, A guide to the use of the International Phonetic Alphabet, Cambridge University Press (1999)
8) 木村琢也, 小林篤志: IPA（国際音声記号）の基礎～言語学・音声学を学んでいない人のために～, 音響会誌, pp. 178–183 (2010)
9) G. Fant: Acoustic Theory of Speech Production, Mouton, The Hague (1960)
10) A. V. Oppenheim: Homomorphic Analysis of Speech, IEEE Trans. of Audio and

Electroacoustics, AU-16, No. 2, pp. 221–226 (1968)
11) S. B. Davis and P. Mermelstein: Comparison of parametric representations for monosyllabic word recognition in continuously spoken sentences, IEEE Trans. ASSP, Vol. 28, No. 4, pp. 357–366 (1980)
12) L. R. Rabiner: On the use of autocorrelation analysis for pitch detection, IEEE Trans. ASSP, No. 25, pp. 23–24 (1977)
13) A. M. Noll: Cepstrum pitch determination, J. Acoust. Soc. Am. Vol. 41, No. 2, pp. 293–309 (1967)
14) 河原英樹: 音声分析合成技術の動向, 音響会誌, Vol. 67, No. 1, pp. 40–45 (2011)
15) S. Furui: Speaker independent isolated word recognition using dynamic features of speech spectrum, IEEE Trans. ASSP, Vol. 34, No. 1, pp. 52–59 (1986)
16) 迫江博昭, 千葉成美: 動的計画法を利用した音声の時間正規化に基づく連続単語認識, 音響会誌, Vol. 27, No. 9, pp. 483–490 (1971)
17) 中川聖一: 確率モデルによる音声認識, 電子情報通信学会 (1988)
18) 鹿野清宏, 伊藤克亘, 河原達也, 武田一哉, 山本幹雄 編著: 音声認識システム, オーム社 (2001)
19) L. R. Rabiner, B-H. Juang 著, 古井貞熙訳: 音声認識の基礎（上・下）, NTT アドバンストテクノロジ（1995）
20) HTKBook, http://htk.eng.cam.ac.uk/prot-docs/htk_book.shtml
21) K. Shinoda: Acoustic model adaptation for speech recognition, IEICE Trans. on Information and Systems, Vol. E93-D, No. 9, pp. 2348–2362 (2010)
22) M. Mohri, F. Pereira and M. Riley: Weighted finite-state transducers in speech recognition, Computer Speech and Language, Vol. 16, No. 1, pp. 69–88 (2002)
23) 堀貴明, 塚本元: 重み付き有限状態トランスデューサによる音声認識, 情報処理, Vol. 45, No. 10, pp. 1020–1024 (2004)
24) S. Furui, L. Deng, M. Gales, H. Ney and K. Tokuda: Special issue on fundamental technologies in modern speech recognition, IEEE Signal Processing Magazine, Vol. 29, No. 6 (2012)
25) K. Tokuda and H. Zen: Fundamentals and recent advances in HMM-based speech synthesis. Tutorial of INTERSPEECH (2009)
26) H. Zen, K. Tokuda and A. W. Black: Statistical parametric speech synthesis, Speech Communication, Vol. 51, No. 11, pp. 1039–1064 (2009)
27) 小林隆夫, 徳田恵一: コーパスベース音声合成技術の動向 [IV]〜HMM 音声合成方式〜, 信学論, Vol. 87, No. 4 (2004)
28) 佐藤大和: 複合語におけるアクセント規則と連濁処理, 「日本語と日本語教育」第 2 巻, 日本語の音声・音韻（上）, 明治書院 (1989)
29) 匂坂芳典, 佐藤大和: 日本語単語連鎖のアクセント規則, 信学論 (D), J66-D, No. 7, pp. 849–856 (1983)
30) 藤崎博也, 須藤寛: 日本語単語アクセントの基本周波数パターンとその生成機構のモデル, 音響会誌, Vol. 27, No. 9, pp. 445–453 (1971)
31) 徳田恵一, 益子貴史, 宮崎昇, 小林隆夫: 多空間上の確率分布に基づいた HMM, 信学論, Vol. J83-D-II, No. 7, pp. 1579–1589 (2000)
32) G. Hinton, L. Deng, D. Yu, G. Dahl, A. Mohamed, N. Jaitly, A. Senior, V. Vanhoucke, P. Nguyen, T. Sainath, and B. Kingsburry: Deep neural networks for acoustic modeling in speech recognition, IEEE Signal Processing Magazine, Vol. 29, No. 6, pp. 82–97 (2012)

33) 篠田浩一: 音声言語処理における深層学習：総説，小特集号–音声言語処理における深層学習–，日本音響学会誌, Vol. 73, No. 1, pp. 25–30 (2017)
34) A. Senior, G. Heigold, M. Bacchiani, and H. Liao: GMM-free DNN acoustic model training, Proc. ICASSP, pp. 5602–5606 (2014)
35) Y. Hoshen, R. J. Weiss, and K. W. Wilson: Speech acoustic modeling from raw multichannel waveforms, Proc. ICASSP, pp. 4624–4628 (2015)
36) 増村亮: 深層学習に基づく言語モデルと音声言語理解, 日本音響学会誌, Vol. 73, No. 1, pp. 39–46 (2017)
37) 橋本佳, 高木信二: 深層学習に基づく統計的音声合成, 日本音響学会誌, Vol. 73, No. 1, pp. 55–62 (2017)
38) A. van den Oord, S. Dieleman, H. Zen, K. Simonyan, O. Vinyals, A. Graves, N. Kalchbrenner, A. Senior, and K. Kavukcuoglu: WaveNet: a generative model for raw audio, arXiv preprint arXiv:1609.03499 (2016)
39) H. A. Gleason, An introduction to descriptive linguistics, Holt Publisher (1955)
40) H. Hermansky, D. P. W. Ellis, S. Sharma, TANDEM connectionist feature extraction for conventional HMM systems, Proc. ICASSP, 3, 1635–1638 (2000)
41) 峯松信明, 櫻庭京子, 西村多寿子, 喬宇, 朝川智, 鈴木雅之, 齋藤大輔: 音声に含まれる言語的情報を非言語的情報から音響的に分離して抽出する手法の提案, 信学論, Vol. J94-D, No. 1, pp. 12–26 (2011)

3 章

1) 青江順一: トライとその応用，情報処理, Vol. 34, No. 2, pp. 244–251 (1993)
2) 永田昌明: 形態素解析, 金明哲, 村上征勝, 永田昌明, 大津起夫, 山西健司 編, 言語と心理の統計: ことばと行動の確率モデルによる分析, 「統計科学のフロンティア」, 第 10 巻, 第 II 部，2, pp. 62–73, 岩波書店 (2003)
3) 徳永拓之: 日本語入力を支える技術 — 変わり続けるコンピュータと言葉の世界，技術評論社 (2012)
4) 黒橋禎夫: 構文解析，長尾眞 編: 自然言語処理, 岩波講座 「ソフトウェア科学」, 第 15 巻, 第 4 章, pp. 139–198, 岩波書店 (1996)
5) J. E. Hopcroft, R. Motwani and J. D .Ullman 著, 野崎 昭弘，高橋 正子，町田 元，山崎 秀記 共訳: オートマトン 言語理論 計算理論 I・II [第 2 版]，サイエンス社 (2003)
6) D. Jurafsky and J. H. Martin: Speech and Language Processing: An Introduction to Natural Language Processing, Computational Linguistics and Speech Recognition, Prentice Hall, 2nd edition (2009)
7) M. P. Marcus, B. Santorini and M. A. Marcinkiewicz: Building a large annotated corpus of English: The Penn Treebank，Computational Linguistics, Vol. 19, No. 2, pp. 313–330 (1993)
8) 乾健太郎, 白井清昭: 例文を使って文の解析をしよう，情報処理, Vol. 41, No. 7, pp. 763–768 (2000)
9) 宇津呂武仁: 言語コーパスをより有効に使うために, 情報処理, Vol. 41, No. 7, pp. 787–792 (2000)
10) 松本裕治: 第 7 章 自然言語処理，人工知能学会 編, 人工知能学事典, pp. 366–372, 共立出版 (2005)
11) 乾健太郎, 浅原正幸: 自然言語処理の再挑戦 — 統計的言語処理を超えて —，知能と情報, Vol. 18, No. 5, pp. 669–681 (2006)
12) E. Charniak: Statistical Language Learning，MIT Press (1993)

13) 北研二, 中村哲, 永田昌明: 音声言語処理, 森北出版 (1996)
14) C. D. Manning and H. Schütze: Foundations of Statistical Natural Language Processing, The MIT Press (1999)
15) 北研二: 確率的言語モデル, 「言語と計算」, 第 4 巻, 東京大学出版会 (1999)
16) R. Dale, H. Moisl and H. Somers: (eds.): Part II. Empirical approaches to NLP, In Handbook of Natural Language Processing, pp. 377–627, Marcel Dekker Inc. (2000)
17) 中川聖一: 係り受け尤度を用いた文音声認識アルゴリズム, 確率モデルによる音声認識, 5.3.3 項, pp. 144–149, 電子情報通信学会 (1988)
18) 戸田正直, 阿部純一, 桃内佳雄, 往住彰文: 認知科学入門 — 「知」の構造へのアプローチ, Cognitive Science & Information Processing, 第 1 巻, サイエンス社 (1986)
19) D. Yarowsky: Homograph disambiguation in speech synthesis, In J. van Santen, R. Sproat, J. Olive and J. Hirschberg, editors, Progress in Speech Synthesis, pp. 159–175, Springer (1997)
20) Y. Matsumoto and T. Utsuro: Lexical knowledge acquisition, In R. Dale, H. Moisl and H. Somers, editors, Handbook of Natural Language Processing, chapter 24, pp. 563–610, Marcel Dekker Inc. (2000)
21) 宇津呂武仁: 10.1 節, 統計に基づく自然言語処理, 計量国語学会 編, 計量国語学事典, pp. 376–395, 朝倉書店 (2009)
22) 鳥澤健太郎, 関根聡, 乾健太郎: 2.10 節 知識獲得, 言語処理学会 編, 言語処理学事典, pp. 248–259, 共立出版 (2009)
23) K. W. Church and P. Hanks: Word association norms, mutual information and lexicography, Computational Linguistics, Vol. 16, No. 1, pp. 22–29 (1990)
24) D. Hindle: Noun classification from predicate argument structures, In Proc. 28th ACL, pp. 268–275 (1990)
25) D. Lin and P. Pantel: Discovery of inference rules for question-answering, Natural Language Engineering, Vol. 7, No. 4, pp. 343–360(2001)
26) I. Androutsopoulos and P. Malakasiotis: A survey of paraphrasing and textual entailment methods, Journal of Artificial Intelligence Research, Vol. 38, pp. 135–187 (2010)
27) 山梨正明: 推論と照応, くろしお出版 (1992)
28) 石崎雅人, 伝康晴: 談話と対話, 「言語と計算」, 第 3 巻, 東京大学出版会 (2001)
29) M. A. Walker, M. Iida and S. Cote: Japanese discourse and the process of centering, Computational Linguistics, Vol. 20, No. 2, pp. 193–232 (1994)
30) V. Ng: Supervised noun phrase coreference research: The first fifteen years, In Proc. 48th ACL, pp. 1396–1411 (2010)
31) W. C. Mann and S. A. Thompson: Rhetorical structure theory: A theory of text organization, Technical Report ISI/RS-87-190, USC/ISI (1987)
32) D. Marcu: The Theory and Practice of Discourse Parsing and Summarization, MIT Press (2000)
33) G. Hinton, J. L. McClelland and D. E. Rumelhart: Distributed representations, In D. E. Rumelhart, J. L. McClelland and PDP Research Group, editors, Parallel Distributed Processing: Explorations in the Microstructure of Cognition, Volume 1: Foundations, chapter 3, pp. 77–109, MIT Press (1986)
34) word2vec, `https://code.google.com/archive/p/word2vec/` (2018 年 6 月現在)
35) T. Mikolov, I. Sutskever, K. Chen, G. Corrado, and J. Dean : Distributed repre-

sentations of words and phrases and their compositionality, In Proc. 26th NIPS, pp. 3111–3119 (2013)

36) T. Mikolov, K. Chen, G. Corrado and J. Dean: Efficient estimation of word representations in vector space, In Proc. 1st ICLR (2013)

37) 朝日新聞単語ベクトル, http://www.asahi.com/shimbun/medialab/word_embedding/ (2018 年 6 月現在)

38) 日本語 Wikipedia エンティティベクトル, http://www.cl.ecei.tohoku.ac.jp/~m-suzuki/jawiki_vector/ (2018 年 6 月現在)

39) R. Socher an C. D. Manning and A. Y. Ng: Learning continuous phrase representations and syntactic parsing with recursive neural networks, In Proc. NIPS Workshop: Deep Learning and Unsupervised Feature Learning (2010)

40) D. Chen and C. D. Manning: A fast and accurate dependency parser using neural networks, In Proc. EMNLP, pp. 740–750 (2014)

41) J. Nivre: Algorithms for deterministic incremental dependency parsing, Computational Linguistics, Vol. 34, No. 4, pp. 513–553 (2008)

42) Y. Zhang and B. Wallace: A sensitivity analysis of (and practitioners' guide to) convolutional neural networks for sentence classification, In Proc. 8th IJCNLP, pp. 253–263 (2017)

43) N. Kalchbrenner, E. Grefenstette and P. Blunsom: A convolutional neural network for modelling sentences, In Proc. 52nd ACL, pp. 655–665 (2014)

44) 坪井祐太, 海野裕也, 鈴木潤：深層学習による自然言語処理, 機械学習プロフェッショナルシリーズ, 講談社 (2017)

4 章

1) Gonzalo Navarro: A guided tour to approximate string matching, ACM Computing Surverys, Vol. 33, No. 1, pp. 31–88 (2001)

2) Gonzalo Navarro, Ricardo Baeza-Yates, Erkki Sutinen and Jorma Tarhio: Indexing methods for approximate string matching, In IEEE Data Engineering Bulletin, Vol. 24, pp. 12–27 (2000)

3) Ricardo Baeza-Yates and Berthier Ribeiro-Neto, editors: Modern Information Retrieval, Addison Wesley, 2nd edition (2011)

4) 北研二, 津田和彦, 獅々堀正幹: 情報検索アルゴリズム, 共立出版 (2002)

5) 徳永健伸: 情報検索と言語処理, 東京大学出版会 (1999)

6) S. C. Deerwester, S. T. Dumais, G. W. Furnas, T. K. Landauer and R. A. Harshman: Indexing by latent semantic analysis, Journal of the American Society for Information Science, Vol. 41, No. 6, pp. 391–407 (1990)

7) Thomas Hofmann: Unsupervised learning by probabilistic latent semantic analysis, Machine Learning, Vol. 42, No. 1, pp. 177–196 (2001)

8) David M. Blei, Andrew Y. Ng and Michael I. Jordan: Latent dirichlet allocation, J. Mach. Learn. Res., Vol. 3, pp. 993–1022 (2003)

9) W. Bruce Croft and John Lafferty, editors: Language Modeling for Information Retrieval, Kluwer Academic Publishers (2003)

10) S. Zhai: Statistical Language Models for Information Retrieval, Morgan & Claypool Publishers (2009)

11) Marius Paşca: Open-Domain Question Answering from Large Text Collections, CSLI Publications (2003)

12) 関根聡, 井佐原均: IREX: 情報検索，情報抽出コンテスト， 情報処理学会研究報告, Vol. NL–127–15 (1998)
13) Ido Dagan, Oren Glickman and Bernardo Magnini: The PASCAL Recognising Textual Entailment Challenge, Machine Learning Challenges, Lecture Notes in Computer Science, Vol. 3944, pp. 177–190, Springer (2006)
14) 秋葉友良: 音声ドキュメント検索の現状と課題, 情報処理学会研究報告, Vol. 2010–SLP–82 (2010)
15) 西崎博光, 中川聖一: 音声認識誤りと未知語に頑健な音声文書検索手法, 信学論, Vol. J86-D-II, No.10, pp.1369-1381 (2003)
16) 瀧上智子, 秋葉友良: 音声検索語検出を前処理に用いた未知語や認識誤りに頑健な音声ドキュメント検索， 情報処理学会論文誌, Vol. 54, No.2 (2013)
17) Ciprian Chelba and Alex Acero: Position Specific Posterior Lattices for Indexing Speech, In Proceedings of Annual Meeting of the Association for Computational Linguistics, pp. 443-450 (2005)

5 章

1) H. P. Grice: Logic and conversation, In P. Cole and J. L. Morgan (Eds.), Syntax and semantics Vol. 3: Speech acts. Academic Press (1975)
2) B. J. Grosz and C. L. Sidner: Attention, intentions, and the structure of discourse, Computational Linguistics, Vol. 12, pp. 175–204 (1986)
3) E. A. Schegloff and H. Sacks: Opening up closings, Semiotica, Vol. 8, pp. 289–327 (1973)
4) J. L. Austin: How to do things with words, Oxford University Press (1962)
5) A. Stolcke, K. Ries, N. Coccaro, E. Shriberg, R. Bates, D. Jurafsky, P. Taylor, R. Martin, C. V. Ess-Dykema and M. Meteer: Dialogue act modeling for automatic tagging and recognition of conversational speech, Computational Linguistics, Vol. 26, Issue 3, pp. 339–373 (2000)
6) J. Weizenbaum: ELIZA—A computer program for study of natural language communication between man and machine, Comunnication of the ACM, Vol. 9, pp. 36–45 (1965)
7) T. Winograd: Understanding Natural Language, Academic Press (1972)
8) 細馬宏道: 話者交替を越えるジェスチャーの時間構造 - 隣接ペアの場合 - , 認知科学, Vol. 16, No. 1, pp. 91–102 (2009)
9) 伊藤敏彦，小暮悟，中川聖一: 協調的応答を備えた観光案内音声対話システムとその評価，情報処理学会論文誌，Vol. 39, No. 5, pp. 1248–1257 (1998)
10) J. D. Williams and S. Young: Partially observable Markov decision processes for spoken dialog systems, Computer Speech & Language, Vol. 21, No. 2, pp. 393–422 (2007)
11) 南泰浩: 部分観測マルコフ決定過程に基づく対話制御, 音響会誌, Vol. 67, No. 10, pp. 482–487 (2011)
12) P. Ekman and W. V. Friesen: The repoartoire of nonverbal behavior: categories, origins, usage, and coding, SEMIOTICA, Vol. 1, pp. 49–98 (1969)
13) R. A. Bolt: Put-that-there: voice and gesture at the graphics interface, Computer Graphics, Vol. 14, No. 3, pp. 262–270 (1980)
14) 平沢純一，川端豪: 音声対話システム Noddy:ユーザ発話と中でのうなずき・相槌生成，情報処理学会研究報告，Vol. SLP–98–12, pp. 51–52 (1998)

15) R. Nishimura and S. Nakagawa: A spoken dialog system for spontaneous conversations considering response timing and response type, TEEE:IEEJ, Vol. 6, No. 1, pp. S17–S26 (2011)

6 章

1) 蓼沼良一: ヤマトによる機械翻訳, 情報処理, Vol. 24, No. 3, pp. 277–283 (1983)
2) P. F. Brown, S. A. Della Pietra, V. J. Della Pietra and R. L. Mercer: The mathematics of statistical machine translation: parameter estimation, Computational Linguistics, Vol. 19, No. 2, pp. 263–311 (1993)
3) F. J. Och and H. Ney: The alignment template approach to statistical machine translation, Computational Linguistics, Vol. 30, No. 4, pp.417–449 (2004)
4) P. Koehn, F. J. Och and D. Marcu: Statistical phrase-based translation, In Proc. of the 2003 Conference of the North American Chapter of the Association for Computational Linguistics, pp.48–54 (2003)
5) Philipp Koehn: Statistical Machine Translation, Cambridge Univ. Press (2010)
6) K. Papineni, S. Roukos, T. Ward and W. Zhu: Bleu: a method for automatic evaluation of machine translation, In Proc. of ACL-02, pp. 311–318 (2002)
7) F. J. Och and H. Ney: Discriminative training and maximum entropy models for statistical machine translation, In Proc. of ACL-02, pp. 295–302 (2002)
8) F. J. Och: Minimum error rate training in statistical machine translation, In Proc. of ACL-03, pp. 160–167 (2003)
9) K. Yamada and K. Knight: A syntax-based statistical translation model, In Proc. of ACL 2001, pp. 523–530 (2001)
10) D. Chiang: Hierarchical phrase-based translation, Computational Linguistics, Vol. 33, No. 2, pp. 201–228 (2007)
11) M. Nagao: A framework of a mechanical translation between Japanese and English by analogy principle, A. Elithon and R. Banerji, eds., Artificial and Human Intelligence, pp. 173–180, Elsevier Science Publisher (1984)
12) 田中穂積 監修: 自然言語処理 — 基礎と応用 —, pp. 272–278 , 電子情報通信学会 (1999)
13) I. Sutskever, O. Vinyals and Q. V. Le: Sequence to sequence learning with neural networks, In Proceedings of NIPS'14, Vol.2, pp. 3104–3112 (2014)
14) T. Nakazawa et al.: Overview of the 3rd workshop on Asian translation, In Proceedings of WAT2016, pp. 1–46 (2016)
15) D. Bahdanau, K. Cho and Y. Bengio: Neural machine translation by jointly learning to align and translate, In Proceedings of ICLR2015 (2015)
16) Yonghui Wu et al.: Google's neural machine translation system: Bridging the gap between human and machine translation, arXiv:1609.08144v2, 23 pages (2016)
17) M. Luong, H. Pham and C. D. Manning: Effective approaches to attention-based neural machine translation, Proceedings of EMNLP2015, pp. 1412–1421 (2015)
18) Joseph Olive, Caitlin Christianson and John McCary, editors: Handbook of Natural Language Processing and Machine Translation, Springer (2011)
19) Y. Fujii, K. Yamamoto and S. Nakagawa: Improving the readability of ASR results for lectures using multiple hypotheses and sentence-level knowledge, IEICE Trans. Inf.and Syst., Vol. E95–D, No. 4, pp. 1101–1111 (2012)
20) Christopher Dyer, Smaranda Muresan and Philip Resnik: Generalizing word lattice translation, In Proceedings of ACL-08:HLT, pp. 1012–1020 (2008)

21) G. Saon and M.Picheny: Lattice-based viterbi decoding techniques for speech translation, In Proceedings of ASRU Workshop (2007)
22) D. Bahdanau, J. Chorowski, D. Serdyuk, P. Brakel, and Y. Bengio: End-to-end attention-based large vocabulary speech recognition, In Proceedings of ICASSP, pp. 4945–4949 (2016)
23) W. Chan, N. Jaitly, Q. Le, and O. Vinyals: Listen, attend and spell: A neural network for large vocabulary conversational speech recognition, In Proceedings of ICASSP, pp. 4960-4964 (2016)
24) A. Bérard, O. Pietquin, C. Servan, and L. Besacier: Listen and translate: A proof of concept for end-to-end speech-to-text translation, In NIPS Workshop on End-to-end Learning for Speech and Audio Processing (2016)
25) R. J. Weiss, J. Chorowski, N. Jaitly, Y. Wu, Z. Chen: Sequence-to-Sequence Models Can Directly Translate Foreign Speech, In Proceedings of Interspeech, pp. 2625–2629 (2017)

7 章

1) 黒川隆夫: ノンバーバルインタフェース，オーム社 (1994)
2) D. A. Norman: Cognitive Engineering, In Norman, D.A. and Draper, S.W.(Eds): User Centered System Design New Perspectives on Human-Computer Interaction, pp. 31–61, Lawrence Erlbaum Assocates(1986)
3) 平川正人, 安村通晃: 第 1 章 ビジュアルインタフェース開発の軌跡，平川正人, 安村通晃 編:ビジュアルインタフェース, pp. 1–21 , 共立出版 (1996)
4) B. Shneiderman: ユーザーインタフェースの設計—やさしい対話型システムへの指針，日経 BP 社 (1993)
5) B. Shneiderman: Visual User Interfaces for Information Exploration, No. CAR-TR-577, Human-Computer Interaction Laboratory, University of Maryland (1991)
6) M. Schneider-Hufschmidt, T. Kuhme and U. Malinowski: Adaptive User Interface – Principles and Practice, North Holland (1993)
7) 増井俊之: 予測／例示インタフェースの研究動向，コンピュータソフトウェア, Vol. 14, No. 3, pp. 4–19 (1997)
8) 入鹿山剛堂: ケータイ文字入力の現状と将来，信学論, Vol. 84, No. 11, pp. 819-827 (2001)
9) 市村由美, 齋藤佳美, 木村和広, 平川秀樹: 入力予測機能を組み込んだ仮名漢字変換システム，信学論, Vol. J85–D–II, No. 12, pp. 1853–1863 (2002)
10) Atsuhiko Kai and Seiichi Nakagawa: Relationship among Recognition Rate, Rejection Rate and False Alarm Rate in a Spoken Word Recognition System, IEICE Trans. on Information and Systems, Vol. E78-D, No. 6, pp. 698–704 (1995)
11) 中川聖一, 鳥居美和子, 甲斐充彦, 中西宏文: 任意語彙の追加登録可能な単語音声認識システム，電気学会論文誌 C, Vol. 118-C, No. 6, pp. 865–872 (1998)
12) `http://www.etsi.org/WebSite/Technologies/DistributedSpeechRecognition.aspx` (2012/3 現在)
13) 森信介, 土屋雅稔, 山地治, 長尾真: 確率的モデルによる仮名漢字変換，情報処理学会論文誌, Vol. 40, No. 7, pp. 2946-2953 (1999)
14) 赤堀一郎, 加藤利文, 北岡教英: 地名認識システムとその応用，情報処理学会研究報告, Vol. 95–SLP–7–9, pp. 55–60 (1995)
15) J. D. Lee, T. L. Brown, B. Caven, S. Haake and K. Schmidt: Does a speech-based

interface for an in-vehicle computer distract drivers?, Proc. World Congress on Intelligent Transport System (2000)

16) DICIT - Distant-talking Interfaces for Control of Interactive TV, Publishable Final Activity Report, http://dicit.fbk.eu/ (2010)

17) 古井貞熙, 小林哲則, 矢頭隆, 大淵康成, 河村聡典, 三木清一, 庄境誠: 音声認識実用化技術の展開 (総合報告), 信学論, Vol. 93, No. 8, pp. 725–740 (2010)

18) Jakob Nielsen: ユーザビリティエンジニアリング原論, 東京電機大学出版局 (2002)

19) 荒木雅弘: ボイスウェブの可能性 — VoiceXML 概説 —, 情報処理学会誌, Vol. 44, No. 10, pp. 1044–1051 (2003)

20) 甲斐充彦, 盛浩和, 中野崇広, 中川聖一: フォーム型 Web 情報検索サービスのための音声ユーザインタフェースシステムと操作性の評価, 情報処理学会論文誌, Vol .46, No .5, pp .1318–1329 (2005)

21) 北岡教英, 押川洋徳, 中川聖一: 孤立単語認識と連続基本単語認識の併用に基づく組織名の音声入力インタフェース, 情報処理学会研究報告, Vol. 2005–SLP–59, pp. 121–126 (2005)

22) 伊藤敏彦, 甲斐充彦, 山本一公, 中川聖一: パソコン用連続音声認識クライアント・サーバシステムの実装, 情報処理学会第 55 回全国大会論文集 (2), 3J-5, pp. 33–34 (1997)

23) 音声対話が世界を揺るがす, 日経エレクトロニクス, 2016 年 8 月号, pp. 25–50, 日経 BP 社 (2016)

24) AI スピーカー日本上陸, API が家電を支配する, 日経エレクトロニクス, 2017 年 11 月号, pp. 27–43, 日経 BP 社 (2017)

章末問題解答

1章

【1】 まず，5段活用形の動詞を考える。①動詞の語幹の末尾音節の子音が/b,g,m,n/の有声子音である場合は，過去助動詞は「た → だ」になり，このうち，②/b,m,n/の場合は，撥音便になる (例: 呼ぶ，読む，死ぬ)。/g/の場合は，イ音便になる (例: 騒ぐ)。③動詞の語幹が/k/の破裂子音で終わる場合は，過去助動詞の「た」が接続するとイ音便になる (書く，聞く。例外: 行く)。動詞の語幹が摩擦子音/s/で終わる場合は，s→si + ta とイ音便になる (例: 話す)。④その他の動詞の語幹の子音では「た」と接続すると捉音便になる (例: 買う，歌う，持つ)。⑤ウ音便 (おもに近畿方言) は，母音/u/の音節で終わる動詞で起こる「買う: kau→kauta→kaQta/kouta，歌う: utau→utauta→utaQta/utouta」。ここで，Q は捉音を表す。ただし，上一段活用形 (例: 起きる) と下一段活用形 (受ける) は，音便変化はない。以上により，次の区別も説明できる。閉める → 閉めた，湿る → 湿った。受ける → 受けた (ukeru→uketa)，蹴る → 蹴った (keru→keQta)。

【2】 例えば，「話す」の活用は「hanas-anai, hanas-imasu, hanas-u, hanas-utoki, hanas-eba, hanas-e, hanas-ou」，また，「書く」の活用は「kak-anai, kak-imasu, kak-u, kak-utoki, kak-eba, kak-e, kak-ou」となり，同形になる。この規則によって，5段活用形の接続規則が簡単になり，機械処理向きになる。また，上一段活用形 (例: 起きる) と下一段活用形 (例: 受ける) は「oki-nai, oki-masu, oki-ru, oki-rutoki, oki-reba, oki-yo, oki-you」「uke-nai, uke-masu, uke-ru, uke-rutoki, uke-reba, uke-yo, uke-you」となり，同形となる。

2章

【1】 関係 A をどう考えるかによって答は異なる。日本語の音韻体系（平仮名体系）からすれば関係 A は濁音・清音の関係であり，答は/は/となる。一方，関係 A を有声・無声の関係とすれば，答は/ぱ/となる。日本語になじみの薄い留学生には，/ぱ/以外の答を理解できない者もいる（[b] と [h] が対になることが理解できない)。日本語の音韻体系を獲得しなければ，/は/は答にならない。/は/以外の答が思い付かなかったとすれば，それは読者の言語音に対する感覚が日本語に毒されているだけである。

【2】 日本語の/い/は/i/(beat), /え/は/ɛ/(bet) と知覚されるだろう。/い/ から/え/へ連続的に音色を変えた場合，途中で/ɪ/(bit) 付近を通る。すなわち/i/→/ɪ/→/ɛ/という3つの母音を知覚する可能性が高い。舌の位置によって母音の音色は連続的に変化する。色が連続的に変化する自然現象として虹があるが，虹に7色を感じる文化もあれば，6色，8色を感じる文化もある。連続変化をどう離散化するか，シンボル化するかは文化依存，言語依存である。

【3】 音速，声道長の値を式 (2.3) に代入して求めればよい。

【4】 この管は，長さ l_1 の管と長さ l_2 の管が接合している。この接合管の共振周波数は，長さ l_1 の閉管の共振周波数（第1項)，長さ l_2 の開管の共振周波数（第2項)，およ

び，接合管のヘルムホルツ共振周波数（第 3 項）で近似される。

【5】 $H(z) = 1-\alpha z^{-1}$ の周波数特性は, $z = e^{j\omega T_s}$ (T_s = 標本化周期) として $\log|H(e^{j\omega T_s})|$ を ω の関数として描画すればよい。

【6】 c^i_{t-L} から c^i_{t+L} の $2L+1$ 個の係数（時系列データ）に対して 2 乗誤差最小基準で直線近似し，その傾きを求める。すると

$$\Delta c^i_t = \frac{\sum_{l=-L}^{L} l c^i_{t+l}}{\sum_{l=-L}^{L} l^2} = \sum_{l=-L}^{L} \frac{l}{\sum_{l=-L}^{L} l^2} c^i_{t+l}$$

が得られる。c^i_{t+l} の線形結合となる。式 (2.77), (2.78) 参照。

【7】 $\mathrm{IDFT}(\log|S_n|) = c^S_k$ であり，$\log|S_n|$，c^S_k ともに実数列なので，パーセバルの定理より次式が成立する。

$$\sum_{k=0}^{N-1} c^S_k \times c^S_k = \frac{1}{N}\sum_{n=0}^{N-1} \log|S_n| \times \log|S_n|$$

$$\sum_{k=0}^{N-1} c^S_k \times c^T_k = \frac{1}{N}\sum_{n=0}^{N-1} \log|S_n| \times \log|T_n|$$

今，ケプストラム係数を M 次で打ち切り，$k = M, ..., N-M$ に対して係数 $= 0$ とすると（$N-M$ までを 0 とすることに注意），ケプストラム係数の対称性と，上記パーセバルの定理より次式が成立する。

$$\left(c^S_0 - c^T_0\right)^2 + 2\sum_{k=1}^{M}\left(c^S_k - c^T_k\right)^2 = \frac{1}{N}\sum_{n=0}^{N-1}\left(\log|S'_n| - \log|T'_n|\right)^2$$

$\log|S'_n|$ は，M 次までのケプストラム係数に対応するスペクトル包絡である。$\log|S'_n|$ から直流成分（つまり c^S_0）を差し引けば，$\log|S'_n| - \overline{\log|S_n|}$ となるが，ケプストラム係数を $\log|S_n| - \overline{\log|S_n|}$ から求めれば，当然 c^S_0 =0.0 となる。直流成分 = 0 のスペクトル包絡に相当する上式が式 (2.19) である。包絡間距離を求める場合に，対数スペクトルドメインだと N 次元，ケプストラムドメインだと $M(\ll N)$ 次元のユークリッド距離となる。

【8】 (B) の漸化式は，下記のようになる。(C), (D) は略。

$$D(i,j) = \min\begin{bmatrix} D(i-1,j-2) + 2d(i,j-1) + d(i,j) \\ D(i-1,j-1) + 2d(i,j) \\ D(i-2,j-i) + 2d(i-1,j) + d(i,j) \end{bmatrix}$$

【9】 abb が出力できる経路は 2 種類あり，おのおのの経路での確率値の和がトレリススコア，最大確率を示す経路の確率がビタビスコアである。

トレリススコア $= 1.0\times0.7\times0.6\times0.3\times0.4\times0.4\times0.8 +$
$1.0\times0.7\times0.4\times0.4\times0.2\times0.4\times0.8 = 0.024$

ビタビスコア $= 1.0\times0.7\times0.6\times0.3\times0.4\times0.4\times0.8 = 0.016$

【10】 式 (2.37) の対数をとると

$$\begin{aligned}\log\phi_j(t) &= \log\left(\max_{1<i<N}\phi_i(t-1)a_{ij}\right) + \log b_j(t) \\ &= \max_{1<i<N}\left[\log\phi_i(t-1) + \log a_{ij}\right] + \log b_j(t)\end{aligned}$$

$$= \max_{1<i<N} [\log \phi_i(t-1) + \log a_{ij} b_j(t)]$$

となり，式 (2.22) と式 (2.37) との対応が取れることがわかる。なお，DP の場合は累積スコアを最小化する経路を求めるが，HMM の場合は累積確率を最大化する経路を求めることになる。

【11】

$$\begin{aligned}\alpha_i(t)\beta_i(t) &= P(\boldsymbol{o}_1, ..., \boldsymbol{o}_t, q_t = S_i|M_k)P(\boldsymbol{o}_{t+1}, ..., \boldsymbol{o}_T|q_t = S_i, M_k) \\ &= P(\boldsymbol{O}, q_t = S_i|M_k)\end{aligned}$$

であるので，i で和をとれば確率変数 q_t が消失することになる。

$$\sum_i \alpha_i(t)\beta_i(t) = \sum_{S_i} P(\boldsymbol{O}, q_t = S_i|M_k) = P(\boldsymbol{O}|M_k)$$

よって，$\alpha_N(T)$ や $\beta_1(1)$ と等しい値をもつ。

【12】 例えば「営業の/安藤/課長」であれば

$$\text{パープレキシティ} = (2 \times 3 \times 2)^{\frac{1}{3}} = 2.29$$

$$\text{エントロピー} = \frac{1}{3}(\log_2 2 + \log_2 3 + \log_2 2) = 1.19$$

となる。2 のエントロピー乗がパープレキシティである。

【13】 UNK に対する N グラム確率が $P(\mathrm{UNK}|w_{i-2}^{i-1})$ から $m^{-1}P(\mathrm{UNK}|w_{i-2}^{i-1})$ に変わる。よって N 語中，UNK が o 個出現していれば，PP としては

$$PP = \left[\prod_{n=1}^{N} P(w_n|w_{n-2}^{n-1})\right]^{-\frac{1}{N}} \rightarrow PP = \left[\left\{\prod_{n=1}^{N} P(w_n|w_{n-2}^{n-1})\right\}(m^{-1})^o\right]^{-\frac{1}{N}}$$

となる。2 を基数として対数化すれば式 (2.62) が得られる。

【14】 バイグラムの場合，N 種類の w_{i-1} から N 種類の w_i への接続を考えればよいが，トライグラムの場合，N^2 種類の $w_{i-2}w_{i-1}$ から w_i への接続を考慮する必要がある。これを図的に示せば**解図 2.1** のようになる。

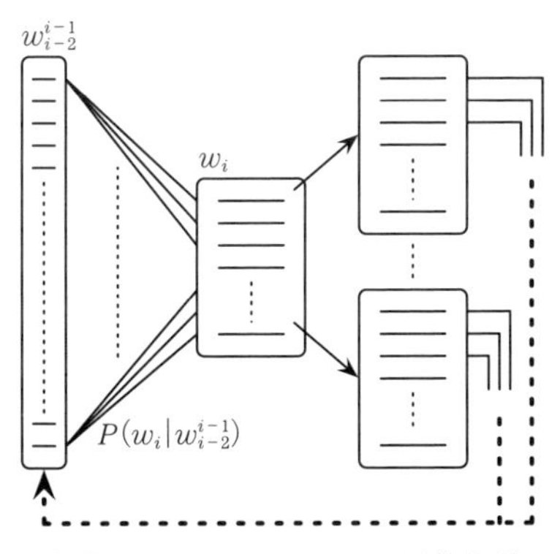

解図 2.1　トライグラムの図的表現

【15】 複合名詞 n_1n_2 の場合，一般に後半の名詞 n_2 が複合名詞のアクセント型を決める。n_2 を孤立発声した場合にアクセント核を持たない場合，複合名詞としては n_2 は1型となる（例：東京＋大学→東京大学）。n_2 が核をもつ場合は，それが残る（例：東京＋おこし→東京おこし）。なお，おのおのの単語のアクセント型は東京 (0)，大学 (0)，東京大学 (5)，おこし (2)，東京おこし (6) である。

【16】 HMM 音声合成では，最適な（最尤な）状態系列と特徴量系列を導出している。これにならって考えると下記のようになる。

$\arg\max_{s,w} P(s,w|\boldsymbol{o}) = \arg\max_{s,w} P(w|s,\boldsymbol{o})P(s|\boldsymbol{o})$ であるから

$$\hat{s} = \arg\max_{s} P(s|\boldsymbol{o}) = \arg\max_{s} P(\boldsymbol{o}|s)P(s)$$

で s を同定し，その後

$$\arg\max_{w} P(w|s=\hat{s},\boldsymbol{o}) = \arg\max_{w} P(\boldsymbol{o}|s=\hat{s},w)P(w|s=\hat{s})$$

で w を同定する。$\arg\max_{s,w} P(s,w|\boldsymbol{o}) = \arg\max_{s,w} P(s|w,\boldsymbol{o})P(w|\boldsymbol{o})$ と考えれば

$$\hat{w} = \arg\max_{w} P(w|\boldsymbol{o}) = \arg\max_{s} P(\boldsymbol{o}|w)P(w)$$

で w を同定し，その後

$$\arg\max_{s} P(s|w=\hat{w},\boldsymbol{o}) = \arg\max_{s} P(\boldsymbol{o}|w=\hat{w},s)P(s|w=\hat{w})$$

で s を同定する。いずれの場合も片方の確率を最大化し，その結果を使って他方の確率を最大化しており，これは近似的な解法にすぎない。当然確率積を直接的に最大化する手法も検討可能だろう。

【17】 簡単のために $\boldsymbol{c}_t = [c_t^1, c_t^2, .., c_t^J]^\top$ と $\Delta\boldsymbol{c}_t$ の結合ベクトルで $\boldsymbol{o}_t$ が構成されるとする（$\boldsymbol{o}_t = [{\boldsymbol{c}_t}^\top, {\Delta\boldsymbol{c}_t}^\top]^\top$）。また，簡便な $\Delta\boldsymbol{c}_t$ 定義として $\Delta\boldsymbol{c}_t = \boldsymbol{c}_{t+1} - \boldsymbol{c}_{t-1}$ を採択する。このようにすると $\boldsymbol{o}_t$ は下記となる。$\boldsymbol{c}_t$，$\Delta\boldsymbol{c}_t$ は J 次元の列ベクトルであり，$\boldsymbol{I}$ は $J \times J$ の単位行列である。

$$\boldsymbol{o}_t = \begin{bmatrix} \boldsymbol{c}_t \\ \Delta\boldsymbol{c}_t \end{bmatrix} = \begin{bmatrix} 0 & \boldsymbol{I} & 0 \\ -\boldsymbol{I} & 0 & \boldsymbol{I} \end{bmatrix} \begin{bmatrix} \boldsymbol{c}_{t-1} \\ \boldsymbol{c}_t \\ \boldsymbol{c}_{t+1} \end{bmatrix}$$

この関係式を用いて $\boldsymbol{O} = [{\boldsymbol{o}_1}^\top, ..., {\boldsymbol{o}_d}^\top]^\top$, $\boldsymbol{C} = [{\boldsymbol{c}_1}^\top, ..., {\boldsymbol{c}_d}^\top]^\top$ に成立する $\boldsymbol{O} = \boldsymbol{K}\boldsymbol{C}$ における $\boldsymbol{K}$ を考えると，以下の形式となる。

$$\boldsymbol{O} = \begin{bmatrix} \boldsymbol{c}_1 \\ \Delta\boldsymbol{c}_1 \\ \vdots \\ \boldsymbol{c}_t \\ \Delta\boldsymbol{c}_t \\ \vdots \\ \boldsymbol{c}_d \\ \Delta\boldsymbol{c}_d \end{bmatrix} = \begin{bmatrix} \boldsymbol{I} & 0 & \cdots & \cdots & \cdots & \cdots & \cdots & \cdots & \cdots \\ 0 & \boldsymbol{I} & \cdots & \cdots & \cdots & \cdots & \cdots & \cdots & \cdots \\ 0 & \boldsymbol{I} & 0 & \cdots & \cdots & \cdots & \cdots & \cdots & \cdots \\ -\boldsymbol{I} & 0 & \boldsymbol{I} & \cdots & \cdots & \cdots & \cdots & \cdots & \cdots \\ \cdots & \cdots & \cdots & \cdots & \cdots & \cdots & \cdots & \cdots & \cdots \\ \cdots & \cdots & \cdots & 0 & \boldsymbol{I} & 0 & \cdots & \cdots & \cdots \\ \cdots & \cdots & \cdots & -\boldsymbol{I} & 0 & \boldsymbol{I} & \cdots & \cdots & \cdots \\ \cdots & \cdots & \cdots & \cdots & \cdots & \cdots & \cdots & \cdots & \cdots \\ \cdots & \cdots & \cdots & \cdots & \cdots & \cdots & 0 & \boldsymbol{I} & 0 \\ \cdots & \cdots & \cdots & \cdots & \cdots & \cdots & -\boldsymbol{I} & 0 & \boldsymbol{I} \\ \cdots & \cdots & \cdots & \cdots & \cdots & \cdots & \cdots & 0 & \boldsymbol{I} \\ \cdots & \cdots & \cdots & \cdots & \cdots & \cdots & \cdots & -\boldsymbol{I} & 0 \end{bmatrix} \begin{bmatrix} \boldsymbol{c}_1 \\ \vdots \\ \boldsymbol{c}_t \\ \vdots \\ \boldsymbol{c}_d \end{bmatrix}$$

$\boldsymbol{O}$ は $2dJ$ 次元，$\boldsymbol{C}$ は dJ 次元なので，行列 $\boldsymbol{K}$ は $2dJ \times dJ$ の行列となる。また，上式において $\Delta\boldsymbol{c}_1$ の計算時には $\boldsymbol{c}_{-1}$ を，$\Delta\boldsymbol{c}_d$ の計算時には $\boldsymbol{c}_{d+1}$ を零ベクトルと仮定している（すなわち発話頭，尾は無音であることを仮定している）。

【18】 式 (2.92) の導出は略。softmax 関数を用いた出力層では

$$\frac{\partial E}{\partial u_j^L} = (p(C_j|\boldsymbol{x}_n) - 1)d_n^j$$

であった。隠れ層の場合，活性化関数を f とすると

$$\frac{\partial E}{\partial u_j^l} = f'(u_j^l)\sum_k w_{jk}^{l+1}\frac{\partial E}{\partial u_k^{l+1}}$$

となり，また f がシグモイド関数の場合 $f'(u_j^l) = y_j^l(1 - y_j^l)$ であるため，

$$\begin{aligned}\hat{w}_{ij}^l =& w_{ij}^l - \eta\frac{\partial E}{\partial w_{ij}^l} = w_{ij}^l - \eta\frac{\partial E}{\partial u_j^l}\frac{\partial u_j^l}{\partial w_{ij}^l} \\ =& w_{ij}^l - \eta y_j^l(1 - y_j^l)\left(\sum_k w_{jk}^{l+1}\frac{\partial E}{\partial u_k^{l+1}}\right)y_i^{l-1}\end{aligned}$$

が導出される。

【19】 学習データに対する（主成分分析による）教師無し次元圧縮に相当する処理が行われていると考えられる。主成分分析は，特徴量空間において最大のばらつき（分散）を生じる方向を第一基底ベクトル，次の最大分散を生じる方向を第二基底ベクトルとし，より少数の基底ベクトル群の線形和として効率的に特徴量空間を表現するが，ボトルネック特徴は，その線形重み相当の情報を表現していると考えられる。

【20】 波形を DNN に入力して音声認識を行わせる場合，聴覚の特性を DNN 学習を通して自動学習することにほぼ相当する。聴覚特性はほぼ帯域フィルタ群として近似できるため，帯域フィルタ相当の処理が若い隠れ層で実現されていると考えられる。波形を出力する DNN では，波形振幅値を μ-law 量子化して 8bit とし，クラス数 256 の識別器として波形生成を実現している。これは一般的に，回帰器としての NN と識別器としての NN の性能を比較した場合，後者のほうが優れていることに起因する。

3 章

【1】 下図のとおり。

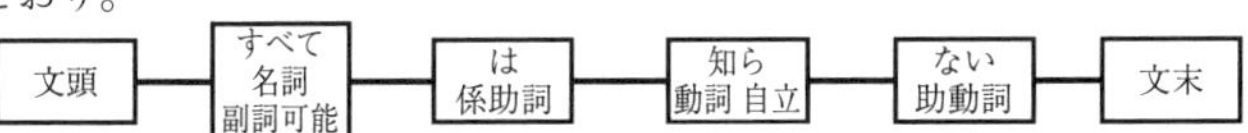

【2】 i) 最長一致法，ii) 形態素数最小法。

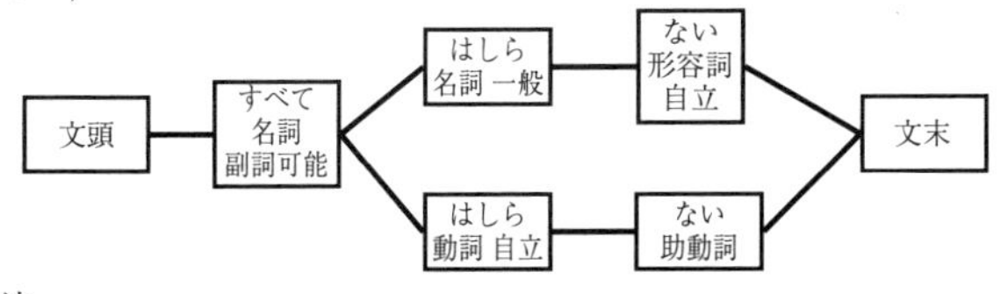

iii) 文節最小法。

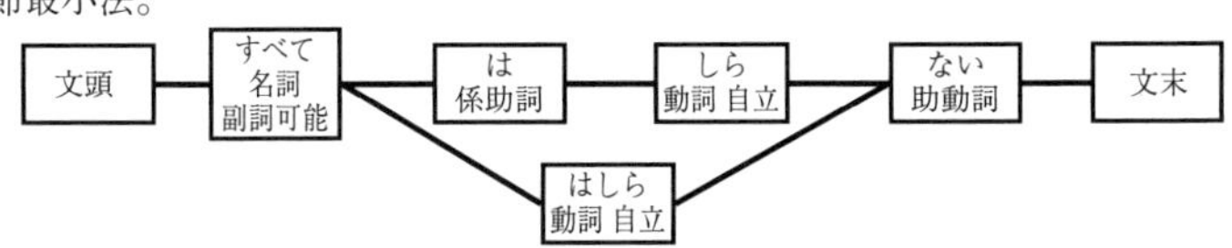

【3】 ii) 形態素数最小法

形態素コストを 1，連接コストを 0 とする。

iii) 文節数最小法

自立語の形態素コストのみ 1 とし，連接コスト，および，付属語の形態素コストを 0 とする。

【4】 文字を構成する各ビット単位でトライの節点を構成して，分岐がない節点を圧縮したデータ構造として**パトリシア**が用いられる。

【5】 「赤い月」の場合の仮名漢字モデルの確率は P(あかい | 赤い)P(つき | 月)，「赤い突き」の場合の仮名漢字モデルの確率は P(あかい | 赤い)P(つき | 突き) となる。両者の確率値の大小関係は P(つき | 月) と P(つき | 突き) の間の大小関係によって決まる。ここで，P(つき | 突き) $= 1$ であるのに対して，漢字「月」の主要な読みとして，「つき」以外に「げつ」および「がつ」が考えられ，P(つき | 月) $+$ P(げつ | 月) $+$ P(がつ | 月) ≈ 1 となることから，P(つき | 月) $<$ P(つき | 突き) となることが予想される。

【6】 最も安易な対処法は，図 3.7 の (6) の文法規則の連続適用回数を，文法開発用コーパス中で観測される回数より少し多い回数程度に抑えることである。しかし，この安易な対処法では，不要な規則適用の回数が多くなりすぎるため，一般には，図 3.7(5) および (6) の文法規則の組みを，以下の文法規則の組合せに置き換えることにより対処する。

$$
\begin{array}{lll}
VP & \rightarrow & V \quad NP \\
VP & \rightarrow & V \quad NP \quad X \\
X & \rightarrow & PP \\
X & \rightarrow & PP \quad X
\end{array}
$$

【7】 図 3.6 の構文木のみを構成するためには，3 行 7 列の要素 t_{37} の位置に埋められた非終端記号 NP_6 を削除し，2 行 7 列の要素 t_{27} の位置に埋められた非終端記号 VP_2 の構成要素となる非終端記号列のうち，“V_1 NP_6” を削除する。

図 3.9 の構文木のみを構成するためには，2 行 4 列の要素 t_{24} の位置に埋められた非終端記号 VP_1 を削除し，2 行 7 列の要素 t_{27} の位置に埋められた非終端記号 VP_2 の構成要素となる非終端記号列のうち，“VP_1 PP_1” を削除する。

【8】 日本語の場合について，表 3.5(a) の文節まとめ上げ規則，および，表 3.5(c) の「主要な文節係り受け規則」に対応する文脈自由文法の記法に従い，新たに，引用節を表す非終端記号，引用節末述語文節を表す非終端記号，および，引用助詞を表す非終端記号を，それぞれ，QS，$QVSeg$，および，QP とすると，日本語の引用節埋め込み文を生成するための文法規則は以下のように書ける。

$$
\begin{array}{lll}
S & \rightarrow & AVSeg \quad QS \quad VSeg \\
QS & \rightarrow & AVSeg \quad QVSeg \\
QS & \rightarrow & AVSeg \quad QS \quad QVSeg \\
QVSeg & \rightarrow & VSeg \quad QP \\
AVSeg & \rightarrow & \text{名詞} \cdots \text{名詞} \quad \text{格助詞} \quad (\text{表 } 3.5(a) \text{ のとおり}) \\
VSeg & \rightarrow & \text{動詞「思う | 考える | 信じる | 走る」} \quad (\text{表 } 3.5(a) \text{ を簡単化}) \\
QP & \rightarrow & \text{引用助詞「と」}
\end{array}
$$

この文法規則を用いると，引用節の集合は $\left\{AVSeg^n QVSeg^n \middle| n \geqq 1\right\}$ と表現することができるので，日本語の引用節埋込み文を生成するための文法規則においては文脈自

由文法の表現能力が必要であることがわかる。また，上記の集合表現において $n = 2$ とすると，以下の日本語の引用節埋込み文の例文を生成することができる。

私は　彼が　彼女が　走ると　信じると　考える。

英語文の場合も，同様の考え方により，that 節を補文として取る引用節埋込み文を生成する文法規則を記述することができ (詳細は省略)，その文法規則においては文脈自由文法の表現能力が必要であることを示すことができる。また，例文として，以下をあげることができる。

That I think that he believes that she runs is true is false.

【9】 最も単純な方法は，時制ごとに新しく非終端記号を導入することである。しかし，この方法では時制以外の概念 (例えば性別，単数複数) も同時に扱おうとすると規則数が組合せ的に増大してしまう問題がある。

その問題に対処できる方法のひとつに素性構造を用いる方法がある。例えば，以下に示すように，それぞれの記号に時制の素性と値を保存できるようにする。

$$S[\text{tense} : t] \rightarrow DATEP[\text{tense} : t] \quad NP \quad V[\text{tense} : t]$$
$$DATEP[\text{tense} : t] \rightarrow DATE[\text{tense} : t] \quad PP\_HA$$
$$DATE[\text{tense} : *] \rightarrow \text{明日 } [\text{tense} : future] \mid \text{今日 } [\text{tense} : \{future, present, past\}] \mid \text{昨日 } [\text{tense} : past]$$
$$V[\text{tense} : *] \rightarrow \text{降る } [\text{tense} : future] \mid \text{降っている } [\text{tense} : present] \mid \text{降っていた } [\text{tense} : past] \mid \text{降った } [\text{tense} : past]$$

(ただし，t は変数)

そして，素性の値に矛盾がない場合のみに書き換え規則を適用できるようにするとよい。例えば上記の文 S3 で，非終端記号 S の書き換え規則を適用しようとすると DATEP(明日 は) の tense 素性の値が $future$ なのに対し，V(降った) の tense 素性の値が $past$ なので素性の不一致が起こり，書き換え規則が適応できない (詳しくは専門書の単一化文法や補強文脈自由文法の項を参照)。

【10】 CKY 法のアルゴリズムにおける式 (3.17) において，非終端記号 A を t_{ij} に追加する際に，t_{ij} 中にすでに同じ非終端記号 A が含まれている場合には，非終端記号 A がもつスコア U の大きいほうについてのみ，そのスコアおよび構成要素となる非終端記号列の情報を残す (ただし，音声認識の場合には，三角行列の葉の位置の i 行 i 列の要素 t_{ii} は，ひとつのフレームの単位に相当する。この場合，終端記号に相当する単語 w は，複数のフレーム ($i \sim j$) にまたがる位置に存在することになり，その位置は，三角行列においては，i 行 j 列の位置となる)。

【11】 語彙化確率文脈自由文法において，図 3.6 の構文木を構成するための確率と図 3.9 の構文木を構成するための確率の間の大小関係は，$P(VP \rightarrow VP\ PP \mid VP(\text{saw}))$ と $P(NP \rightarrow NP\ PP \mid NP(\text{girl}))$ の間の大小関係に帰着される。ここで，これらの確率値は，以下の制約式を満たしたうえで，句構造解析済みコーパス中における出現回数に基づいて最尤推定によって求められる。

$$P\big(VP \to V\ NP \mid VP(\mathrm{saw})\big) + P\big(VP \to VP\ PP \mid VP(\mathrm{saw})\big) = 1$$

$$P\big(NP \to N \mid NP(\mathrm{girl})\big) + P\big(NP \to Det\ N \mid NP(\mathrm{girl})\big) + P\big(NP \to NP\ PP \mid NP(\mathrm{girl})\big) = 1$$

このうち，$P(VP \to VP\ PP \mid VP(\mathrm{saw}))$ の値は，動詞 “saw” が前置詞句 PP を伴って出現した相対的割合によって決まる。一方，$P(NP \to NP\ PP \mid NP(\mathrm{girl}))$ の値は，名詞 “girl” が前置詞句 PP を伴って出現した相対的割合によって決まる。

【12】 与えられた例文における各文節の品詞列は，「名詞-格助詞 (太郎-が) 名詞-名詞-格助詞 (チョコレート-ケーキ-を) 副詞 (たくさん) 動詞 (食べる)」となる。また，最も頻度の多い品詞ひとつ組みは「名詞」，品詞 2 つ組みは「名詞-格助詞」である。

【13】 どちらの文においても，倒置部分を移動することにより，文「私 は 机 の 上 に ペン を 置い た 。」へと変形することができる。図 3.14 に示すように，この文は係り受け解析可能である。

ただし，「 私 は ペン を 上 に 置い た ， 机 の 。」の場合は，倒置部分の移動の仕方に曖昧性があり，「 私 は 机 の ペン を 上 に 置い た 。」への変形も可能である。したがって，「私 は ペン を 置い た ， 机 の 上 に 。」と比較して，解釈が困難である度合いが高い文である。

【14】 文「A 社 が 海峡 に 橋 を かけ た」の場合，ガ格，ヲ格，ニ格のすべての格要素に対する選択制限を満たす格フレームは，表 3.8 の格フレーム (2) のみである。文「太郎 が ソファ に 腰 を かけ た」の場合，ガ格，ヲ格，ニ格のすべての格要素に対する選択制限を満たす格フレームは，表 3.8 の格フレーム (3) のみである。文「次郎 が エンジン を かけ た」の場合，ガ格，ヲ格のすべての格要素に対する選択制限を満たす格フレームは，表 3.8 の格フレーム (4) のみである。

【15】 「まえがき」中における 3 つの複合語の出現頻度は，それぞれ，「音声言語」が 8 回，「文字言語」が 7 回，「自然言語」が 5 回である。一方，同一文中における共起頻度は，それぞれ，「音声言語」と「文字言語」が 3 回，「音声言語」と「自然言語」が 4 回，「文字言語」と「自然言語」が 1 回である。したがって，「音声言語」と「文字言語」の相互情報量は $\log\left(\dfrac{3/N}{8/N \cdot 7/N}\right) = \log\left(\dfrac{3N}{56}\right)$，「音声言語」と「自然言語」の相互情報量は $\log\left(\dfrac{4/N}{8/N \cdot 5/N}\right) = \log\left(\dfrac{N}{10}\right)$，「文字言語」と「自然言語」の相互情報量は $\log\left(\dfrac{1/N}{7/N \cdot 5/N}\right) = \log\left(\dfrac{N}{35}\right)$ であるから，「まえがき」においては，「音声言語」と「自然言語」の間の共起関係が最も強い。

【16】 3.3.4 項 (1) の「共起知識の獲得」の手法を適用する。ただし，1 文中における構文的出現パターンを網羅的に収集する必要がある。例えば，⟨ 機種変更する, 主婦, スマートフォン ⟩ の例の場合には，「主婦がスマートフォンを機種変更する」のように「⟨ 動作主 ⟩ が ⟨ 対象 ⟩ を ⟨ 述語 ⟩」となる単文的構文パターンと，「スマートフォンを機種変更する主婦」のように「⟨ 対象 ⟩ を ⟨ 述語 ⟩⟨ 動作主 ⟩」となる連体修飾的構文パターンの 2 種類が存在するので，これらの構文的出現パターンを網羅的に収集する。

【17】 例文 (3.60) が，(a)，(b.i)，(c) の 3 文から構成される場合は，以下のように Cb が一定し，遷移パターンとして CONTINUE が続く結束性の高い例文となる。

文	Cb	Cf	遷移パターン
a.	不定	[太郎 (文法主題), 店 (他)]	
b.i	太郎	[太郎 (文法主語), 店 (二格)]	CONTINUE
c.	太郎	[太郎 (文法主語), 店 (他)]	CONTINUE

一方，(a)，(b.ii)，(c) の 3 文から構成される場合は，以下のように Cb が頻繁に変わり，遷移パターンとして優先順序の低い RETAIN，ROUGH-SHIFT が続く結束性の低い例文となる。

文	Cb	Cf	遷移パターン
a.	不定	[太郎 (文法主題), 店 (他)]	
b.ii	太郎	[店 (文法主題), 太郎 (他)]	RETAIN
c.	店	[太郎 (文法主題), 店 (他)]	ROUGH-SHIFT

【18】 $v_{父} = (1,1), v_{母} = (1,-1), v_{男} = (0,1), v_{女} = (0,-1), v_{親} = (1,0), v_{子} = (0.5,0)$ とすると，$(v_{父} - v_{男}) + v_{女} = v_{親} + v_{女} = v_{母}$ となっている。同様に，$v_{子} + v_{男} = v_{息子}$，$v_{子} + v_{女} = v_{娘}$ と定義すると，$(v_{息子} - v_{男}) + v_{女} = v_{子} + v_{女} = v_{娘}$ となる。ただし，この例では，$v_{親} - v_{小} = v_{小}$ となるなど不完全な点があり，これは，二次元ベクトルによって簡略化して分散表現を表現したためである。

また，分散表現と意味素の違いとしては，意味素は意味の体系全体における粗い意味分類を表すことしかできないのに対して，分散表現は，意味の分類における「男」，「女」，「親」，「子」といった属性を表すことができる点が挙げられる。また，意味素は，その意味素を表す名前そのものによって記号化されて表現されているが，分散表現は数値ベクトルを用いることによって複数の数値パラメータを用いて表現されている。

4 章

【1】 BM 法: (6,6)(5,5)(4,4)(3,3)(2,2)(1,1)(7,6)(8,6)(10,6)(9,5)(12,6)(14,6)(13,5)(12,4), BMH 法: (6,6)(5,5)(4,4)(3,3)(2,2)(1,1)(10,6)(9,5)(14,6)(13,5)(12,4)(11,3)(10,2)(9,1), BMS 法: (6,6)(5,5)(4,4)(3,3)(2,2)(1,1)(8,6)(11,6)(14,6)(13,5)(12,4)(11,3)(10,2)(9,1)

【2】 連続 DP マッチングの計算は以下の表のとおり。誤り 1 以下で照合する終端位置は，6,13,14。

		t	a	k	e	t	a	t	e	k	a	k	e	t	a
	0	0	0	0	0	0	0	0	0	0	0	0	0	0	0
k	1	1	1	0	1	1	1	1	1	0	1	0	1	1	1
a	2	2	1	1	1	2	1	2	2	1	0	1	1	2	1
k	3	3	2	1	2	2	2	2	3	2	1	0	1	2	2
e	4	4	3	2	1	2	3	3	2	3	2	1	0	1	2
t	5	4	4	3	2	1	2	3	3	3	3	2	1	0	1
a	6	5	4	4	3	2	1	2	3	4	3	3	2	1	0

【3】 接尾辞配列は，[14, 10, 2, 6, 8, 12, 4, 9, 11, 3, 13, 1, 5, 7]。これを 2 分探索することで出現位置 9(パターン先頭の照合位置) が求まる。

【4】 パターン P を 2 分割し，それぞれの出現位置を接尾辞配列から求めた後，照合位置の周辺を対象にオンライン近似文字列照合手法でパターン P を照合する。例えば，パターン P を “kak” と “eta” のように 2 分割し，このうち “eta” については接尾辞配

列から位置 4 および 12 で照合することがわかる。位置 4 にパターン P を当てはめた後に挿入誤り 1 があり得ることを考慮して，テキスト位置 1 から 7 の範囲で連続 DP マッチングを行う。この結果，終端位置 6 で誤り 1 の照合を得る。同様に，接尾辞配列での他の照合位置から，終端位置 13 で誤り 1，14 で誤り 0 で照合することがわかる。

【５】 語彙は $\{a, e, k, t\}$ の 4 文字。文書ベクトルは

$$\boldsymbol{v}_T = [4, 3, 3, 4], \boldsymbol{v}_P = [2, 1, 2, 1]$$

ベクトル空間モデル: ベクトル間の類似度を余弦で計算すると

$$\frac{\boldsymbol{v}_T \cdot \boldsymbol{v}_P}{|\boldsymbol{v}_T||\boldsymbol{v}_P|} = \frac{21}{10\sqrt{5}}$$

クエリ尤度モデル: T から多項分布パラメータを最尤推定すると

$$P(W = \text{“a”}) = \frac{4}{14}, P(W = \text{“e”}) = \frac{3}{14}, P(W = \text{“k”}) = \frac{3}{14}, P(W = \text{“t”}) = \frac{4}{14}$$

よって，P が生成される尤度は

$$P(\boldsymbol{V} = \boldsymbol{v}_P) = P(L = 6) \cdot P(W = \text{“a”})^2 P(W = \text{“e”})^1 P(W = \text{“k”})^2 P(W = \text{“t”})^1$$
$$= P(L = 6) \left(\frac{4}{14}\right)^3 \left(\frac{3}{14}\right)^3 = P(L = 6) \frac{3^3}{7^6}$$

【６】 質問文と一致する文字は，周辺テキストでの出現順に，「国」，「立」，「大」，「学」，「学」，「部」，「昼」，「間」，「部」，「入」，「学」，「金」，「決」「2」，「0」，「0」，「0」，「年」，「度」，「入」，「学」。各回答候補のスコアは

$$Score(\text{「1000 円」}) = \frac{11}{10} + \frac{1}{9} + \frac{9}{10} = 2.11$$
$$Score(\text{「2000 円」}) = \frac{12}{10} + \frac{1}{4} + \frac{1}{9} + \frac{7}{10} = 2.26$$
$$Score(\text{「27 万 7000 円」}) = \frac{19}{10} + \frac{1}{9} + \frac{1}{8} = 2.14$$

より「2000 円」が選ばれる。

正しい回答「27 万 7000 円」が選ばれるようにするためには，例えば，回答タイプに関する基準のスコアとして，「金額表現の直後に “減” や “アップ” などの相対的表現が現れる場合にはスコアを下げる」などの評価指標を設定することが考えられる。

【７】 連続 DP マッチングの計算は以下の表のとおり。最小距離は 1 で，照合位置の終端は 15。ここから最小パスを後ろ向きにたどることで，始端位置 10 が求まる。なお，表中の太字は照合位置における距離最小となるパスを表す。

		t	a	t	e	k	a	e	t	e	t	a	t	e	t	a
	0	0	0	0	0	0	0	0	0	**0**	0	0	0	0	0	0
k	1	0.5	1	0.5	1	0	1	1	0.5	1	**0.5**	1	0.5	1	0.5	1
a	2	1.5	0.5	1.5	1.3	1	0	1	1.5	2	1.5	**0.5**	1.5	2	1.5	0.5
k	3	2.5	1.5	1	2	1.3	1	1	1.5	2.5	2.5	1.5	**1**	2	2.5	1.5
e	4	3.5	2.5	2	1	2	2	1	2	1.5	2.5	2.5	2	**1**	2	2.5
t	5	4	3.5	2.5	2	1.5	2.5	2	1	2	1.5	2.5	2.5	2	**1**	2
a	6	5	4	3.5	3	2.5	1.5	2.5	2	1.8	2.5	1.5	2.5	3	2	**1**

5章

【1】 更新式に確率を代入して

$$
\begin{aligned}
b'(\text{保存}) &= kp(\text{「削除」} \mid \text{保存, 質問})\{p(\text{保存} \mid \text{質問, 保存})b(\text{保存}) \\
&\quad + p(\text{保存} \mid \text{質問, 削除})b(\text{削除})\} \\
&= k \cdot 0.2 \cdot \{1.0 \cdot 0.65 + 0.0 \cdot 0.35\} = k \cdot 0.130 \\
b'(\text{削除}) &= kp(\text{「削除」} \mid \text{削除, 質問})\{p(\text{削除} \mid \text{質問, 保存})b(\text{保存}) \\
&\quad + p(\text{削除} \mid \text{質問, 削除})b(\text{削除})\} \\
&= k \cdot 0.7 \cdot \{0.0 \cdot 0.65 + 1.0 \cdot 0.35\} = k \cdot 0.245
\end{aligned}
$$

和が 1.0 になるように正規化することにより $\boldsymbol{b}' = (0.347, 0.653)$

【2】 「はい」を一定の声の高さ，あるいは下がり調子で発声すれば，相手の発話内容を理解した，あるいは了承したという肯定的な情報を伝えることになるが，上り調子で発声すれば，相手の発話内容が理解できず暗にもう一度言ってほしいことを伝える，あるいは否定的であることを伝えることになる。

6章

【1】 例えば，図 3.6 については，2 つの VP と PP を交換すると日本語の語順となる。この様子を**解図 6.1** に示す。

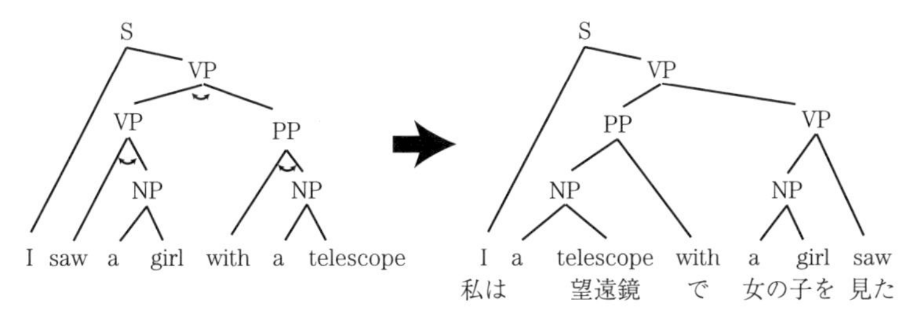

解図 6.1　図 3.6 の構文木を日本語の語順に変換する交換

【2】 例えば，ph_1, ph_2, ph_3, ph_4 を用いて，並びを「見た／女の子を／望遠鏡で」とした場合，は次のように翻訳候補の確率を計算する。

$$
\begin{aligned}
P(\boldsymbol{f}|\boldsymbol{e}) &= \prod_{i=1}^{4} P(ph_i) = 0.8 \times 0.8 \times 0.8 \times 0.2 \approx 0.10 \\
P(\boldsymbol{e}) &= \prod_{i=1}^{N} P(w_i|w_{i-1}) \\
&= P(\text{見た} \mid \text{文頭}) \times P(\text{女の子を} \mid \text{見た}) \times P(\text{望遠鏡で} \mid \text{女の子を}) \\
&= 0.2 \times 0.3 \times 0.3 = 0.018 \\
P(\boldsymbol{f}, \boldsymbol{e}) &= P(\boldsymbol{f}|\boldsymbol{e})P(\boldsymbol{e}) = 0.1 \times 0.018 = 0.0018
\end{aligned}
$$

同様に以下のような候補の確率が得られる。

0.0018: 見た女の子を望遠鏡で	0.0024: 女の子を望遠鏡で見た
0.0004: 見た女の子を望遠鏡を持った	0.0001: 女の子を望遠鏡を持った見た
0.0018: 見た望遠鏡で女の子を	0.0036: 望遠鏡で見た女の子を
0.0005: 見た望遠鏡を持った女の子を	0.0004: 望遠鏡を持った見た女の子を
0.0024: 女の子を見た望遠鏡で	0.0036: 望遠鏡で女の子を見た
0.0010: 女の子を見た望遠鏡を持った	0.0010: 望遠鏡を持った女の子を見た

最も高い確率をもつ翻訳候補は「望遠鏡で見た女の子を」または,「望遠鏡で女の子を見た」である。

【3】 日本語の音声,話し言葉文,書き言葉文,および英語の書き言葉文,音声,をそれぞれ $\boldsymbol{o}_J, \boldsymbol{v}_J, \boldsymbol{w}_J, \boldsymbol{w}_E, \boldsymbol{o}_E$ とすると

$$\hat{\boldsymbol{o}}_E = \arg\max_{\boldsymbol{o}_E} P(\boldsymbol{o}_E|\boldsymbol{o}_J) = \arg\max_{\boldsymbol{o}_E} \sum_{\boldsymbol{w}_E} \sum_{\boldsymbol{w}_J} \sum_{\boldsymbol{v}_J} P(\boldsymbol{o}_E, \boldsymbol{w}_E, \boldsymbol{w}_J, \boldsymbol{v}_J|\boldsymbol{o}_J)$$

$$\approx \arg\max_{\boldsymbol{o}_E} \max_{\boldsymbol{w}_E, \boldsymbol{w}_J, \boldsymbol{v}_J} P(\boldsymbol{o}_E|\boldsymbol{w}_E) P(\boldsymbol{w}_E|\boldsymbol{w}_J) P(\boldsymbol{w}_J) \delta(\boldsymbol{w}_J, \boldsymbol{v}_J) P(\boldsymbol{v}_J|\boldsymbol{o}_J)$$

また,原言語の音声特徴ベクトル系列から目的言語の音声特徴ベクトル系列への変換と考えれば,系列変換モデルを用いて end-to-end で実現することも可能であろう。

7章

【1】 入力が省略できる文字や文字数はそれぞれ以下のようになる。

単語単位の予測リストのみ利用:

間,ら,え,声,語,然,れ,ら,間,声,声　の 11 文字

単語＋複合語単位の予測リストの利用:

間,ら,え,声言語,然,れ,ら,間,声,声　の 12 文字

単語＋複合語＋文節単位の予測リストの利用:

間,ら,え,声言語,然,れ,ら,間の,声,声　の 13 文字

【2】 例として,下の記述例に示すように,form 要素の最初のほうに,対話の最初の段階を定義する initial 要素の追加と,ユーザ主導の発話で想定される複数項目を含んだ文の文法を追加で定義しておけばよい。複数の項目を含む認識結果が得られた場合は,対応する field の入力内容の値が確定し,残りの値が決まっていない field 要素の処理へ順に遷移する仕組みとなっている。このようにユーザ主導型の対話を許容することで音声入力による効率改善が期待されるが,システムが想定していない文が発話される可能性も高まり,必ずしも有効とは限らない。この例の場合は,対話始まりのシステムからの発話内容として何をユーザへ伝えるか,ユーザ主導発話を想定する文法としてどの程度の範囲まで網羅して記述するかをよく検討する必要がある。

混合主導対話の記述例 (form 要素の最初の部分のみ)

```
<form>
  <grammar src="buytckt.grxml" type="application/srgs+xml"/>
  <initial name="ticket">
    <prompt>切符購入システムです。ご希望の切符を言ってください。
    </prompt>
  </initial>
  <field name="fromstation">
（以下は図 7.6 と同様）
```

索　　　引

【へ】

【ほ】

【ま】

【み】

【む】

【め】

【も】

【や】

【ゆ】

【よ】

【ら】

【り】

【れ】

―― 編著者・著者略歴 ――

中川　聖一（なかがわ　せいいち）（編集，1 章）
1976 年京都大学大学院工学研究科博士課程修了（工学博士）。京都大学工学部情報工学科助手，豊橋技術科学大学情報工学系講師，助教授を経て，1990 年豊橋技術科学大学教授。2014 年定年退職（名誉教授）後，豊橋技術科学大学特任教授，特命教授を経て，2017 年より中部大学工学部情報工学科教授，特任教授を経て，2021 年より客員教授。著書に「確率モデルによる音声認識」（単著，電子情報通信学会），「音声・聴覚と神経回路網モデル」（共著，オーム社），「情報理論の基礎と応用」（単著，近代科学社），「Speech, Hearing and Neural Network Models」（共著，IOS Press），「音声」（共著，岩波書店），「パターン情報処理」（単著，丸善），「Spoken Language Systems」（編著，IOS Press），「情報理論—基礎から応用まで—」（単著，近代科学社）がある。

小林　聡（こばやし　さとし）（1 章）
1999 年静岡大学大学院工学研究科博士後期課程満期退学（博士（工学），静岡大学，2000 年）。豊橋技術科学大学助手を経て，2004 年より島根大学助教授。2015 年退職後，山梨県でプログラミング教育に従事。
著書に「トラ技コンピュータ増刊 はじめてのテキスト処理言語 AWK」（共著，CQ 出版社）がある。

峯松　信明（みねまつ　のぶあき）（2 章）
1995 年東京大学大学院工学系研究科博士課程修了（博士（工学））。豊橋技術科学大学助手，東京大学助教授・准教授を経て，2012 年より東京大学教授。
著書に「音声認識システム」（共著，オーム社），「人と共存するコンピュータ・ロボット学」（共著，オーム社），「韻律と音声言語情報処理」（共著，丸善），「Digital resources for learning Japanese」（共著，Bononia University Press）がある。

宇津呂　武仁（うつろ　たけひと）（3 章）
1994 年京都大学大学院工学研究科博士課程修了（博士（工学））。奈良先端科学技術大学院大学助手，豊橋技術科学大学講師，京都大学講師，筑波大学助教授・准教授を経て，2012 年より筑波大学教授。
著書に「文字と音の情報処理」（共著，岩波書店），「音声認識システム」（共著，オーム社），「自然言語処理」（共著，オーム社）がある。

秋葉　友良（あきば　ともよし）（4 章，6.4 節）
1995 年東京工業大学大学院総合理工学研究科博士後期課程修了（博士（工学））。通産省工業技術院電子技術総合研究所研究員を経て，2004 年より豊橋技術科学大学助教授（現在，准教授）。

北岡　教英（きたおか　のりひで）（5 章）
1994 年京都大学大学院工学研究科修士課程修了。日本電装株式会社（現デンソー）勤務，2000 年豊橋技術科学大学大学院博士課程修了（博士（工学））。豊橋技術科学大学助手・講師，名古屋大学助教授・准教授，徳島大学教授を経て，2019 年より豊橋技術科学大学教授。
著書に「ITS と情報通信技術」（共著，裳華房），「韻律と音声言語情報処理」（共著，丸善），「メディア情報処理」（共著，オーム社）がある。

山本　幹雄（やまもと　みきお）（6 章）
1986 年豊橋技術科学大学大学院修士課程修了（博士（工学），豊橋技術科学大学，1992 年）。株式会社沖テクノシステムズラボラトリ勤務，豊橋技術科学大学教務職員・助手，筑波大学講師・助教授・准教授を経て，2008 年より筑波大学教授。
著書に「音声認識システム」（共著，オーム社），「特許情報処理：言語処理的アプローチ」（共著，コロナ社）がある。

甲斐　充彦（かい　あつひこ）（7 章）
1996 年豊橋技術科学大学大学院博士課程修了（博士（工学））。豊橋技術科学大学助手，静岡大学講師を経て，2000 年より静岡大学助教授（現在，准教授）。
著書に「ITS と情報通信技術」（共著，裳華房），「Spoken Language Systems」（共著，IOS Press）がある。

土屋　雅稔（つちや　まさとし）（8 章，演習課題）
2004 年京都大学大学院情報学研究科博士課程単位認定退学（博士（情報学），京都大学，2007 年）。豊橋技術科学大学助手・助教を経て，2014 年より豊橋技術科学大学准教授。

山本　一公（やまもと　かずまさ）（8 章，演習課題）
2000 年豊橋技術科学大学大学院博士後期課程修了（博士（工学））。信州大学助手，豊橋技術科学大学助教・准教授，中部大学准教授を経て，2021 年より中部大学教授。

音声言語処理と自然言語処理（増補）
Spoken Language Processing and Natural Language Processing

2013 年 3 月 28 日　初版第 1 刷発行
2018 年 9 月 20 日　初版第 3 刷発行（増補）
2021 年 8 月 5 日　初版第 5 刷発行（増補）

検印省略

編著者　中川聖一
発行者　株式会社　コロナ社
代表者　牛来真也
印刷所　三美印刷株式会社
製本所　有限会社　愛千製本所

112–0011　東京都文京区千石 4–46–10
発行所　株式会社　コロナ社
CORONA PUBLISHING CO., LTD.
Tokyo Japan
振替 00140–8–14844・電話(03)3941–3131(代)
ホームページ https://www.coronasha.co.jp

ISBN 978–4–339–02888–1　C3055　Printed in Japan　（新宅）